煤炭依赖型区域生态风险监控机制及规避路径研究

彭皓玥 著

中国财经出版传媒集团

经济科学出版社

Economic Science Press

图书在版编目（CIP）数据

煤炭依赖型区域生态风险监控机制及规避路径研究/
彭皓玥著 . —北京：经济科学出版社，2017.4
ISBN 978 - 7 - 5141 - 8077 - 0

Ⅰ . ①煤⋯　Ⅱ . ①彭⋯　Ⅲ . ①煤矿 – 生态环境 –
矿区环境保护　Ⅳ . ①X322

中国版本图书馆 CIP 数据核字（2017）第 124235 号

责任编辑：程晓云　赵　芳
责任校对：王苗苗
版设设计：齐　杰
责任印制：邱　天

煤炭依赖型区域生态风险监控机制及规避路径研究
彭皓玥　著
经济科学出版社出版、发行　新华书店经销
社址：北京市海淀区阜成路甲 28 号　邮编：100142
总编部电话：010 - 88191217　发行部电话：010 - 88191522
网址：www. esp. com. cn
电子邮件：esp@ esp. com. cn
天猫网店：经济科学出版社旗舰店
网址：http://jjkxcbs. tmall. com
北京汉德鼎印刷有限公司印刷
三河市华玉装订厂装订
710×1000　16 开　21.75 印张　400000 字
2017 年 6 月第 1 版　2017 年 6 月第 1 次印刷
ISBN 978 - 7 - 5141 - 8077 - 0　定价：42.00 元
（图书出现印装问题，本社负责调换。电话：010 - 88191510）
（版权所有　侵权必究　举报电话：010 - 88191586
电子邮箱：dbts@ esp. com. cn）

前　言

　　煤炭依赖型区域是我国特殊的资源约束型区域，相对于其他资源型区域而言，该区域煤炭及相关产业占经济主导地位，但煤炭资源的要素比较优势已经逐渐弱化，煤炭资源开采利用引发的经济社会成本不断增加。煤炭依赖型区域为我国经济建设提供了大量矿物能源和原材料，但是由于煤炭资源的稀缺性和不可再生性，以及长期以来涸泽而渔、焚林而猎的开发形式和传统经济发展模式，使该区域环境质量下降、资源枯竭等问题越来越突出。尽管该区域煤炭资源尚未完全枯竭，其开采也已具备一定规模效应，但区域人与自然的矛盾不断升级，并在短期内集中爆发，已威胁到区域乃至国家的安全和可持续发展。

　　长期以来，煤炭依赖型区域旧有的资源开发模式已经给区域生态承载力系统带来了巨大的负面影响。相较于其他区域而言，其生态赤字更为显著，生态承载力系统更为脆弱，生态风险不断升级。这些都是煤炭依赖型区域经济发展不可回避的现实问题，值得我们进行深入的理论探讨和实证研究。

　　本书着力于煤炭依赖型区域的生态风险控制研究，将包括人类社会在内的复合生态系统作为考量煤炭依赖型区域经济运行的研究对象，并将其经济发展过程置身于整个生态系统均衡发展的大背景下。通过"生态安全"概念的应用，从"脚底"出发，根据生态系统的实际承载能力，确定煤炭依赖型区域人类经济社会的发展速度。强调了煤炭依赖型区域经济发展过程中生态系统的整体性和动态性，注重其自然和社会双重属性。

　　全书共分四个篇章，依次是理论篇、态势篇、监控篇、路径篇，对煤炭依赖型区域生态风险导控过程进行分析。先立足于不同学科理论及不同生态风险管控模式，通过横向归纳与纵向梳理，对区域生态风险研究进行系统考察，试图从理论普适性层面构建生态风险研究理论大厦的基础，完结本书的理论篇。通过疏导煤炭依赖型区域的研究文献、生态风险稳定性的相关成果，辅之以知识图谱的趋势分析，找到了区域生态风险研究的两大理论分类：哲学视角下的生态风险研究，以及可持续发展经济学视角下的生态风险研究。通过文献梳理及理论回顾，对区域生态风险本身进行了界定，揭示了煤炭依赖型区域生态问题的实质，阐释了生态风险的成因，并对生态风险演化升级的过程及机制进行理论分析，为解决生态风险如何治理提供理论基础。

在态势篇的分析中，通过国际国内两大视角，分别把握国际资源约束型区域情景间的生态转型，以及国内资源型区域时空下的生态治理现状。态势分析目的主要在于，一方面把握我国资源型区域生态风险现状；另一方面深刻剖析国际生态风险治理先进理念，或产业延伸、代际工作转移，或高新技术孵化，或政府主导产业更替，为监控篇研究铺垫基石。本书关于煤炭依赖型区域生态风险监控机制的研究，不同于以往可持续发展评估中的通识研究，更强调煤炭依赖型区域生态特质。研究中，选取支持向量机修正后的BP神经网络作为区域生态风险监控模型，并辅之以生态风险表征指标体系，设计风险甄别系统，最终通过山西省经济发展生态转型实践验证，按照本书设计体系，考量这一老牌煤炭依赖型区域生态风险状况，并对监控结果进行阐述。

态势篇与监控篇分析表明，煤炭依赖型区域生态风险治理涉及诸多因素，不同要素之间存在相关嵌套与制衡。那么，这些因素中哪些是真正导致区域生态风险升级的压力源？哪些有助于遏制生态风险恶化，这些因素之间谁为主、谁为辅？彼此之间作用力方向如何？这些都是区域生态风险治理首当其冲的关键问题。本书认为要找到真正具有针对性的煤炭依赖型区域生态风险规避路径，先需要对区域生态可持续发展系统不同子系统界面上的相互作用力进行剖析，借助系统动力学相关工具，找到影响界面广度与深度的压力源要素，并在诸要素互动关系的分析中，破解以及消除人口子系统、经济子系统、生态子系统间的界面障碍，消除生态风险不协调因素，才能最大限度发挥技术、文化、制度等要素在生态可持续发展过程的协整作用。

进一步，基于生态风险压力源的系统分析结果，本书还对煤炭依赖型区域生态风险特例事件——邻避风险进行了单独讨论。针对该事件在煤炭依赖型区域生态风险治理中的重要性及特殊性，本书应用模糊认知图方法，构建煤炭依赖型区域邻避危机处理的社会简明认知图。并在此基础上，分析利益相关者权益，进一步厘清各利益主体间的关联机理，发现复杂现象背后的行为模式和规律，找到造成区域邻避危机的最关键要素——生态信任。最后，以生态信任流失的诱导因素为出发点，对公众生态信任重塑的实现路径进行分析，以期能够为相关决策者提供决策依据和方向。

生态风险规避路径研究显然成为该领域问题探索的最终落脚点。有效的规避路径能够弱化区域生态风险、增强经济可持续发展实力，实现生态文明社会构建过程中的区域经济发展生态治理转型要求。现有研究成果中，路径研究较为书本化，许多思路并未突破可持续发展研究的通常路径。本书旨在广泛吸取国外资源型区域生态转型实践经验，提出一些更具体、更有针对性的路径，为我国生态风险治理提供更为合理有效的思路。本书结合压力源要素分析及生态信任重塑破解邻避危机相关结论，从三个维度提出规避思路。首先，利用生态位理论，构建技术驱动生态位进化模式，为区域生态风险破解寻找技术驱动力。其次，从扎根理论入手，提炼影响公众参与区域生态风险防范的相关范畴，通过梳理脉络结构，揭示公众参与区域生态风险防范意识——行为整合模型。最后，基于演化博弈理论，在不同情景假设下，分析地方政府协同治理区域生态风险的思路。

本书是教育部人文社会科学研究青年基金项目（"煤炭依赖型区域生态风险监控机制及规避路径研究"编号：13YJCZH137）研究的总结性成果，由彭皓玥副教授设计研究提纲与总体研究思路，按照预期研究设计，结合后期研究实际进行动态调整。在研究过程中，得到了国家留学基金委国家公派出国留学地方合作项目（留金法〔2015〕5104）的大力支持，美国威斯康星大学白水分校的赵玉山教授团队为本书稿的研究给予了无私协助。

本书后期模型验证与磨合训练过程中，2011级管理科学与工程专业郭凝芳、常雨萌、郝佳蓓，2012级项目管理专业宋海荣付出了大量时间和精力。实证研究过程中，得到了中国统计年鉴、中国环境统计年鉴、山西省统计局相关统计数据的大力支撑，为本书的实证研究提供了大量真实可靠的实证资料。此外，本书研究过程中，除了作者近几年相关研究成果外（见附录），还参阅了大量学者的相关研究成果，尽管文后详细列出了参考文献，但难免有疏漏之处，在此一并表示感谢。当然，山西财经大学许多老师、朋友和学生的关心、支持和帮助，给予作者灵感的同时，还有坚持下去的勇气，在此亦向他们表示衷心的感谢！

关于我国煤炭依赖型区域生态风险治理实践的研究并未就此终止，随着研究的进展，笔者发现需要研究的问题也越多，不免感到责任与压力。我们期待来自广大读者的批评与建议，这将成为我们弥补缺憾并进一步深入研究的宝贵动力。本书受作者能力和时间的局限，尽管付出了最大努力，但难免存在这样或者那样的不足，对各种问题的探讨尽管有所涉及，可能深度仍有欠缺，恳请广大同仁不吝赐教斧正。

彭皓玥

2016 年 11 月

目　录

理论篇

态势篇

监控篇

路径篇

第 1 章

导　　论

　　煤炭依赖型区域是随资源开发而发展起来的特殊区域，煤炭依赖型产业占据其主导地位，煤炭依赖型经济特色突出。长期以来，煤炭依赖型区域为我国的经济发展做出了巨大的贡献，但日积月累下，不合理的资源开发、超生态环境负荷运转，已经使煤炭源型区域可持续发展岌岌可危。尤其是在国外资源及其产品对我国资源市场的影响和冲击下，我国煤炭依赖型区域的发展更是受到了前所未有的挑战。客观地说，我国煤炭依赖型区域在世界能源紧缺、资源利用全球配置的大背景下，在这个矛盾和机遇交汇的重要时期，正面临着继续保障国民经济发展的资源供应和区域自身持续发展的双重挑战。如何对其可持续发展过程中出现的问题进行科学有效地剖析和解答，不仅是煤炭依赖型区域发展的客观需要，更是我国构建和谐社会的必然要求。

本章主要内容：

❖　研究背景与研究意义

❖　国内外研究现状与发展趋势

❖　主要研究内容

❖　研究方法和技术路线

❖　本章小结

1.1　研究背景与研究意义

　　本书之所以将煤炭依赖型区域生态风险监控机制及规避路径问题作为研究对

象，主要是基于以下现实背景及学术、实践价值考虑。

1.1.1 现实背景

煤炭依赖型区域是我国特殊的资源约束型区域，相较于其他资源型区域而言，该区域煤炭及相关产业占经济主导地位，但煤炭资源的要素比较优势已经逐渐弱化，煤炭资源开采利用引发的经济社会成本不断增加。煤炭依赖型区域为我国经济建设提供了大量矿物能源和原材料，但是，由于煤炭资源的稀缺性和不可再生性以及长期以来涸泽而渔、焚林而猎的开发形式和传统经济发展模式，使该区域环境质量下降、资源枯竭等问题越来越突出。尽管该区域煤炭资源尚未完全枯竭，其开采也已具备一定规模效应，但区域人与自然的矛盾不断升级，并在短期内集中爆发，已威胁到区域乃至国家的安全和可持续发展。

煤炭依赖型区域的生态风险控制研究，意味着将包括人类社会在内的复合生态系统作为考量煤炭依赖型区域经济运行的研究对象，并将其经济发展过程置身于整个生态系统均衡发展的大背景下。通过"生态安全"概念的应用，从"脚底"出发，根据生态系统的实际承载能力，确定煤炭依赖型区域人类经济社会的发展速度。强调了煤炭依赖型区域经济发展过程中生态系统的整体性和动态性，注重其自然和社会双重属性。

长期以来，煤炭依赖型区域生态承载力系统运作过程中（见图 1-1），约束力持续大于支撑力，旧有的资源开发模式已经给区域生态承载力系统带来了巨大的负面影响。相较于其他区域而言，其生态赤字更为显著，生态承载力系统更为脆弱，生态风险不断升级。这些都是煤炭依赖型区域经济发展不可回避的现实问题，值得我们进行深入的理论探讨和实证研究。

从图 1-1 中可以看出，通过"经济活动人口的生活与生产活动"，煤炭依赖型区域的生态承载力系统"约束层"与"支撑层"被联系起来。对"约束层"而言，自然界本身的特性决定了该层次具有有限性、地域性、综合性和自稳定性等特点。同时，煤炭依赖型区域的产业结构、经济综合水平、技术支持系统、制度文化环境等因素通过相互间的信息反馈所构建的"支撑层"，则通过技术支持与制度监控作用于经济活动人口的生活与生产。相较而言，该层面更多体现了人类的主观能动性。二者相比，一个是硬约束，另一个是软支撑。那么，如何使煤炭依赖型区域的生态系统良性运转呢？显然，一方面要科学衡量硬约束，明确人类生活、生产要恪守的约束到底是什么；另一方面要合理设计软支撑，利用先进的技术改良人类行为，并用严谨的制度规范人类行为。这两个方面都是目前煤炭依赖型区域生态风险研究的热点和重点。

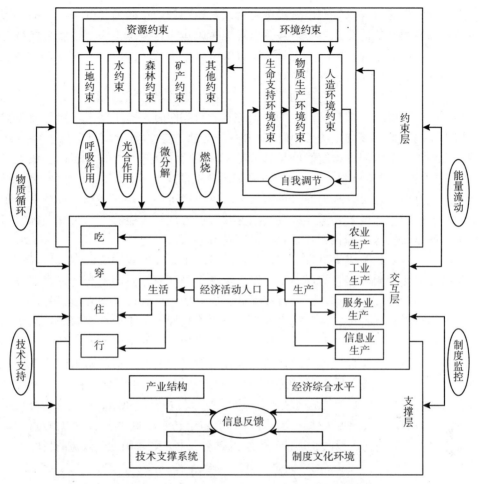

图 1-1 煤炭依赖型区域生态承载力系统运作图

鉴于此，本书拟以我国煤炭依赖型区域的生态风险监控为研究对象，围绕该区域生态承载力系统运作流程，试图在客观衡量资源、环境硬性约束的基础上，通过动态监控，对其约束状况及时预警。当然，要保证煤炭依赖型区域生态承载力系统良性运作，还需要一定技术和制度支撑。本书在广泛研读相关文献，借鉴国外现有成果的基础上，还将进一步尝试，寻找有利于我国煤炭依赖型区域生态风险规避的制度与政策响应，以期能够设计出相对合理的导控路径。

1.1.2 研究价值

煤炭依赖型区域生态系统的高脆弱性，以及生态风险的重要科学价值，吸引了众多学者参与到生态风险的研究中来。通过分析这些文献，笔者认为，如何把握生态脆弱性对煤炭依赖型区域经济可持续发展的制约？如何增强该区域的生态风险管理能力？如何监控生态风险并合理规避风险？这些都是煤炭依赖型区域经济发展不可回避的现实问题，也是我国资源型区域生态转型的关键所在，值得我们进行深入的理论探讨和实证研究。

本书的理论价值在于它有助于进一步完善生态风险监控的相关理论，对生态学、可持续发展经济学具有一定的理论意义。与此同时，鉴于笔者将研究的视角定位为煤炭依赖型区域，并以山西省为实证分析对象，对于贯彻落实科学发展观、实现资源型区域可持续发展具有一定的现实指导意义。作为我国面积最大的"国家综合配套改革试验区"，山西省是我国典型的煤炭依赖型区域，其经济转型在全国具有典型意义。本书通过预警其生态风险稳定性，并在动态预警结果基础上，对该区域生态风险要素导控及其制度政策进行剖析，能够为山西省"国家综合配套改革试验区"建设提供可操作的对策和建议。

此外，本书相关成果具有一定普适性，可应用于今后我国资源型区域经济转型跨越发展实践中。随着雾霾污染升级，生态保护已成为我国资源持续发展政策优先关注的关键问题。笔者研究过程强调了煤炭依赖型区域经济发展过程中生态系统的整体性和动态性，注重其自然和社会双重属性。关于生态风险防控的机制设置与路径选择的研究成果，可应用于我国资源型区域的生态文明构建中，有助于防范生态风险，保证区域资源供给，并在自然可承受的前提下最大限度地优化资源结构，达到区域以最小自然资源消耗量投入获得最大的经济效益、生态效益和社会效益的目的；有助于防范区域生态风险，保证区域资源供给，以期在自然可承受性的前提下，最大限度地优化资源结构；有望于达到区域生态承载力持续承载，以最小自然资源消耗量投入获得最大的经济效益、生态效益和社会效益的目的。

1.2 国内外研究现状与发展趋势

作为近几年逐渐进入研究热点的生态风险监控及规避研究，其研究时间有限，再加上煤炭依赖型区域生态风险监控数据较难获得，有关该领域生态风险监控的研究尚不多见，偶尔见诸的也多是零散论述或含糊于研究内容之间。但正如任何一种理论的创立都必须吸取诸多相关领域的理论精华一样，那些具有前瞻洞察力学者们所做的关于煤炭依赖型区域生态可持续发展的研究和探析，无异于黑暗中闪耀的点点火花，为我们进一步的探索照亮了前进的方向。

1.2.1 基于煤炭依赖型区域的文献概述

国外对煤炭资源型区域发展问题的研究始于 20 世纪 30 年代初，加拿大地理学家英尼斯（H. A. Innis）对其开创性的调研——加拿大的皮毛贸易（1930）、加拿大的原材料生产问题（1933）等。从国外研究的实际情况来看，美国、加拿大、澳大利亚的学者在该领域的成果和建树最多，其研究主要针对煤炭资源型城镇（社区）进行。由于涉及因素十分复杂，国外对煤炭资源型区域研究的视角可以归纳总结为以下几个方面。

第一，煤炭资源型城镇基本特征研究。国外对煤炭资源型区域的系统研究是从 20 世纪 60 年代以后开始的，60～70 年代是国外煤炭资源型区域发展研究的初级理论阶段。在这一阶段，大量的研究集中于社会学、心理学等煤炭资源型城市的基本特征问题。马什对美国宾夕法尼亚州东北部煤炭城市居民的社区归属感（sense of belonging）进行了研究；鲁宾逊（I. M. Robinson）对加拿大煤炭资源型城市进行了全面评价；赛门斯（L. B. Siemens）提出要通过规划来改善煤炭资源型城镇的生活质量；卢卡斯（R. A. Lucas）则对单一工业社区的生活和工作模式进行了全面阐述；坎贝尔（A. P. Campbell）、昂格尔（D. G. Unger）、弗里德（M. Fried）、吉尔（A. M. Gill）、沃伦等人（Warren. R. L）对煤炭资源型城市社会互动（social interaction）方面进行了讨论；欧费奇力格（C. O'faircheallaigh）依据 1981 年的人口普查资料，对澳大利亚煤炭资源型城市艾利安格拉（Alyangula）的人口静态特征进行了详尽阐述；布拉德伯里（J. H. Bradbury）则从人口迁移的角度，对加拿大魁北克—拉布拉多地区煤炭资源型城市的人口特征进行了研究。煤炭资源型区域的行为学和社会学研究描述了这一特殊自然—经济产物的基本特征，继而确定了导致区域不稳定的因素。

第二，矿区发展生命周期研究。除了区域的基本特征外，国外许多学者对煤炭资源型区域——矿区经济发展的周期也进行了深入研究。该方面的研究始于 1929 年赫瓦特（Howard）根据区域矿产资源的加工利用程度，提出的矿区城镇五阶段发展理论。其中最有影响的是，卢卡斯（Lucas）于 1971 年提出的单一工业城镇或社区发展的四阶段理论，具体表述是：第一阶段——建设阶段，第二阶段——雇佣阶段，第三阶段——过渡阶段，第四阶段——成熟阶段。其中在前两个阶段，人员变动很快，许多不同种族背景的年轻人和家庭先后到来，性别比例扭曲，出生率很高。随着聚居地逐渐变成独立的社区，"缘矿建镇"发展到一定程度，煤炭资源型区域的经济发展也逐渐进入到过渡阶段，居民的社区稳定感和参与意识逐渐形成。到了成熟阶段，区域内的成年劳动力流动率下降，退休比率增加，与此同时，一些年轻人出于种种原因被迫离去。此后，布拉德伯里（Bradbury）对该理论进行了完善和补充，认为还应该存在第五阶段，即衰退或下降阶段。在这一阶段，随着资源的枯竭，区域煤炭资源型产业的衰败，将有可能导致煤炭资源型区域的部分消亡。米尔沃德（H. Millward）和阿什曼（H. Aschmann）经过对矿床开采自然过程的归纳、抽象，又增加了一个阶段，将其更进一步修正为六阶段模式。

第三，理论指导下的兴衰剖析。承接煤炭资源型区域发展周期的研究结果，以及煤炭资源型区域发展过程中资源约束问题的凸显，越来越多的学者将研究重点放在了相关对策的讨论上。布莱德伯里（J. H. Bradbury）、伯特斯（Bertus）和欧费奇力格（C. O'faircheallaigh）等人从"中心——外围"理论的角度，重新认识了煤炭资源型区域与中心城市的关系。伯特斯（Bertus）在对加拿大不列颠哥伦比亚省的研究中指出，澳大利亚北部资源地区与全国工业中心之间本质上是剥削关系，净资本大量流向联邦或州政府，削弱了煤炭资源型区域自身发展的潜力。布莱德伯里（J. H. Bradbury）认为，在目前的资本主义阶段，资源开采部门和相关城镇处于垂直一体化大公司的控制之下，个别城镇或区域由于在某一个具体时刻上相对成本较低而对资本家来说有利可图就得到了发展，这就构成了令煤炭资源型城市处于极度脆弱状态的结构条件，而这一结构状况正是其单一企业社区社会、经济问题的症结所在。

由此结论出发，海特（R. Hayter）和巴恩斯（T. J. Barnes）认为要解决上述问题，先要处理中心工作区（a Central Work World，CWW）和边远工作区（a marginal work world，MWW）两个劳动力市场分割的局面，通过雇用、暂时解雇、加班、兼职等方法增加劳动力供应数量的灵活性。霍顿（D. S. Houghton）和杰克逊（R. T. Jackson）对这种"长距离通勤模式"（long-distance commuting，LDC）对社会和区域发展的影响以及利弊进行了分析。兰德尔（Randall J. E.）和艾恩赛德（Ironside R. G.）则通过对煤炭资源型城市的全面评述，将经济结构调整和劳动力市场分割理论应用于煤炭资源型社区的研究，通过对劳动力市场特点及社区对资源依存与空间孤立间关系的研究，提出了一些新的观点。此外，德国波恩大学经济地理系教授格莱伯哈（Grabher）通过对鲁尔工业区经济发展的研究，发现其衰退的根本原因是存在着严重的"锁定"（lock-in）效应。费朗茨（Franz Tödtling）通过对奥地利斯太尔地区冶金工业集群的研究指出，这些老工业基地成为过去成功牺牲品的原因是"制度硬化"（institutional sclerosis）。肯尼（John L. Keane）从自然景观与社区演化的角度，通过对美国南科罗拉多州煤炭城镇的研究，指出了煤炭城镇实现可持续发展的条件；从居民收入与劳动力的角度，研究了美国弗吉尼亚州资源依赖型城市的经济发展，并得出了一系列政策建议。

1.2.2 基于生态风险稳定性的文献概述

自然科学和社会科学一致认为，人类的生存依赖于自然生态系统。随着资源短缺和环境污染以及整个生态系统稳定性遭到损害、生态功能不断削弱，人们对资源消耗与供给能力、生态破坏与可持续问题的深入思考，并逐渐得出共识——保持生态系统的稳定性，从生态承载力的角度来研究经济发展所面临的资源环境问题，控制人类在生态系统的承载能力范围内活动，是实现区域可持续发展的最基本和首要条件。相应地，区域生态承载力稳定性研究也逐渐成为一个前沿领域。

目前，已有的相关研究较为分散。结合上一部分文献整理的思路，以煤炭依赖型区域生态承载力系统运作流程为视角，从生态风险稳定性"约束力"动态导控与"支撑力"动态导控两个层面，对国内外文献进行归纳和梳理，并分别对这两方面的研究现状进行了回顾和评述，以期深化对本书主题"煤炭依赖型区域生态风险监控机制及规避路径"相关问题的理解，为进一步研究铺垫文献基础。

1. 生态风险的"约束力"导控

近 20 年来，生态文明的提出不断加深人们对生态风险的认识，学者们从各个方面致力于该问题的研究。虽然各自的研究角度和方法不尽相同，但是，他们最终得出的研究结论是基本一致的，即区域生态系统一直面临着人类生活、生产的多重约束力。对该"约束力"的认知，主要体现在三个方面：一是界定该约束力是什么；二是衡量该约束力有多大；三是参照一定标准及时预警约束风险。

第一，生态风险稳定性"约束力"的界定。对于"生态风险稳定性'约束力'的界定"，现有研究是从生态单因素约束力的分析入手。对不同的生态因素，区域生态承载力稳定性面临的约束力不尽相同。土地资源承载力重点关注土地资源对区域生态承载力稳定性的约束，强调一定生产条件下，土地生产能力的安全性；水资源承载力其关注的焦点是水资源安全供给前提下的工农业生产活动强度；环境承载力更强调环境对区域生态承载力稳定性的约束，注重分析区域环境对污染物的容纳能力。也就是说，生态单因素承载力以各个单因素为研究重点，描述各自对区域生态承载力稳定性的约束。

第二，生态风险稳定性"约束力"的衡量。对于"生态风险稳定性'约束力'的衡量"，现有研究较多地集中于运用量化模型进行分析。其中应用较广泛、比较具有代表性的有：奥德姆（Odum）独创的能值理论及分析方法，该方法为复合生态系统提供了一个衡量和比较各种能量的共同尺度；薇薇安（Wmiam）等提出并完善了生态足迹法，应用该方法瓦克奶格尔（Wackernagel）等对 52 个国家和地区的生态足迹进行了详细计算，并进一步计算了 1961～2001 年全球的生态承载力和生态足迹，派彼瑞克斯（Papyrakis E.）据此对美国的资源约束及经济增长进行了分析；思琪（Siche. J. R.）对这几种生态可持续方法进行了比较研究。

在国外研究的带动下，我国学术界也对区域生态风险稳定状况的定量分析进行了研究。其中，不少学者如毛汉英、徐中民、张文广、张志强等，运用能值分析法和生态足迹理论对我国区域的生态能力进行了分析。高吉喜把美国著名运筹学家萨迪（Saaty）提出的层次分析法应用于承载力研究，提出生态承载力 AHP 综合评价法。王妍、曾维华等运用弹性系数对区域环境—经济预警进行了研究。林振山等运用非线性动力学分析方法对区域生态承载力进行了分析。

第三，生态风险稳定性"约束力"预警。在此基础之上，国内外学者还对如何预警区域生态承载力稳定性"约束力"风险进行了研究，成果大多集中于将影响生态安全的众多相互联系、相互制约的因子构建成不同的生态安全预警指标体系。拉波特（Rapport）等提出以"生态系统危险症状（ecosystem distress syndrome, EDS）"作为生态系统非健康状态的指标；卡尔（Karr）应用生物完整性指数评价生态系统的健康程度；凯恩斯（Cairns）等用群落水平指标研究生态系统的安全状况，并认为这类指标更具有早期预警功能。鉴于生态安全对人类经济社会发展的重要性，一些经济学指标如收入、工作稳定性等也被放入生态安全研究中。其中，经济合作与开发组织（OECD）和联合国环境规划署（UNEP）共同提出的"压力（pressure）—状态（situation）—响应（response）"（PSR）指标体系模式较为典型。

2. 生态风险的"支撑力"导控

目前，关于"支撑力"的研究主要体现在三个方面：第一，从市场角度，应用"生态补偿"技术支撑区域生态承载力稳定性；第二，从技术角度，运用"循环经济"手段支撑区域生态承载力稳定性；第三，从计划角度，运用"主体功能区"方法支撑区域生态承载力稳定性。

第一，生态风险控制的"市场支撑力"。"生态补偿"（eco-compensation）是从市场角度出发，对生态风险稳定性进行合理导控的重要举措。"生态补偿"源于生态学中自然生态补偿（natural ecological compensation）的概念和生态平衡思想。对于生态系统而言，当来自外界的干扰超过一定限度时，生态系统的自我调节功能将受到损害，从而引起生态失调和生态危机。自 Robert Costanza 等 12 位学者在"Nature"发表论文系统地测算了全球自然环境为人类所提供服务的价值后，对使用这一价值如何付费，成为众多学者研究的重点。

国外的生态补偿实践主要是通过生态服务付费或者生态效益付费，以经济手段调整保护者和受益者在环境生态方面的利益关系，最终确保区域生态承载力的稳定性。相对而言，市场化程度较高的生态补偿形式是"标记生态"，该方法实现了生态环境服务付费的间接支付方式。资源开发的生态补偿是我国开展较早、实践工作较为丰富的领域。该领域的生态补偿多属于"抑损"型,强调矿山企业对受损生态环境的恢复和治理,通过"谁破坏、谁补偿"的原则,保证其所在区域生态承载力的稳定性。目前而言,该领域研究存在一定政策空缺,特别是国家层面的法律依据和政策指引缺失,致使各地在补偿标准、补偿方式等方面较为混乱。

第二,生态风险控制的"科技支撑力"。"循环经济"是生态承载力得以保值增值的有效技术保障。循环经济强调仿照自然界物质代谢、循环、共生等规律,安排经济生活,其本质上是能量信息流动通畅的生态经济。"循环经济"注重生态平衡,遵循生态阈限和生态位原理,主张通过推行产业生态化,优化产业系统内的物质流动路径,从而尽可能减少人类经济生活对区域生态承载力的破坏。其中,清洁生产、生态园区以及以不同产业园区为节点形成的产业链是国外产业生态化过程采用的重要模式。

对我国而言,"循环经济"主要从两个方面对生态承载力的保值增值提供技术支撑,一方面是输入控制,通过技术改造和设备更新,以较少的投入生产出生命周期更长或用途更多的相同产品;另一方面是末端治理,通过加大投入,购置设备,将已产生的废物进行资源转化,然后投入到企业生产中去,煤炭工业园区是其实践典型。

第三,生态风险控制的"计划支撑力"。"主体功能区划"的推出,将不同区域的资源环境承载能力推到众人面前,是我国生态承载力稳定性监控的又一重要举措。我国的主体功能区既具有空间规划的性质,也具有特定区域的性质。其构建思想源自德国、荷兰和日本等发达国家的空间规划思想,并需要充分借鉴其空间规划的实践和经验,严格规定空间的开发强度和方式,实现区域协调发展。概括起来说,主体功能区的概念是借鉴国际经验,并结合我国实际情况和需求提出来的,符合当今区域经济发展的新趋势。但由于其涉及政府和民众关系的界定,再加上我国空间管治领域法规建设滞后,存在上位法缺失、下位法先行等现象,故其实施,成果具有一定局限性。

1.2.3 基于知识图谱的研究趋势分析

进一步应用知识图谱分析方法,对该领域文献进行计量以及可视化研究,进而把握未来发展趋势,确定本书关注的重点及选择恰当的科学方法。为了保证研究成果的权威性,本书选取美国信息情报研究所(ISI)下属的 Web of Science 数据库作为文献来源,进行主题词交叉检索,数据更新时间为 2015 年 7 月 19 日,检索时间跨度从 1992 ~ 2015 年,文献格式为"English Article",根据不同限定主题下载文献以及涉及的引文文献，在此基础上以图谱形式，揭示研究热点以及未来研究趋势，以期寻找煤炭依赖型区域生态风险控制机制以及规避路径的恰当研究方法和研究思路。

1. 区域生态研究文献趋势

选取 Theme = "ecology * + risk"，涵盖了 ecologic、ecological、ecology 等几种表达形式，对研究区域生态问题的文献进行计量分析。检索时间跨度从 1990 ~ 2015 年，数据更新时间为 2015 年 7 月 19 日，下载文献数据 467 个。检索结果显示，区域生态风险研究逐渐成为区域经济研究中的重要问题。从表 1 - 1 可以看出，从 2004 年开始，区域生态风险研究逐渐走进众学者视野，特别是近五年，生态问题研究比例大幅增加，从不到 5% 激增至 16%。

表 1 - 1　　　　　　　　区域生态研究时间分布

出版年	记录数	占 464 的%	柱状图
2014	75	16.164%	
2013	64	13.793%	
2012	56	12.069%	
2015	38	8.190%	
2011	29	6.250%	
2007	22	4.741%	
2004	19	4.095%	
2000	18	3.879%	
2008	18	3.879%	
2009	16	3.448%	
2010	15	3.233%	
1999	12	2.586%	
2005	12	2.586%	
2003	11	2.371%	
2002	9	1.940%	
1997	7	1.509%	
1998	7	1.509%	
2001	7	1.509%	
1994	6	1.293%	
1996	5	1.078%	
2006	5	1.078%	

出版年	记录数	占464的%	柱状图
1995	4	0.862%	I
1992	3	0.647%	I
1993	3	0.647%	I
1990	2	0.431%	I

进一步通过引文年代环，了解该主题下的关键词分布。引文年代轮代表关键词的引用历史，一个年轮厚度与该时间段内的引文数量成正比。从图1-2可以看出，学者们对区域生态问题的研究，重点核心关注点在于生态风险以及生态风险评价，这两个核心关键词的年轮厚度明显大于其他关键词。再来看下不同国家学者对区域生态风险研究的区域分布状况。从表1-2可以看出，在全球区域生态风险问题研究的学者中，美国学者最为众多，占到总学者总量的32.328%，这与美国对生态问题关注的常态化分不开。我国学者人数则保持在第二的位置上，占据所有学者人数的31.681%，以微小的差距仅次于美国。这些数据表明了我国学者在生态风险问题上的研究热度，一方面我国这几年不断恶化的生态问题，促使了生态研究的加速；另一方面，更重要的是，我国政府及民众对生态的关注度越来越高，这是推动生态风险研究的重点因素。

表1-2   **生态研究学者国家分布**

国家/地区	记录数	占464的%	柱状图
USA	150	32.328%	▆▆▆
PEOPLES R CHINA	147	31.681%	▆▆▆
CANADA	46	9.914%	▆▆
AUSTRALIA	35	7.543%	▆
GERMANY	25	5.388%	▋
ENGLAND	16	3.448%	I
ITALY	15	3.233%	I
SPAIN	13	2.802%	I
FRANCE	12	2.586%	I
PORTUGAL	11	2.371%	I
SOUTH AFRICA	9	1.940%	I
BRAZIL	8	1.724%	I
SOUTH KOREA	8	1.724%	I
SWITZERLAND	8	1.724%	I
DENMARK	7	1.509%	I
JAPAN	7	1.509%	I

国家/地区	记录数	占 464 的%	柱状图
MEXICO	7	1.509%	
NETHERLANDS	7	1.509%	
RUSSIA	7	1.509%	
AUSTRIA	6	1.293%	
TURKEY	6	1.293%	
NEW ZEALAND	5	1.078%	
SWEDEN	5	1.078%	
INDIA	4	0.862%	
IRAN	4	0.862%	
NORWAY	4	0.862%	
POLAND	4	0.862%	
TAIWAN	4	0.862%	
EGYPT	3	0.647%	
TUNISIA	3	0.647%	
ALBANIA	2	0.431%	
BULGARIA	2	0.431%	
CROATIA	2	0.431%	
FINLAND	2	0.431%	
MONACO	2	0.431%	
NIGERIA	2	0.431%	
PAKISTAN	2	0.431%	
ROMANIA	2	0.431%	
VENEZUELA	2	0.431%	

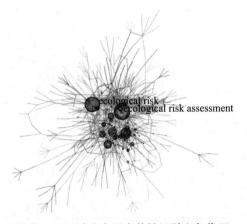

图 1-2　区域生态研究关键词引文年代环

2. 风险研究方法文献趋势

风险研究一直是众多领域关注的热点，其中，支持向量机是近几年比较被大家认可的机器学习方法。它基于统计学习理论，被广泛应用于模式识别、分类等研究领域。鉴于其泛化能力强，容易训练等特点，不少学者尝试将支持向量机方法用于风险研究。本书对该方法的使用也非常感兴趣，运用知识图谱，可以更为精准地把握该方法对于生态风险监控的适用性及趋势。

选取 Theme = "risk + support vector machines"，从 2000~2015 年，选取 741 篇文献对其进行分析。从表 1-3 可以看出，自 2000 年开始，支持向量机方法在风险问题研究中的热度不断上升，其方法应用比例从 0.271% 上升至 2014 年的 13.821%。还有一个检索分析结果，也非常值得关注（见表 1-4）。在运用支持向量机方法研究风险问题的学者中，排在第一位的是美国学者，占到 25.474%，这与美国科学研究在各领域中总是处于领先地位密不可分。紧随其后的就是中国学者，比例占到 18.835%，这充分说明我国学者对于风险研究的关注度，以及在国际社会上的认可度。同样，运用引文年代环了解该主题下的关键词分布。显然，运用支持向量机对风险问题进行分类研究，是该领域研究学者们的主要思路。具体阐述见图 1-3。

表 1-3　　　　　　　　　　支持向量风险研究时间分布

出版年	记录数	占 738 的%	柱状图
2014	102	13.821%	▇
2012	93	12.602%	▇
2011	76	10.298%	▇
2009	66	8.943%	▇
2013	65	8.808%	▇
2010	61	8.266%	▇
2008	54	7.317%	▇
2015	45	6.098%	▌
2006	42	5.691%	▌
2007	39	5.285%	▌
2004	30	4.065%	▌
2005	27	3.659%	▌
2003	16	2.168%	▏
2002	9	1.220%	▏
2001	7	0.949%	▏
1998	3	0.407%	▏
2000	2	0.271%	▏

表 1 − 4　　　　　　　　　　支持向量机风险研究区域分布

国家/地区	记录数	占 738 的%	柱状图
USA	188	25.474%	
PEOPLES R CHINA	139	18.835%	
GERMANY	65	8.808%	
ENGLAND	52	7.046%	
SPAIN	49	6.640%	
TAIWAN	45	6.098%	
FRANCE	35	4.743%	
ITALY	34	4.607%	
CANADA	31	4.201%	
BELGIUM	29	3.930%	
TURKEY	29	3.930%	
AUSTRALIA	26	3.523%	
SOUTH KOREA	25	3.388%	
INDIA	21	2.846%	
SINGAPORE	19	2.575%	
GREECE	16	2.168%	
NETHERLANDS	14	1.897%	
SWITZERLAND	14	1.897%	
JAPAN	13	1.762%	
IRAN	11	1.491%	
SCOTLAND	11	1.491%	
POLAND	10	1.355%	

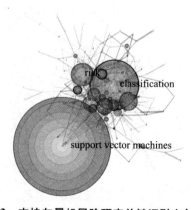

图 1 − 3　支持向量机风险研究关键词引文年代环

3. 支持向量机生态风险研究文献趋势

当运用科学计量方法，对区域与生态、风险与支持向量机等内容分别做了对比研究之后，鉴于支持向量机在风险分类中的显著优点，笔者不禁思考，对于生态风险，是否支持向量机同样具有适用性，是否同样被同行学者认可呢? 因此进一步将主题选定在支持向量机与生态，Theme = "ecology * + support vector machines"，从 2007 ~ 2015 年，选取近一百篇文献对其进行分析。从表 1 - 5 可以看出，自 2007 年开始，支持向量机方法开始被逐渐应用到生态风险问题研究中，且热度直线上升，其方法应用比例从 2007 年的 2.041% 很快就上升至 2014 年的 23.469%。

表 1 - 5　　　　　　　　　　支持向量机生态研究时间分布

出版年	记录数	占 98 的%	柱状图
2014	23	23.469%	▆▆
2012	16	16.327%	▆▆
2013	16	16.327%	▆▆
2010	14	14.286%	▆
2015	10	10.204%	▆
2011	7	7.143%	▌
2009	4	4.082%	▌
2006	3	3.061%	▌
2005	2	2.041%	▏
2007	2	2.041%	▏

同样，运用引文年代环进一步关注该主题下的关键词分布。发现各文献的分析运用支持向量机进行生态风险分类的思路保持不变，但与此同时，进行预测也逐渐成了该主题下的重点领域，具体如图 1 - 4 所示。在此基础上，通过聚类分析（见图 1 - 5）做更深入地探讨，可以得出结论，prevalence、automated classification、distribution pattern、continental-scale measure 等都是支持向量机在生态研究中的应用点。综上对区域、生态、风险等关键词进行的知识图谱分析，更进一步强化了笔者对于本书主题"煤炭依赖型区域生态风险监控与规避"研究的信心，并帮助笔者明确将支持向量机作为主要研究方法的思路，为后续研究铺垫文献基础。

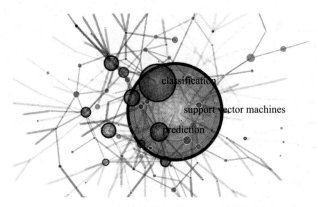

图1-4 支持向量机生态研究关键词引文年代环

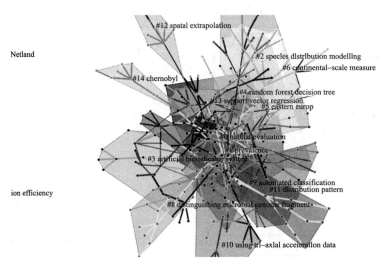

图1-5 支持向量机生态研究关键词聚类图

1.3 主要研究内容

本书一共分11章，各章主要研究内容如下。

第1章，主要介绍了本书选题的现实背景与研究价值，阐述了国内外有关煤炭依赖型区域生态风险监控相关问题的研究现状，以及本书的研究思路、结构、方法和创新点。

第2章，从哲学与经济性两个大的视角，对煤炭依赖型区域生态风险相关理论进行了回顾。一方面，阐述了哲学领域相关理论对生态风险与文化、价值、正义之间的关系论述，从哲学视角剖析了人类生态需求、生态正义以及生态理性等概念，对生态风险研究的哲学铺垫进行了挖掘。通过生态风险问题的哲学本体思考，探寻区域生态风险问题的根源是人与自然关系的断裂。只有在人与自然和谐共处这一新型关系形成基础上的区域生态风险态势合理导控措施，才能真正有助于缓解稀缺资源与无限欲望间的矛盾。另一方面，阐述了可持续发展经济学对生态风险的描述。从可持续发展的由来入手，通过对可持续发展的内涵、可持续发展的评价等理论进行剖析，阐述了生态安全在可持续发展经济学理论发展中的贯穿始终。

第 3 章，基于情景间的纵向对话，选取世界各地极其具有代表性的区域，对其资源约束下的经济发展历程进行阐述，为后续的研究铺垫国际经验视角。首先，选取德国的鲁尔区，这一区域在国际资源型区域转型中具有旗帜性的标杆作用。通过对比历史中的鲁尔区以及现在的鲁尔区，描述了鲁尔地区从单一"煤炭钢铁"中心向多中心、组团式结构的转换模式。其次，选取美国休斯敦区，重点描述了休斯敦通过三次工业浪潮成为各种高新技术的摇篮，航天、医疗、新兴科技产业萌兴，一跃成为最受大学生青睐的职业发展地的历程。最后，选取日本北九州区，描述了其政府主导下的转型。在其转型过程中，煤炭工业彻底从经济结构中退出，取而代之地则是循环经济的构建以及技术输出，既治理了自身环境，也累积了大量相关技术与经验，更提升了国际形象，值得我们借鉴和更好的分析。

第 4 章，基于时空下的生态转型，从自然资源约束的界定入手，选取了我国最具代表性的一些石油约束型区域以及煤炭约束型区域，对其转型过程进行分析。通过分析可以发现，对于我国的石油资源型城市，不论是大庆的多元转型、东营的空间优势亦或是克拉玛依的境外拓展，由于其发展历史较短，且石油与煤炭不同的资源特质，都使得其转型压力相对煤炭依赖型区域小了一些。然而，我国煤炭资源型区域由于其发展年代更久远，单一产业模式更固化，多年来以煤为主的能源发展模式使其生态负债沉重。鄂尔多斯模式使人们再次惊醒；"煤都"大同展开循环经济尝试；兖州以海外并购寻找技术转型之路，不论成败与否，都是积极的改变。

第 5 章，设计了煤炭依赖型区域生态风险监控模型。从生态预警的基本理论与方法入手，构建生态风险预警理论框架，并在常用预警方法简介基础上对比分析，从而选择更具适用性的生态风险监控模型。分析表明，BP 神经网络独特的结构和学习算法，使其在处理区域生态可持续这一高度非线性的复杂巨系统研究过程中，具有自学习功能、联系存储功能、高速寻找优化解的能力、鲁棒性等优点。与此同时，支持向量机在分类问题研究中，一直被国内外诸多学者所青睐，其在解决小样本、VC 维、非线性的问题上独领风骚。鉴于区域生态风险治理过程中，存在样本数据有限等问题，故将支持向量机与 BP 神经网络相结合，构建

BP - SVM 生态风险监控预警模型。

第 6 章，选择具有代表性的煤炭依赖型区域——山西省做实证分析，验证并完善了理论研究成果。先对山西省经济资源现状进行描述，概述其生态承载力现状，描述土地资源、水资源、矿产资源、环境等生态要素所承受的压力。同时，设计符合山西省经济发展及生态情形的综合指标体系，并收集原始数据，以第 5 章 BP - SVM 生态风险监控预警模型为基础，对监控模型进行网络训练及模型验证，构建出符合山西省生态情形的预警模型。

第 7 章，进一步构建生态风险识别体系，确定甄别要素及要素权重，对未来山西省生态风险等级进行预测和评级。分析结果表明，像山西省这样的老牌资源依赖型区域，未来区域将呈现不断反复的生态风险控制局面。如何防患于未然，如何抑制煤炭依赖型区域生态风险的反复，显得意义重大。于是，本章中进一步对该类型区域生态风险恶化反复的原因进行了剖析，通过讨论生态技术、生态正义、生态文化等因素对区域生态风险的影响，为后续规避路径研究铺垫思路。

第 8 章，对造成煤炭依赖型区域生态风险升级的压力源进行识别。从生态承载力理论基础阐述入手，剖析生态承载力与自然资源约束之间的相互关联性。并应用界面分析理论框架，对界面管理的思路及其原理进行讨论，分析煤炭依赖型区域生态可持续发展系统中不同子系统界面上压力诱因。并应用系统动力学相关分析手段，对存在于不同界面上的作用力进行剖析，构建压力源界面框架，并通过深入剖析各个类型界面障碍产生的原因，最终探析出基于技术创新、制度创新、文化创新的生态风险界面障碍跨越思路。

第 9 章，对煤炭依赖型区域生态风险的特例事件——邻避危机进行解析。运用模糊认知图对邻避冲突开展不同利益相关者风险因子分析，构建社会简明认知图。并在此基础上进行生态信任反思，进一步细化导致公众生态信任流失的诱导因素，探寻规避邻避风险、重塑公众生态信任的实现路径。结果表明，缓解邻避冲突、重塑公众生态信任，需要从培育生态理性认知、推进公民参与模式、规范环评责惩制度等三方面入手，夯实公众信任社会基础，搭建信任重塑支撑平台，构筑生态参与外围环境，进而消除人们对邻避项目的焦虑情绪，完善邻避事件的生态处理流程，确保在不破坏辖区原居民生态需求的前提下，进行邻避设施的安放与运行。

第 10 章，基于煤炭依赖型区域生态风险压力源的识别以及邻避危机破解思路的探讨，本章集中视角对该区域生态风险规避路径进行了全面分析。首先，从技术驱动视角出发，借助于生态位理论，构建技术驱动的生态位进化模式，实现煤炭依赖型区域生态风险的技术储备。其次，从公众参与视角出发，借助于扎根理论，提炼范畴，构建公众参与区域生态风险防范理论模型。最后，从地方政府协同视角出发，基于演化博弈理论，构建跨区域生态规制模型，多管齐下，为煤炭依赖型区域生态风险规避构建路径体系。

第 11 章，总结与展望部分，对全书的研究结论进行了总结，并对今后进一步的研究提出了设想。

1.4 研究方法和技术路线

1.4.1 研究方法

本书拟通过问卷调查、实地考察、专家访谈等方法，配合官方统计资料确定研究所需样本数据。通过国内外煤炭依赖型区域生态承载力研究成果的对比分析，确定我国煤炭依赖型区域生态承载力稳定性的压力源，并应用支持向量机方法，解决该区域生态承载力稳定性的动态预警问题。最终利用界面分析的结果，对我煤炭依赖型区域生态承载力稳定性动态导控的要素安排及其制度政策响应进行探索。具体如下。

第一，理论研究与实证分析相结合。本书以生态可持续理论为基础，运用界面分析与经济预警的原理和方法对煤炭依赖型区域可持续发展进行系统研究，得出了一些有益结论。在此基础上，选择我国典型煤炭依赖型区域——山西省进行实证分析，科学预警其生态风险状况，找出跨越生态风险界面障碍的途径，验证及完善了理论研究成果。

第二，定性分析与定量分析相结合。在对理论综述、核心词汇界定及概述等部分采用定性分析的同时，辅之以知识图谱分析方法，将定性研究具有定量分析的科学性。同时，对煤炭依赖型区域生态监控分析及压力源解析、规避路径设计等研究，均是在一定程度定性分析基础上，运用数量化模型、复杂系统神经网络建模技术、层次分析法等定量手段进行剖析，使研究内容更加清晰、研究过程更加科学、研究程度更加深入。

第三，专业研究与多学科交叉研究相结合。煤炭依赖型区域生态风险治理的现实复杂性和特殊性，对学科交叉性要求十分强烈。运用单一理论、思想和方法，难以满足理论研究和解决实际问题的需要。本书在借鉴吸收可持续发展、系统分析、生态承载力、界面分析、经济预警等专业化研究成果的基础上，注重进行与诸如自然资源定价及产权、科学技术、演化博弈、利益相关者理论等多学科领域的交叉和整合研究，以寻求从多角度、多层次对自然资源约束下的煤炭依赖型区域生态风险治理问题进行系统全面的解析和研究。

1.4.2 技术路线

本书对煤炭依赖型区域生态风险监控机制及规避路径问题的研究，采用如图1-6所示的技术路线。

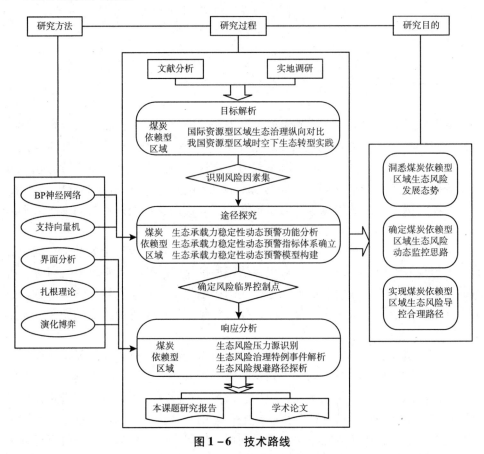

图1-6 技术路线

1.5 本章小结

本章从煤炭依赖型区域产生和发展的现实背景入手，结合种种历史性和制度性因素的影响，剖析了我国煤炭依赖型区域生态可持续发展的紧迫性和必需性。并探讨了自然资源约束下，煤炭依赖型区域生态预警研究及路径探讨的现实意义和学术价值。综述了国内外有关煤炭依赖型区域可持续发展以及生态治理的研究现状，找出了现有研究成果中尚存在的不足之处，阐述了本书的研究思路、主要内容、研究方法、研究着力点及创新点。本章是全文的纲要。

第 2 章

概念及理论基础

生态安全自 20 世纪 80 年代随着可持续发展理论被提出后，一直受到全世界各国政府和人民的广泛关注。特别是近几年 PM2.5 在我国大肆泛滥，人们的生存安全不断受到挑战，如何在确保生态安全的前提下实现经济发展，几乎成为我国最重要的议题之一。本章将从哲学与经济性两大系统出发，对文化与生态风险、价值与生态风险、正义与生态风险的理论体系，以及可持续发展的由来与生态风险、可持续发展的内涵与生态风险、可持续发展的评价与生态风险，不同角度研究下的生态风险概念及相关理论进行系统剖析和归纳。

本章主要内容：

❖ 哲学与生态风险

❖ 可持续发展经济学与生态风险

❖ 本章小结

2.1 哲学与生态风险

随着经济全球化进程的加快，地球生态系统许多不可挽回的"崩溃点"使生态风险成为不可回避的话题。对于该问题的探讨，生态风险控制经济学解释的虚弱性呼唤着经济学走向哲学，而哲学诠释角度的抽象性要求哲学走向经济学，在这双重呼唤中，"生态哲学"的新视角能够实现区域生态风险控制思路的完整解释：生态风险问题源于，同时也表现为人与自然关系的断裂，因此，对区域生态风险态势进行合理导控的措施，必须形成于人与自然和谐共处这一新型关系的哲学本体思考基础之上，同时有助于缓解稀缺资源与无限欲望矛盾的经济学实践。

于是，本书的理论基础从生态哲学入手，展开对生态风险相关研究的综合分析和阐述。

2.1.1　文化与生态风险

生态风险是人为的风险，生态危机的困境是人为的困境。生态社会学家唐纳德·沃斯特梭说，我们今天所面临的全球性生态问题，起因不在于生态系统，而在于我们的文化系统。错误的文化导向产生了错误的人与自然价值观，滋生了经济行为人错误的行为方式。研究区域生态风险的前提，必须是文化层面的反思和理性重构，以生态理性为伦理基础，通过生态教育，培育文化监督实践主体，构建生态文化体系。

在哲学视域内，本源上看，生态风险源于观念化的资本逻辑——欲望支配世界。因此，控制区域生态风险，先必须实现个人生存观念的根本转型，重构欲望与生存、自然与人生、个人与社会等存在意识，这种观念改造是推进区域生态风险控制的本源性认识。

什么样的文化是有助于区域生态风险防控的文化？不同生态伦理学之间存在歧见，在不断实践中，彼此之间正逐渐形成一个生态伦理共识，塑造一种新人类选择行为模式的理性，即以生态理性为伦理基础的文化才能约束区域生态风险发展态势。在生态理性指导下，新的文化能用自然的原因、理性的力量来解释世界，人类能够更清楚地洞察自然界的特性及环境演化的规律性，减弱生态风险的强隐蔽性，尽早发现生态风险事件的端倪。通过了解生态系统结构的复合协同性，功能的不可替代性，进一步明晰生态风险的全方位性，界定任意子系统生态风险的波及度，全面衡量某一生态事件造成的生态后果。使人类在自然面前时刻保持清醒的头脑和谦卑的姿态，尽量减少生态危机的区域化发展。

然而，由于生态理念的外部输入性，就我国而言，目前区域生态风险控制文化监督的生态理性伦理基础并不坚固。当前，生态理性除了以最高官方文化出现之外，并没有真正植入广大民众的伦理价值观中。要想真正形成生态理性的思维范式，构建生态风险控制文化监督的伦理基础，不仅要在现有基础上继续扩大官方文化宣传的力度，更多的是需要将生态理性植入人们的决策系统。

德国马普学会人类发展研究所的心理学家吉仁泽（Gigerenzer）及其团队对人们决策行为研究过程中发现，人的决策能力是在生存环境中学习和创造的，不同的社会规范将衍生不同的决策能力。要想实现文化对生态风险治理的影响力，必须将生态理性植入普通民众的决策系统。树立生态理性，其本质是培育经济行为人的生态理性思维范式。随着"美丽中国"建设的开展，生态意识已经在大多数公民脑海中构建起来，但之所以没有形成生态理性思维范式，最主要的原因是相关法律体系的缺失。通过确立制定具有纲领性的生态领域基本大法，并在其基础上完善相关法律法规，形成生态法律体系。以法律为导航，辅之以经济手段的鞭策，形成生态思维范式，构建区域生态风险控制文化监督的伦理基础，人们才能用生态理性的思维方式从事经济行为，用生态的眼光规范自身行为。从而树立尊重自然、保护自然的生态文明理念，使人类正视生态规律，重视生态问题，增强全民生态环保意识，形成合理消费的社会风尚，营造爱护生态环境的良好风气。这种文化氛围与社会风气经过长期不断地约定俗成，逐渐形成一种生态道德，最终实现对区域生态风险恶性态势发展的文化软约束。

当然，"文化"的行为主体与受体都是人，从文化视角讨论生态风险，必然离不开对人的教育。从过程上分析，生态风险是一定社会制度框架下，生态实践主体运用技术手段不当，非合理作用于生态环境实践活动所形成的。以文化推进区域的生态风险控制，旨在通过加强生态教育，培养具有生态观念，能够行使生态行为的实践主体。然而，由于生态理念的外部输入性，当前我国公众主动参与生态活动的积极性没有明显改善，环保行为长期停留在种树、垃圾分类等较浅层次，改善生态环境问题仍然主要依赖政府，企业、民众产生的有效影响不足，没有形成更多的生态实践主体。然而普通民众是生态环境最直接的接触者，控制区域生态风险，迫切需要推行生态教育，培育实践主体，使文化监督的约束力落到实处。

在这一过程中，一方面，需要生态教育培养大量具有生态意识、能将生态良知由认识领域自觉践行到实践领域、进行传播生态文化的生态理性人。作为"理性经济人"在生态文明时代的替代，生态理性人具有生态伦理学意义上的人类行为模式。他是生态人和理性人的综合，不仅具有生态伦理学素养，能够用生态意识指导经济行为，而且具有经济理性，能以理性判断选择符合生态规律的经济行为。可以说，生态理性人是生态文明时代，人全面发展的现实维度和必然趋势。生态理性人在行使生态权利、履行生态义务时，能将生态责任意识内化为人的品格，传承且发扬生态文化，使区域生态风险控制的文化监督具有实效价值。另一方面，有必要通过生态教育培育生态风险控制文化监督的实践组织主体。尽可能通过生态教育，重构企业文化，形成具有生态责任心的企业法人主体。同时，增强非政府环保组织的独立性，实现对生态风险控制过程中政府失灵作用的弥补，有效发挥文化监督作用。

2.1.2　价值与生态风险

理论救赎一直致力于通过重新审视技术价值——界定技术的"非自然性"，来弱化技术生态风险。在新的价值观下，技术生态风险真正的根源归于人类对技术认识的局限。科学技术不再是人类征服自然的工具，不再单一具有改造自然的价值，它是区域生态风险控制的一把双刃剑，是修复生态系统、实现人与自然协调发展的助手，负载着一种新型的人与自然关系。区域生态风险管理只有通过不断进行科学合理的生态化技术创新，才能为生态风险治理提供强大的技术支持，不断化解区域人类经济活动排放到环境中的高熵废弃物，为经济增长提供低熵能量，保持区域生态阈值内的经济增长和社会发展。

技术价值重构，是一个涉及技术设计、技术产品制造、技术产品社会应用在内的全方位复杂系统，是技术伦理价值观与技术主体伦理价值观协整的过程。从技术产品设计开始，就要将人与自然的生态考虑作为技术研发的内在维度；在技术产品的制造与社会应用的全流程，时刻将技术主体的生态责任感和环保意识，作为技术实践的核心准则，确保其在对环境负起伦理责任的前提下，开展技术创新活动。

新时代下科学技术价值生态化重构的实现，必须以公众充分参与技术民主决策为基础。只有通过民主、动态决策，对技术可能带来的多元价值取向进行综合评判，才能增强现代技术的人道主义，最终选择与生态需求相容的技术，促进生态正义，加强技术生态价值与经济价值协同发展，提高技术防范和控制生态风险能力。在此过程中，生态创新必不可少。它是生态学向技术的渗透，是人类在尊重生态规律前提下，利用生态学原理，通过技术对自然进行改造的过程，是生态技术的物化形式，是整体思维、非线性思维、动态思维和协同思维通过技术在自然面前的展现。通过开展生态技术创新，完成区域生态风险控制技术驱的物化实践，其本质特征是从生产流程出发，基于生态化技术创新视角，实现可再生资源替代不可再生资源，减少生产过程造成的环境污染，提高自然资源和经济资源之间的转换效率，增加区域生态系统的运转资本。

尤其是系统生态创新，它是技术价值重塑、生态思维技术物化的最高目标，是价值与生态风险控制的最佳体现。它不再将视野局限于生产过程，而是将整个社会生产和消费体系都纳入考虑范围，囊括了企业、消费者、非盈利组织等各个群体在内的，技术、组织、制度多维协同生态技术创新的结果。与末端生态创新以及生产过程生态创新不同，系统生态创新将创新视角由单个企业过渡到整个产业链。注重用生态理念指导产品设计，在整个产品生命周期内，通过技术与组织的协同创新，达到生态生产系统的集成优化，体现了人类生态价值的最高境界。在追求系统生态技术创新的过程中，工业生态园区的循环技术支持是其典型的实践形式。通过系统生态技术创新，生态园区内各个相关企业之间，实现了物质闭环循环和能量多级利用。通过物质流和能量流的闭路再循环，实现整个园区废物零排放，将生态风险降到最低水准。

2.1.3　正义与生态风险

生态风险的治理过程究其本质实则是生态正义的实现过程。在该实现过程中，制度是处理人与人之间社会关系的最有效工具，保护生态环境、解决生态问题必须依靠制度。有利于区域生态风险态势控制的制度，必须能够体现生态正义，实现不同人群、不同区域、代际间生态需求上的公平，最大程度地促进不同组织间的生态治理协作，将区域生态风险控制在合理范围内。于是，从正义的角度出发，有一系列关于生态风险控制，实现生态正义的经典理论。具体可以从两个视角来阐述这些论著。

第一，遵循生态正义，强化生态风险控制制度安排的生态本质。生态正义是与生态需求密切相关的生态伦理学概念。生态需求是生命存在物与生俱来的。马克思认为，在原初状态下，人直接的是自然存在物，他与动物一样，具有生存的生态需求，比如清新的空气、洁净的水源、充沛的阳光、茂密的植被、肥沃的土地，等等。同时，人又是社会存在物，他不同于动物，具有发展的生态需求，比如能够实现经济利益的物质生活和生产资料。生存和发展的生态需求构成了具有排他性的人的生态权利。生态正义就是作为社会存在物的当事人，以社会实践为中介，从生态需求出发，在与自然界之间的对象性关系中确证生态权利的过程。

遵循生态正义，强化生态风险控制制度安排的生态本质，首先，需要制度设计不仅要考虑人与人的关系，更要考虑人与自然的关系。通过制度把尊重自然的理念变为具有可操作性的具体规范，从而将保护自然的实践落实到人类行动。一方面以强制性的法律制度，规范整个社会经济生态行为，保证生态需求面前人人平等，实现整个社会层面的生态正义；另一方面以合理的市场制度安排，鼓励市场主体积极参与生态风险控制，以交易制度实现生态正义的市场化，构建人与自然的和谐关系。

其次，以生态正义强化生态风险控制制度安排的生态本质，要求制度设计必须理性审视生态需求。当生态需求以尊重自然，爱护自然为前提，不超出自然界承受能力范围时，这一需求就是理性发展的，能够带来可持续的生态利益。当需求逐渐变得非理性，生态利益被无节制追求时，部分人的生态权利就被侵占甚至剥夺，人与人之间就呈现生态殖民状态。生态正义指导下的制度设计，必须理性审视生态需求。将生态理性作为制度设计的内在维度，建立科学的生态行政制度，提高决策科学化水平，降低决策失误度，增强制度执行力。最终通过调整人的行为处理好人与自然的关系。

最后，确保生态正义指导下区域生态风险控制制度安排的生态本质，还需要制度设计充分考虑生态监督功能。一方面，需要将个人利益与生态经济管理的公共利益相统一，以绿色 GDP 为主要内容设计核算和考评制度，力求真实反映生态需求程度，实现对区域生态风险的客观评价；另一方面，加强经济问责，实现对微观领域生态责任的追究与赔偿，规范损害生态正义者的行为。同时，设立公益诉讼制度，增强公民、民间组织、社会媒体对环境违法行为监督的深度和广度，最终以合力确保区域生态风险控制制度安排的生态本质。

第二，促进生态治理协作，实现生态风险控制制度安排的实践准绳。以制度安排实现对区域生态风险的态势控制，一方面要以生态正义作为制度设定的伦理标志，突显其生态本质；另一方面要以生态治理协作作为制度设定的实践准绳，通过合理的制度安排，实现不同组织、不同部门在区域生态风险控制中的分工协作。

以完善的生态制度实现区域生态治理协作，一方面，要构建生态生产制度，摒弃以市场力量为导向的生产方式，以生态发展为导向，发展生态产业，将生产活动限制在生态承载阈值内，追求经济效益、社会效益、生态效益相统一的综合效益，实现生产层面的生态治理协作。在这一过程中，需要设置综合评价制度、科学考核规定、奖惩机制构建生态生产的科学决策系统，也需要自然资源资产化管理措施、清洁生产技术、循环经济手段形成生态生产的有效执行系统，更需要生态生产过程中的规划、准入、退出制度形成的约束系统。三个系统共同作用形成较为完备的生态生产制度支撑体系，在企业的生产过程中建立种种生态联系，实现物质与能量企业间的大循环，做到整个生产系统的"零排放"，以生态治理协作实现区域生态风险控制。

另一方面，要构建绿色消费制度，改变旧有的生活消费习惯，以先进的生态文化，提高人们的生态素养，用良好的生态行为，实现人们的绿色生活，达到区域的生态治理协作。比如，通过对生产过程的补贴及税收优惠制度，修正绿色产品的市场价格，提高其市场适销性，以市场价格拉动作用形成绿色生产与消费的良性循环；完善政府绿色采购制度，强化政府在绿色消费实施过程中的主体地位，以政府财政拉动绿色生产、树立绿色消费形象；加强绿色生产者责任认定与奖惩制度安排，确保消费者绿色消费的信心，保障其消费者权益，对制造和销售假冒伪劣"绿色产品"的行为通过制度进行严惩，为绿色消费提供安全的经济秩序。

与此同时，还需要依靠制度的力量，在生产者与消费者之间构建生态链接，实现生产过程与消费过程的生态回路，加强区域经济发展过程中，生产者与消费者在生态风险治理中的协作。比如，将生态生产领域延伸至资源可持续利用领域，建立相关产品废弃物的回收和处理制度，深度开展回收物再利用；将绿色消费领域扩展至环境保护领域，以税收制度和法律制度推行诸如垃圾分类的消费废弃物绿色处理。除此之外，还需要针对特殊区域的生态问题，提高制度设计的灵活性。防止政策变动不居和生态的自然属性，使同样的制度供给给不同区域带来社会性沉淀成本。也即通过增强相关反馈与更新机制，顺畅制度性政策供给主体和需求主体间的沟通渠道，加强区域生态风险控制制度设计的弹性。在经济社会各个领域形成生态治理协作的有效制度链接。

2.2 可持续发展经济学与生态风险

经济学对于生态风险的描述集中体现在可持续发展经济学的各种论述及讨论中。从可持续发展的由来到可持续发展的内涵最后到可持续发展的评价，可以说，"生态安全"贯穿整个可持续发展经济学始终。

2.2.1 可持续发展的由来与生态风险

可持续发展（sustainable development）是 20 世纪 80 年代，随着人们对全球环境与发展问题广泛讨论而提出的概念。它是从人类理性地对片面追求经济增长为目标的传统发展观及其诸多问题反思中被提出的，是人类在遭受全球生态系统破坏"回报"后不得不做出的改变，是以协调人口、社会、经济、资源与环境之间关系为出发点的全新发展观。第二次世界大战以后，发展研究作为一门新兴学科在欧美等国迅速开展起来。经过"二战"浩劫，许多国家都将发展重心集中到经济增长上。因此，各种以经济增长为核心的发展观先后形成，其共同点都是强调工业化、片面追求经济增长而忽视社会发展其他方面。

这种传统发展观的根本弊端是把工业化实现过程完全变成人类征服自然、统治自然、掠夺自然，严重割裂经济与生态、社会与环境、人与社会和自然间有机联系，导致人、社会与自然畸形发展的过程。传统发展观使人们津津乐道于经济增长带来经济繁荣的同时，环境、资源等问题不断凸显，并随着全球经济一体化进程推进而加剧。人口危机、粮食危机、资源危机、空气质量下降、土壤遭到破坏、淡水资源受到威胁、气候被改变、生态环境被破坏、生物多样性减少……，越来越恶劣的自然环境已经严重威胁到当代人的生存和发展。实践中的人们逐步认识到"先污染、后治理"的种种缺陷，有识之士纷纷奔走呼号：善待地球，保护环境。

于是，作为达到经济生活合理永续进行的手段和最终追求的目标，可持续发展一经提出，很快就得到国际学术界的广泛认同，并逐渐成为全球最为关注的字眼。可持续发展的外延、内涵不断扩大、深化，效率配置、污染控制、生物多样性保护、社会平等、生活质量改善和消除贫困等都被用来论述可持续发展，以至于国外学者称可持续发展已经成为一个泛用的时髦词汇而包罗万象。在这鱼目混珠的概念、方法和理论研究当中，要探究可持续发展的本源，将可持续发展真正落到实处，就必须先弄清楚可持续发展的由来，明白为什么会提出可持续发展，才能将其概念、方法及其理论拓展开来。

可持续发展的由来和人类工业经济的高速增长有着千丝万缕的联系。从人类诞生到工业革命以前，人类活动对自然环境破坏范围较小，人与自然、环境的关系基本上是协调的。工业革命开始后，机器大生产代替了传统的手工劳动，创造了前所未有的生产力，加快了人类改造自然的步伐。特别是 20 世纪中叶以来，世界各国纷纷将全部精力用于经济建设，出现了史无前例的"经济增长热"。一大批先进资本主义国家以实现工业化、谋取国民生产总值迅速增长为目标，将经济增长等同于发展，以环境污染、生态破坏为代价，迅速发展工业经济。这种"高投入、高产出、高消耗、高污染"的传统发展模式产生了一系列世界性问题：资源严重短缺，环境污染加剧，贫富差距加大等。在处理环境问题的实践中，人们已经认识到，环境污染与生态破坏带来的经济损失高得惊人，如果继续沿用传统发展模式，各种问题的最终激化会给人类带来灾难性后果。而且单靠科学技术手段和工业文明的思维定式去修补环境，不可能从根本上解决环境问题。因此，人类必须重新做出选择，从多个层次去调控人类的社会行为，改变支配人类社会行为的诸多传统思想，寻找一条可持续的发展道路。

人类对可持续发展的认识，从科学家探讨人类生存危机开始，经由西方国家环境保护运动和生态运动兴起，再到经济学家和其他学者对传统发展方式和发展观念反思，经历了从感性认识到理性认识，由主动破坏环境到积极保护环境，由不自觉行动到自觉和制度化全球统一行动（《京都议定书》），由民间非政府组织的零星活动到联合国举世一致公认，再经过各国政府采纳，变成国家、社会、企业和个人共同行动的漫长、曲折过程。

早在 1935 年，英国生态学家斯坦利（Stanley）就以"生态系统"的概念指出，人类无节制扩张会导致地球生态系统瓦解。1962 年，美国海洋生物学家 R. 卡逊（Rachel Carson）以《寂静的春天》告诫人们正视自身生产活动导致的严重后果。1972 年，以米都斯（Meadows）为首，来自美国、德国、挪威等一批西方科学家组成的"罗马俱乐部"发表了关于世界发展趋势的研究报告——《增长的极限》。报告认为，如果按照当时人口与资本的快速增长模式继续下去的话，世界就会面临一场"灾难性的崩溃"，避免出现这种可怕前景的最好方法是"零增长"。同年，联合国在瑞典斯德哥尔摩召开了人类环境会议，"只有一个地球"开始成为人们的共识。会议通过的《人类环境宣言》强调，"世界各地决定采取行动时，必须更加审慎地考虑它对环境的后果。"并指出，"为了这一代和将来世世代代的利益，地球上的自然资源，其中包括空气、水、土地、植物和动物，特别是自然生态中具有代表性的标本，必须通过周密计划或适当管理加以保护。使用地球上不能再生的资源时，必须防范将来把他们耗尽时的危险，并且必须确保整个人类能够分享从这样的使用中获得的好处。"

　　"可持续发展"一词正式出现，最早是 1980 年由国际自然保护同盟（IUCU）和世界野生生物基金会（World Wildlife Fund，WWF）制定的《世界自然保护大纲》（The Conservation Strategy）中，最初应用于林业和渔业指对资源的一种管理战略：如何将全部资源中合理的一部分加以收获，使得资源不受破坏，而新成长的资源数量足以弥补所收获的数量。1980 年 3 月 15 日，联合国向全世界发出呼吁："必须研究自然的、社会的、生态的、经济的以及利用自然资源过程中的基本关系，确保全球的可持续发展。"其被大多数人所认同是在 1987 年挪威前首相布伦特兰夫人（Brundtland）为首的联合国世界环境与发展委员会提交的《我们共同的未来》报告以及 1989 年 5 月联合国环境署第 15 届理事会经过反复磋商通过的《关于可持续发展的声明》。该声明着重指出，"可持续发展意味着应维护、合理使用并提高自然资源的基础；意味着在发展计划和政策中应纳入人对环境的关注与考虑。"

　　随着 20 世纪 80 年代全球环保第二次浪潮的掀起，全球性环境问题如全球变暖、臭氧层破坏、生物多样性消失等逐步被各国政府所认识。1992 年，里约热内卢召开的联合国环境与发展会议上达成众多共识，如《里约宣言》，《21 世纪议程》等重要文件，进一步阐述了可持续发展的定义及其战略思想，并被各国所接受。越来越多的国家和人民已经认识到，环境问题已不是什么隐约逼近的危机，而是一个已到眼前的危机，搞好环境并不只是造福子孙后代的事，它实际上已经成为我们这代人能否安然度过的问题。可持续发展和环境保护密不可分，人类要想实现可持续发展，就必须维护、改善人类赖以生存与发展的自然环境，同时，环境保护也离不开可持续发展，它们必须协调进行。资源、环境等各种问题的升温，使可持续发展从提出至今，越来越多地受到了全世界各界人士的关注，国内外学者对该领域的研究一直方兴未艾。

2.2.2　可持续发展的内涵与生态风险

　　可持续发展作为一个理论体系，首次将生态安全放到了和经济发展、社会稳定一样重要的地位。国内外不同流派和不同学术领域的专家学者，从不同角度认识、领会可持续发展，不断丰富着可持续发展范畴。可持续发展涵盖了政治、哲学、经济、生态、环境等众多方面，由于人类社会发展是没有止境的，不同地区、不同时代人们对发展的理解尺度也不同，因此，可持续发展定义总是动态变化着、没有绝对标准，并随着人们认识的提高和实践探索而不断完善丰富。对于可持续发展定义及内涵的探讨，能够更清晰地看到这个经济理论与生态风险之间密不可分的关联性。

第一，布伦特兰的定义。挪威前首相布伦特兰夫人在《我们共同的未来》中提出可持续发展概念，是目前得到广泛接受和认可的概念。这个定义是对可持续发展这一动态综合性过程的高度概括，具有公平性、持续性和综合性的特点，是用一种全新的发展观来定义可持续发展，富有深远的哲理性且内涵丰富广泛。该定义认为，"可持续发展是既满足当代人的需要，又不对后代满足其自身需要的能力构成危害的发展。"它包括三个关键性概念：一是"需要"，特别是世界上贫困人口的需要，这些基本需要应被置于压倒一切的优先地位；二是"限度"，主要指一定技术状况下，资源、环境对将来需要能力施加的限制，如果限制被突破，必将影响自然界支持当代和后代人生存的能力；三是"平等"，即各代之间的平等以及当代不同地区、不同人群之间的平等。

从这个定义可以看出，可持续发展主张当代人公平、代际公平、区际公平和人与自然的公平；主张公平分配，以满足当代和后代全体的基本需求，即要求在本代人之间消灭贫富悬殊，并把消灭贫困作为可持续发展进程中特别优先的问题来考虑，又要求一代人不要为自己的发展与需求去损害人类世世代代发展所需要的资源与环境，不管哪代都应公平地利用自然资源；主张持续经济增长应建立在人与环境的协调和谐、生态保持平衡的基础上。

第二，基于环境保护的定义。环境保护同可持续发展之间的关系密切，可以说可持续发展正是源于环境保护的初衷。该理念倡导从环境保护角度保持人类社会的进步与发展，号召人类在增加生产的同时，注意生态环境的保护与改善。明确提出要变革人类沿袭已久的生产与消费方式，并调整现行国际经济关系。福曼（Forman，1990）认为，可持续发展是寻求一种最佳的生态系统，以支持生态系统完整性和人类愿望实现，使人类生存环境得以可持续。从环境与发展的角度看待可持续发展，其实质是认为经济发展不应超出环境容许极限，可持续发展本质上是生态系统的永久发展。基于环境角度的可持续发展定义，强调人与自然关系的统一，通过寻求人与自然系统的合理化，把人的发展与人类需求满足同环境退化、生态威胁等联系到一起，努力实现人与自然和谐共处，保证经济、社会持续发展。

第三，基于资源使用的定义。可持续发展是这样的一种策略：运用所有的自然资源、人力、财产和物力进行管理，以增加长期的财富和福利，可持续发展的实现有赖于环境管理的有效性，并将环境准则体现在其资助项目中。基于资源使用角度的可持续性概念，强调资源的可持续利用和生态持续性（ecological sustainabillty），旨在说明自然资源及其开发利用程度间的平衡。1991年，国际生态学联合会（INTECOL）和国际生物科学联合会（UBS）联合举行关于可持续发展问题的专题研讨会。该研讨会的主要成果是发展并深化了资源使用角度可持续发展的概念，将可持续发展定义为："保护和加强资源环境系统生产和更新能力，即可持续发展是不超越资源系统再生能力的发展。"

第四，基于社会进步的定义。可持续发展是一个受生态、经济、社会、政治等多种因素影响的发展过程。1991 年，世界自然保护同盟（IUCN）、联合国环境规划署（UNEP）和世界野生生物基金会（WWF）共同发表的《保护地球：可持续生存战略》，将可持续发展定义为，"在生存不超出维持生态系统承载能力的情况下，改善人类的生活质量。"塔卡史（Takashi Onish，1994）认为，可持续发展就是在环境允许范围内，现在和将来给社会上所有的人提供生活保障。从社会进步角度定义可持续发展，就是在不超过维持生态系统蕴含能力的情况下，改善人类的生活品质。通过改善人类生活质量和获得必要资源的途径，取得人类需求的持续满足和人类生活质量的持续改善，并创建一个保障人类平等、自由、人权的环境。它着重论述了可持续发展的最终落脚点是人类社会，即改善人类生活品质，促进整个人类社会的进步。

第五，基于经济发展的定义。以经济属性定义可持续发展有不少表达方式，但是不管哪一种表达，都认为可持续发展的核心是追求经济发展的净利益最大化、产品最大化、福利最大化。林达尔（Lindalcl）认为，可持续发展是在不损害后代人的利益时，从资产中可能得到的最大利益。巴贝尔（Edward B Barbier，1985）认为，不以牺牲资源为代价，在保持自然资源的质量和所提供服务的前提下，使经济发展的净利益增加到最大限度是可持续发展。马肯华和皮尔斯（Anil Markandya and David W. Pearce，1998）则认为，当发展能够保证当代人的福利增加时，也不会使后代人的福利减少，并且今天的资源使用不应减少未来的实际收入是可持续发展。托曼（Tallman）则从平衡取舍、必需物与非必需物的角度，探讨了经济发展的可持续性。还有一些学者，诸如欧普斯库（Opschoor，1995）认为，可持续发展是一种经济发展模式，这种模式并不削弱资源再生系统和废弃物吸收系统的功能，同时，非再生资源的利用应由可再生或可再造的等量物增加而得到补偿。

第六，基于科技创新的定义。从科技创新的角度定义可持续发展，主要是突出技术与制度创新对可持续发展的作用。主张这一观点的学者认为，可持续发展是建立在极少产生废料和污染物的工艺和技术系统（世界资源研究所，1992），通过转向更清洁、更有效的技术——尽可能接近"零排放"或"密闭式"的工艺方法——尽可能减少能源和其他资源的消耗（James Gustave Spath，1989），从而达到经济、社会持续和谐的发展。

可持续发展的定义虽然种类繁多，但将这些不同角度定义下、具有不同侧重点的内涵进行抽象、归纳和概况，可以得出公平性、持续性、共同性和需求性原则指导下的，如图2-1所示的可持续三维扩展空间，并从中探究到其内在本质。作为关于人类社会经济发展的全面性战略，可持续发展的核心是发展，没有"发展"也就没有必要去讨论是否"可持续"了。发展的前提是经济增长，可持续发展不是以保护环境为由取消经济增长，而是鼓励经济增长。可持续的经济增长提高了人民生活水平和质量，为可持续发展提供了必要的能力和财力。但可持续发展观下的经济增长，需要重新审视如何实现经济增长。要达到具有可持续意义的经济增长，必须改变高投入、高消耗、高污染的粗放型经济增长，采用合理的资源开发利用方式，力求减少损失，杜绝浪费，从粗放型利用转变为集约型利用，从而减少单位经济活动造成的环境压力，在经济增长过程中消灭环境污染和生态破坏的源头。

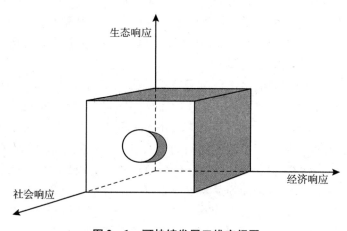

图2-1 可持续发展三维空间图

可持续发展要求发展既满足于当代人的需求，又不对后代人满足其需要的能力构成危害，其最终目标是提高人们的生活水平。可持续发展更加注重民生，更加注重经济、社会、环境之间的协调性，更加注重社会公平，更加注重人民群众对改革发展成果的共享。因此，资源型区域的可持续发展，必须把提高区域人民的生活水平作为一切问题研究、考虑的出发点和落脚点。统筹好人与资源型区域经济协调发展，第一产业与第二产业、第三产业协调发展，资源企业发展与环境保护，资源型产业和替代产业协调发展以及当前发展和长远发展的关系。凡是有碍于人民生活水平提高的问题就要加快解决，凡是有利于人民生活水平提高的措施就要努力实施。一切以能否提高区域人民生活水平为评判标准，使区域人民切实感受到可持续发展带来的实惠和好处。

可持续发展是有限制的发展，它是自然资源和生态环境承载力范围之内的发展。可持续发展以自然资产可持续性为基础，要求发展与有限自然承载能力、环境承载能力相协调，实现人和自然之间的和谐。这种有限制的发展要求通过适当经济手段、技术措施和政府干预，减少自然资产耗竭速率，控制人类活动对自然环境的负面影响，最大限度地提高不可再生资源利用效率，从而保护生命维持系统，保护生物多样性，保持地球生态完整性，保证以持续方式使用可再生资源。正是这种限制性，使可持续发展与以往所有发展观都不同，"持续"是其"发展"的约束条件。人类的一切行为都要建立在尊重自然、与自然和谐相处的基础上，不能以牺牲资源、环境为代价，要在资源与环境资本不减少的前提下寻求发展。

可持续发展归根到底是人的全面发展，其最终目的是为了增进全人类的利益，既为了当代人的利益，也为了后代人的利益。可持续发展强调社会公平，强调代际之间、人类与其他物种之间、不同国家和不同地区之间的公平。这个发展不只是少数人、少数国家的发展，而是所有人、所有国家都应该有机会的发展。因为地球具有整体性和相互依赖性，所以可持续发展的实现离不开全球共同联合行动，是全世界共同的目标和责任。其基本目标是既要满足人民生活基本需要，又要使各国、各地区，以至每个人都享有平等发展机会。不但我们这代人，还要后代人与我们有同样的发展机会。没有机会就不是可持续的发展，机会应该在国家之间、地区之间均等，在我们这代人和后代人之间机会均等。这是代际之间的平等和同代人之间的平等，是可持续发展的基本目标。以上内容就是可持续发展的实质，它是生态持续、经济持续和社会持续的统一体，是人生存方式、思维模式和价值观念的变革，是主客体在相互作用、共同进步过程中，达到和谐、全面、公平和永恒的发展。

2.2.3　可持续发展的评价与生态风险

面对诸多环境问题，人们逐渐认识到资源、环境困境的根结在于社会经济运行方式。要想摆脱困境，给子孙后代留下一个美好的生存空间和供其发展的资源储备，就必须改变过去"吃祖宗的饭，断子孙的路"的传统经济发展模式，合理使用资源，保护生态环境。相较而言，可持续发展实现了人类社会生活由注重数量向注重质量转变，实现了社会发展战略由侧重内容向侧重发展能力转变，实现了社会发展评价方法由"单因素"向"格式塔"转换。走可持续发展道路是人类十分明智的战略选择，对我国而言，它不但是人发展的自身需要和必然选择，更是社会永续发展面临的紧迫而艰巨的任务。对于可持续发展状态的评价，更集中体现了民众、学者、政府对区域生态风险的关心程度，归纳总结各种判断的依据和准则，大致有货币评价和非货币评价两种，具体如下。

（1）一方面，货币评价。货币评价模式是模仿市场，把市场价值延伸到非市场范围，促使人们以"支付意愿"的方式来显示他们对非市场产品的偏爱。该类评价模型试图把人口、社会、资源、环境以及资源的过度损耗和环境污染等因素以货币形式表达，从而将可比产品和劳务的市场价值投入到诸如安逸、环境和安全等这些非市场成果上来。通过对不同领域发展活动加以比较，货币评价模式用共同的货币单位对发展加以衡量，并将衡量的成果聚集成为一个全面发展指标。其评价的依据是：如果人们的福利随着时间推移没有下降，则发展就是协调的、可持续的。比较典型的如真实储蓄（GS）、经济福利尺度（MEW）、持续收入（SI）、可持续经济福利指数（ISEW）、真正进步指数（GPI）和绿色国民生产净值（GNNP）等。下面着重介绍比较有代表性的持续收入、经济福利尺度和绿色国民生产净值。

第一，持续收入评价。用持续收入来评价可持续发展，是指在不减少产生社会福利总储量的情况下，可用于消费的国民收入，可以用持续收入水平是否增长或至少持平来衡量一个社会是否可持续发展。

$$SI = GNP - Dk - Dn - R - A - N \tag{2.1}$$

式（2.1）中，Dk 表示固定资产等生产资料的消耗；Dn 表示环境资源的减少或损失部分，是用货币表示的一年中的环境损失；R 表示恢复环境损失开支；A 表示防止环境损失开支；N 表示过量开采资源的价值。

第二，经济福利尺度评价。1972 年，美国经济学家诺德豪斯和托宾，最先提出用"经济福利尺度"修改国民生产总值（GNP），将其修改为如式（2.2）所示，并用它来评价区域的可持续发展状况。

$$经济福利尺度 = GNP - 闲暇消费价值 + 主妇家务的价值 - 消除污染所付出的代价$$
$$- 现代化城市生活所造成的其他损失 \tag{2.2}$$

由上式可以看出，显然用经济福利尺度修改后的 GNP，突出了人类消除不利于持续发展的各种污染所付出的代价。该代价越大，经济福利尺度越小，区域可持续水平越低。

第三，绿色国民生产净值评价。皮尔斯认为，传统的国民生产净值（NNP）只反映了人造资本的折旧，而没有考虑自然资本的消耗和退化，因此，必须用绿色国民生产净值（GNNP）来代表持续收入对其加以修正，才能更准确地描述可持续发展。修正公式如下：

$$GNNP = C + S - Km - Kn1 - Kn2 \tag{2.3}$$

式（2.3）中，C 是消费，S 是储蓄，Km 是人造资本折旧，$Kn1$ 表示自然资本的消耗，$Kn2$ 表示自然资本的退化。

（2）另一方面，非货币评价。区域可持续发展的货币评价虽然简单、直观、经济意义明显，但由于市场价格并不能真实反映自然资源稀缺性，在处理未来公平性时也难以确定准确的贴现率。同时，由于国内当前统计制度和核算制度还不完善，相关的资源环境统计规划、统计制度和统计标准还未出台，在国际上也还没有成功的经验可供借鉴，造成货币角度可持续发展评价模型的可应用性不强。于是，各种可持续发展的非货币评价模式应运而生。与货币评价不同，非货币评价模式不是价值聚集发展的成果。它认为可持续发展不单是个人货币收入的增加，而是满足人们多方面需求的经济、环境、社会的多维发展。较为常见的非货币评价模式有生态足迹分析法、系统动力学分析法和指标综合评价法等，具体介绍如下。

第一，生态足迹分析法。生态足迹分析法（ecological foot-print）又称生态空间占用模型（ecological appropriation），是加拿大生态经济学家廉姆（E. William）及其博士生瓦克奶格尔（M. Wackernagel）提出的一种可持续发展生态分析模型。作为一种生态学评价模型，生态足迹分析方法认为，所谓可持续发展主要是处理经济系统同生态系统之间的关系，注重考察人类活动是否处于生态系统承载能力范围之内。它是一种可以将全球关于人口、收入、资源应用和资源有效性，汇总为一个简单、通用的进行国家间比较的便利手段——一个账户工具，根据维持人类生活自然资源消费量和消化经济生活产生废弃物的生产性空间进行估算，衡量人类对自然资源的利用程度，并与给定区域实际生物承载力进行比较，从而衡量区域的可持续发展状况。

作为一组基于土地面积的量化指标，生态足迹的计算是基于以下两个基本事实：一是人类可以确定自身消费的绝大多数资源及其所产生废弃物的数量；二是这些资源和废弃物能转换成相应的生物生产土地面积。生态足迹分析方法首先通过引入生态生产性土地概念，实现对各种自然资源的统一描述，从需求面计算生态足迹的大小；其次通过等价因子和生产力系数，从供给面计算生态承载力的大小，进一步实现不同区域各类生态生产性土地的可加性和可比性，并最终通过对二者的比较，实现对研究对象可持续发展状况的评价。

任何一个特定人口（从单一个人到一个城市甚至一个国家的人口）的生态足迹，就是其占用的用于生产所消费资源与服务，以及利用现有技术同化其所产生废弃物的生物生产土地或海洋总面积。其具体计算公式如下：

$$\begin{cases} EF = N(ef) \\ ef = \sum (aa_i) = \sum (c_i/p_i) \end{cases} \tag{2.4}$$

式（2.4）中，EF 为总生态足迹，i 为消费商品和投入的类型，ef 为人均生态足迹，N 为人口数。aa_i 为 i 种交易商品折算的生物生产面积，p_i 为第 i 种商品的平均生产能力，c_i 为第 i 种商品的人均消费量。

第二，指标综合评价法。指标（indicator）是信息的提供者，其原意是指示者、指示物、指示剂、指示器等能为人传递信息的中介事物。从类别上说，按照对信息的浓缩程度，可将指标对可持续发展的测度方法分为单一指标测度方法和指标体系测度方法两大类。单一指标测度方法是只用一个综合性的指标来对可持续发展状态和趋势进行描述和评价，指标体系测度方法则由一系列相互联系、相互制约的指标组成科学、完整的总体，用于测量可持续发展的状态。

可持续发展指标作为可持续发展测度的载体，是可持续发展的指示器及提供可持续发展信息的基本单元。可持续发展的指标综合评价法强调通过指标研究可持续发展测度的关键作用，这是由可持续发展系统的复杂性及多层次性，以及指标所具有的描述、监测、比较、评价和预测功能所共同决定。通过可持续发展指标可架构一座可持续发展理论与实践之间的桥梁，以实现可持续发展定量测度的根本目标。

根据综合性指标的立足点不同，单一指标评价法可分为立足于经济的测度方法和立足于社会的测度方法。其中前者类似于货币评价，将 GDP 等可用货币衡量的指标作为单一综合性指标进行评价。后者则更注重人类整体福利的改善和社会的进步，以物质生活质量指数（PQLI）、人文发展指数（HDI）、社会进步指数（ISP）等评价可持续发展。单一指标测度方法虽然简单、便于理解，但由于可持续发展系统的巨复杂性，使得运用该方法对系统进行完全描述难度加大，实际应用受限。

指标体系测度方法的主导思想是根据可持续发展内涵，构造一系列相互联系的指标，从不同角度反映可持续发展的各个层面及其相互联系。指标体系测度方法并不是各指标间的简单堆叠，而是非相互独立的各个指标以一定内在联系构成的有机系统。对可持续发展不同的理解角度，往往形成指标间内在联系方式和构造结构都不相同的指标体系。该方法能够涵盖大量的信息，构建的指标体系具有良好的系统性，应用广泛。

其中，影响力比较大的是 DSR 型指标体系。DSR 是"驱动力（driving force）——状态（state）——响应（response）"结构模式的英文缩写，表述了人类社会经济活动与环境之间的关系，是国际上最为流行的可持续发展指标体系模式。该模式是联合国可持续发展委员会，在 PSP 模型（由 OECD 和 UNEP 创立）基础上扩张而得的概念模型。驱动力、状态和响应分别通过一组指标来反映，整个指标体系按 DSR 的逻辑关系构成一个完整的体系。其中，驱动力指标用以表明那些造成发展不可持续的人类活动和消费模式或经济因素；状态指标用以反映可持续发展过程中的各系统的状态；响应指标用以表明人类为促进可持续发展进程所采取的对策。DSR 框架系统地研究了可持续发展测度问题，较好地反映了经济、环境之间相互依存和相互制约关系，把可持续发展测度与可持续发展政策导向有机联系在一起，具有较高的科学性和合理性。但由于指标数目过于庞大，可操作性不够高。

2.3 本章小结

  本章对煤炭依赖型区域生态风险相关理论进行了回顾，从两个大的视角进行理论概述。一方面，阐述了哲学领域相关理论对生态风险与文化、价值、正义之间的关系论述，从哲学视角剖析了人类生态需求、生态正义以及生态理性等概念，对生态风险研究的哲学铺垫进行了挖掘。通过生态风险问题的哲学本体思考，洞穿区域生态风险问题的根源，是人与自然关系的断裂。只有在人与自然和谐共处这一新型关系形成基础上的区域生态风险态势合理导控措施，才能真正有助于缓解稀缺资源与无限欲望间的矛盾。另外，阐述了可持续发展经济学对生态风险的描述。从可持续发展的由来入手，通过对可持续发展的内涵、可持续发展的评价等理论进行剖析，阐述了生态安全在可持续发展经济学理论发展中的贯穿始终。本章的基本概念及生态风险监控的哲学、可持续发展经济学系统本质探讨是全书开展后续研究的基础。

第 3 章 /

国际资源约束型区域

——情景间的纵向对话

要对我国煤炭依赖型区域生态风险进行监控，并寻找合理规避路径。先需要对这一特殊区域的生态承载力态势进行描述和审视。特别是在我国生态治理历程拉开帷幕的今天，如何治理愈演愈烈的生态问题，如何将经济发展控制在生态承载力范围之内，正确地梳理国际资源约束型区域生态风险态势及其生态治理历程，显得格外重要。本章将从德国鲁尔区转型入手，依次审视美国休斯敦地区高科技孵化之路，以及日本北九州地区政府主导下的产业更替，为进一步研究铺垫国际经验。

3.1 德国鲁尔区

——半个世纪的努力

3.1.1 历史中的鲁尔

鲁尔工业区，形成于 19 世纪中叶，作为"德国工业的心脏"，曾经一度是德国，也是世界最重要的工业区。鲁尔区在资源型区域经济转型的今天具有重要的里程碑意义，提及资源型区域的转型发展以及资源对人类社会生活的约束力，不论学者还是政府工作人员都会提及"鲁尔"，这片位于德国西部、莱茵河下游支流鲁尔河与利珀河之间的区域。曾几何时这片面积 4593 平方公里的土地，核心区域人口密度超过每平方公里 2700 人，工厂、住宅和稠密的交通网交织成连片的城市带，工业产值曾占整个德国的40%，不仅对德国经济具有举足轻重的作用，莱茵河的河运、从巴黎通往北欧和东欧的各条铁路，以及通往柏林、荷兰的各条公路更使得"鲁尔区"成为整个欧洲经济的工业核心所在。

鲁尔区钢铁工业区核心地位的构建始于1850年，从1850~1860年，每年都有近80万吨的煤炭从鲁尔区送往各地。在这之后长达近一个世纪的发展过程中，经历了第一次世界大战以及第二次世界大战的洗礼，鲁尔区的煤炭业以及钢铁业从兴旺到被迫中断，又到恢复，于20世纪40年代前后，达到鲁尔区煤炭钢铁业的鼎盛时期，形成了一个涵盖煤炭以及钢铁的健全工业网络链，如图3-1所示。从图中也可以看出，在当时的鲁尔区，不论是钢铁主要产品（铁轨用钢、箍铁、盘条、厚钢板、锡片、钢管、车辆用钢以及其他），还是钢铁锻造过程中的相关衍生产品（矿渣、酸性钢、铸钢、退火铸铁、灰口铸铁）以及相关煤炭加工业的配比，都是比较先进的。从亚当·图资的研究中可以看出，当时的鲁尔区煤炭工厂数量、矿井数量、矿山地下交通线长度、煤炭采掘量都达到世界煤炭钢铁发展史的顶峰，其工业不仅是德国发动两次世界大战的物质基础，更是战后西德经济恢复的机械制造业之本。

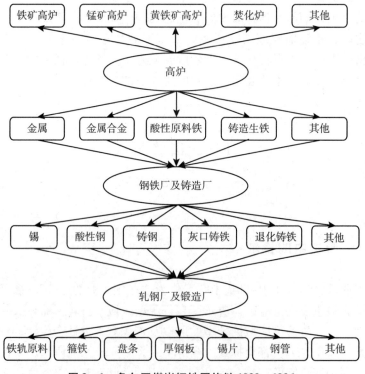

图3-1 鲁尔区煤炭钢铁网络链 1933~1936

资料来源：Cambridge Studies in Modern Economic History: Statistics and the German State, 1900-1945.

　　1956 年，鲁尔区的煤炭产量已经达到 12463 万吨，鲁尔区以其 GDP 占原西部德国 12% 的份额成为德国经济实力最强劲的地区。从图 3 - 2 可知，1945 ~ 1957 年鲁尔区煤炭开采量变化中，也可以清楚地看到，这 20 年，鲁尔区的煤炭开采量一直在稳步上升，但是上升幅度减缓。这也预示着，20 世纪 60 年代全球经济萧条的到来。其实，这一端倪从组织停滞对工业进程的影响分析中也可见一斑（如表 3 - 1 所示）。1942 年的数据分析可以看出，由于钢铁煤炭在整个德国经济中占据的重要地位，在当时，这一行业的组织停滞，将继而带动汽车产业、金属行业等一系列影响，从而导致整个德国工业超过 60% 比例的发展阻滞。特别是对于鲁尔区，这个德国经济的煤炭钢铁中心来说，其产业结构的严重失衡，预示着其未来经济发展的不平路。

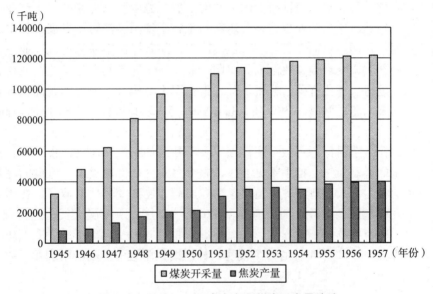

图 3 - 2　1945 ~ 1957 年鲁尔区煤炭开发量统计

资料来源：De Pablos P O，Regional Innovation Systems and Sustainable Development：Emerging Technologies.

表 3 - 1　　　　　　　　　　　　　　**1942 年组织停滞作用**　　　　　　　　　　单位：%

行业	行业自身组织停滞对生产影响的百分比	煤炭行业组织停滞对该行业生产影响的百分比	组织停滞对生产的总体影响的百分比
木器加工业	35.5	3.1	38.6
皮革制造业	33.3	2.2	35.5
钢铁业	25.1	22.1	47.2
车辆制造业	19.8	16.8	36.6
造纸业	18.9	9.8	28.7
电子业	15.4	9.8	25.2

续表

行业	行业自身组织停滞对生产影响的百分比	煤炭行业组织停滞对该行业生产影响的百分比	组织停滞对生产的总体影响的百分比
印刷业	14.9	11.1	26.0
服装业	8.8	0.8	9.6
金属制造业	9.5	32.2	41.7
原材料产业	8.0	5.9	13.9
酿酒业	0.3	3.5	3.8

资料来源: Die Zusammensetzung der Absatzwerte in der Industrie im zweiten Vierteljahr 1942.

　　进一步分析 1900~1945 年德国汽车产业的数据，也可以看出，正是由于当时以鲁尔为核心的煤炭及钢铁行业的大幅度发展，德国引以为豪的汽车产业得以蓬勃发展。当然，这一产业也将在鲁尔区乃至整个德国经济转型发展过程中，起到至关重要的作用。然而 20 世纪 70 年代以来，随着煤炭钢铁等传统工业在整个欧洲乃至美洲大幅度衰退，逐渐成为夕阳产业。鲁尔区与其他老工业区一样，面临着结构性危机、工业产值大幅度下降、失业率不断飙升、环境问题涌现等种种影响经济发展的恶性问题。1961 年，鲁尔区共有 93 座发电厂和 82 座冶炼高炉，每年向空气中排放 150 万吨烟尘和 400 万吨二氧化硫，史料中有关鲁尔区污染状况的记载，让人触目惊心：数千座烟囱以及不断增加的汽车尾气，夜以继日排放废气，严重的雾霾天气，伸手不见五指，整个鲁尔区仿佛被火山灰淹没的庞贝古城，灰色的粉尘漫天飞舞。呼吸道痉挛、白血病、癌症及其他血液病，在当地长住居民的发病率明显上升。有报道称，1962 年 12 月，逆温层天气一连持续了 5 天，空气中的有害物质不断累积，二氧化硫含量超过每立方米 5 毫克，150 余人死于这场雾霾；1961 年 4 月的一个夜晚，杜伊斯堡附近的一场酸雨烧死了数千棵果树。

表 3-2　　　　　　　　　1933 年德国汽车工业与相关工业财务往来数据

指标	业务往来金额（百万马克）	投资金额（百万马克）
煤炭业	14	1
钢铁业	121	3
机械工程业	83	8
电力业	25	1

资料来源: Cambridge Studies in Modern Economic History: Statistics and the German State, 1900-1945.

3.1.2　今天的鲁尔

　　回顾鲁尔区的煤炭钢铁工业发展历史，可以看出，工业鲁尔曾经的辉煌，但也不难看出，随着国际环境对煤炭、钢铁等资源外部需求的下降，以及人们对环境的生态需求，工业鲁尔的衰落不可避免。然而，今天站在国际舞台上的鲁尔，最让人吃惊的却是其半个世纪以来的华丽转型。今天的鲁尔，关闭了大批焦炭厂、炼钢厂等污染企业，完成了对传统产业的清理和改造，空气质量与德国其他地区相当，更是在工业遗产利用、生态复兴等方面，聚集了大批文化产业和创意产业，为全世界资源型区域的经济转型树立了样板，一举成为欧洲的文化之都。回顾鲁尔的转型之路，具有重要的借鉴作用。

转型向来是一个痛苦抉择的过程。鲁尔工业区的转型，始于 20 世纪 60 年代。起因是 1958 年发生欧洲煤炭危机后，继而又发生全球性的钢铁危机。由于长达近一个世纪的开采，鲁尔工业区煤炭开采成本越来越高，矿井深度持续增加，中国、澳大利亚等进口煤的成本远低于自采煤炭，再加上石油、天然气等相对更为环保、价格低廉的替代资源的开发，鲁尔区的许多矿井弃采，煤矿关闭，进而衍生钢铁危机，钢铁厂纷纷倒闭，甚至一些煤炭—钢铁行业链上的其他工业部门也难逃危机，整个鲁尔区陷入工人失业、经济停滞的窘境。1987 年，其最高失业率记录甚至达到 15.1%，远远超过当时全国平均失业率 8.1%。为摆脱危机，鲁尔区设定转型具体的目标，制定了多项转型措施，开展了全面的调整与改造工作。

转型的过程大致分为两个阶段，第一阶段，是 20 世纪 60 年代到 20 世纪 80 年代末期。当时的转型践行"防守式转型（Defence is the best attack）"，对原有工业结构进行"在工业化"改造。许多大公司如克虏伯、蒂森等，坚信鲁尔未来的优势仍然是钢铁、煤炭等重型机械行业，因为，大多数的人们，不仅包括企业工人、也包括众多企业家、甚至政治家，已经习惯了既有的共识和生产方式，鲁尔工业曾经的辉煌已经深入人心，人们坚信这一危机只是周期性危机，只要提高规模效应，很快就会缓解危机。于是，联邦政府以及州政府，下设联邦地区发展规划委员会和执行委员会，以法律的形式制定规划和产业结构调整方案，通过提供政府补贴、限制进口、矿工补助、税收优惠政策等对传统产业进行改造，改善基础设施结构，实现了老工业区改造。

这一阶段的结果也是显著的，整个鲁尔煤炭工业都集中到机械化程度高、盈利多的大企业，实行全盘机械化。钢铁工业也实现了专业化和协作化分工，引进世界上最先进的连续退火炉，提高产品质量和品种，甚至连钢铁工业布局，都从东西向布局格局改为南北向格局。经过数 10 年的调整与改造，鲁尔煤矿已由 1957 年的 140 个缩减到 2002 年的 7 个，从业人数由 47 万减少到 4 万；钢铁厂的炼钢炉由 1955 年的 81 座缩减到 2000 年的 7 座，从业人员由 30 万减少到 5 万。此阶段还完成了鲁尔区基础设施改造，建立了功能完善的运输网络体系，为进一步转型奠定基础。

然而，仅仅是这样的转型结果还远远不够。面对国内民众关于鲁尔的质疑，渐进式改革转型（incrementalism with perspective）的提出带来了鲁尔地区第二阶段转型的春天。鲁尔开始逐渐摆脱对煤炭工业和钢铁工业的依赖，鲁尔区煤管协会推行侧重于发展新兴产业的产业政策，产业结构转型的重点开始转向在改造传统工业的同时，侧重发展新兴产业，并将 12 个产业作为未来发展重点，其中包括信息技术、新材料、医药、环保等产业。1985～1988 年，鲁尔区新建企业数量增加 41%，远远超过同期全国平均水平。2003 年，创意产业大量落户鲁尔区，每 13 家企业中就有 1 家从事文化产业。2001～2007 年，创意产业数量增加了 27%，营业额增长了 63%。2006 年，埃森市当选为 2010 年欧洲文化之城（cultural city of Europe）。鲁尔区甚至开始形成"工业文化遗产之路"，通过对原有工业建筑遗址进行整理，杜伊斯堡景观公园、奥伯豪森巨型储气罐的改建等，都已成为著名景点。与此同时，鲁尔区在生物科技领域也有长足的发展，不但成为世界上医院最集中的地方，拥有 30 万名员工，9000 名专科医生，150 家医疗技术企业，133 家医院和诊所，3 个医学院系，1100 个疗养设施和移动医护服务，更拥有世界顶尖的医疗技术。

特别是鲁尔区的第三产业就业率，近半个世纪以来，有了特别显著的提高。从表 3-3 可以看出，从 1961～2009 年，鲁尔区第三产业就业率从 36.3% 飙升到 71.1%，而第二产业的就业率则从 61.3% 锐减到 27.8%。不得不说，半个世纪转型的努力，换来了鲁尔工业华丽的今天。与此同时，从表 3-3 中可以看出，鲁尔区转型对于整个德国经济重塑的重要性。鲁尔区在煤炭钢铁等第二产业上的顺利转型，直接促进了德国整个国家经济的转型。截至 2009 年，德国第二产业的就业率降至 25.5%，而第三产业的就业率升为 72%。鲁尔从过去单纯的去工业化阶段，逐步进入新型工业化阶段，其新型能源供给以及能源技术转换等都处于欧洲领先地位。特别是在转型过程中，对老旧工业区的整合以及污染处理等坚持不懈的努力，使得鲁尔区逐渐形成环境企业产业集群，进而延伸出各种相关研发产业，成为文化鲁尔的科技支撑。

表 3-3　　　　　　　1961～2009 年鲁尔区三次产业就业率　　　　单位：%

年份	第一产业就业率		第二产业就业率		第三产业就业率	
	鲁尔区	德国	鲁尔区	德国	鲁尔区	德国
1961	2.4	13.6	61.3	46.6	36.3	38.8
1970	1.5	9.1	58.4	49.4	40.0	41.5
1980	1.4	5.3	51.7	45.3	47.0	49.4
1990	1.2	3.6	44.4	40.6	54.4	55.8
2000	1.2	2.5	33.3	33.5	65.4	64.0
2009	1.1	2.2	27.8	25.5	71.1	72.0

资料来源：De Pablos P O, Regional Innovation Systems and Sustainable Development：Emerging Technologies.

　　这一多产业多元化转型的过程，不但给鲁尔带来了稳步上升的就业率，以及不断提升的国际影响力，更兑现了"鲁尔河上空蔚蓝色的天空"的承诺。更为重要的是，实现了鲁尔地区单一"煤炭钢铁"中心向多中心、组团式结构的转换。转型后的鲁尔并没有单个在政治、经济、文化和其他方面占主导地位的首位城市，从图 3 - 3 可以看出，以人口密集度为衡量标准，鲁尔并没有某个特别密集的居住区，其拥有的是 50 多个形态各异的地方核心城市，常住人口分布集中在 2.5 万~3 万。比如伊斯堡保持了传统冶金和港口物流业的区位优势；埃森成为德国的文化之都和能源中心；多特蒙德转型为"科技之都"，并大力拓展足球产业；波鸿市则主打新兴的健康工程产业品牌。这些小尺度的聚居点，使空间区域结构更加吻合，更好地发挥了城市的生态和服务作用。同时，也保证了资源与设施的居住服务功能，更促进了地方规模经济的差异化特色发展。这一多中心组团式结构不仅仅体现在城市定位差异化，同一类产业的发展也形成了一定程度的分工。比如同是医药产业，黑尔德克私立大学医学院主攻精神科学方向，杜伊斯堡—埃森大学医学院则强于遗传学和生物医药，而波鸿大学则是以拥有众多实习医院著称。

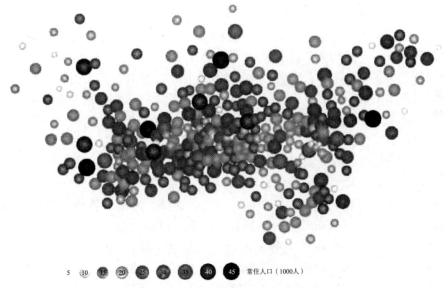

5　10　15　20　25　30　35　40　45　常住人口（1000人）

图 3 - 3　常住人口多中心分布示意图
资料来源：德国鲁尔区"多中心的结构紧凑"空间发展思路及启示。

　　还有一点不得不提，作为转型后的鲁尔，除了上述的种种奇迹，更加令人称道地还有转型过程中的人性化。在鲁尔，其完善的社会缓冲制度，为转型过程中煤炭钢铁产业大量的失业人员保证了适度生活质量的维持。鲁尔的转型并不是以大量矿工迁移、社会解组为代价，尽管这样做付出了许多经济成本，比如大笔投资改造夕阳产业，限制进口、政府补贴钢铁煤炭等传统产业，但从社会安定角度而言，以当地居民自然生命周期更替来实现转型，无疑是一段具有深远意义的旅程。相比巴黎、伦敦等大城市，鲁尔犯罪率很低，失业并不意味着整个家庭边缘化。随着大量新兴产业的兴起及教育投资，鲁尔新生居民拥有更多不同于父辈的技能和机会，最终自然实现了鲁尔新老产业的转型交替。当然，转型之路并不是一条坦途，尽管已经取得了非常大的进步，但是鲁尔区经济增长速度以及区域竞争力仍然需要进一步提高，转型仍在继续。

3.2 美国休斯敦区
——高新技术的摇篮

3.2.1 三次工业浪潮中的休斯敦

休斯敦（Houston），位于得克萨斯州东南墨西哥湾平原北部，面积1440千平方千米，是全美国第四大城市，也是全美成长最迅速的城市，是墨西哥湾沿岸最大的经济中心。提到休斯敦，就不可避免地要提到石油。20世纪初，休斯敦地区发现了大量石油储备，许多资本家围绕石油工业展开投资，引发了一场石油热。1914年，在商会游说下，直通墨西哥湾的40.22千米海运航道正式修建并通行，使得休斯敦港名声鹊起，并进一步吸引石油、化工工业在运河区投资，相关服务业也得以迅速发展。可以说，墨西哥湾沿海蕴藏着的石油天然气，众多资本的青睐，以及休斯敦港得天独厚的地理位置，使得这座距离墨西哥湾80千米的城市，成为风靡一时的美国石油工业和石化工业中心。

这一时期，克森、美孚、加州标准石油、壳牌、海湾、德士古等国际石油垄断巨头，纷纷投资休斯敦，一系列石油设施公司和大型石油生产设备公司在这片离原料产地近、交通便利的土地上建立起来。随着1930年，德克萨斯东部大油田的再次发掘，休斯敦的石油工业化进程进入第二次高潮。20世纪30年代中期，休斯敦市周围方圆600英里内，生产了全世界50%的石油，通过4200英里的输油管，休斯敦与周围数百个油田连为一体，形成一个超级规模的石油工业区。此时，正值跨国企业重组兼并的国际黄金时期。迅速集中起来的资本，渴望得到更多的回报，到1940年，整个休斯敦区80%的油田，均被国际垄断石油公司控制。资本垄断产生的规模效应，不断促使新的资本融入速度。石油工业的下游炼油工业在这一时期得以迅速发展。到1941年，墨西哥湾一带的炼油能力就已占到全美的 1/3，人造橡胶占 1/2，石化产品占 3/5。甚至在今天，世界三大石油工程技术服务公司哈利伯顿、贝克修斯、斯伦贝谢，其总部都设在休斯敦。

当时的世界经济，可以说为休斯敦的崛起铺垫了最好的温床，经过第一次石油工业化浪潮，第二次垄断资本对相关下游产业的投资，第二次世界大战又带来了休斯敦石油工业发展的第三次工业浪潮。军事采购的需要，使联邦政府重点投资休斯敦的石化工业，并修建将得克萨斯石油运往东海岸的输油管道，一大批日后风靡全球的石化企业，在这一阶段的休斯敦赚得第一桶金。比如，壳牌石油公司及汉布尔石油精炼公司生产炸药用的甲苯和航空燃料，辛克莱尔石油公司、固特异公司和通用轮胎公司生产丁二烯并进一步将其转换成丁苯橡胶。纵然是在近一个世纪后的今天，仍然可见这些战时石化业务在国际石化跨国公司中的身影，可想而知，第三次工业浪潮中的休斯敦给他们带来了多少深远影响。在石化工业的带动下，一系列相关衍生产业得到了最长足的发展，交通运输、钢铁、金属制作、石油工具、建筑等行业，纷纷成立新公司或扩大原有公司业务，各种厂家或者商店的数量多达 2000 多家。可以说，这一时期的休斯敦构建了非常完善的工业体系，其角色不仅仅是一座石油城，更是一个综合性工业基地。这一时期的休斯敦也迎来了经济迅速腾飞的阶段，城市人口从 1910 年的 7.8 万人激增至 1960 年的 110 万人。据报道，当时休斯敦地区有 9 家炼油厂，每天可炼原油 334.7 万桶，占德州的 85.1%，全美国的 21.7%，相关初级石化产品生产能力占到美国总量的 45%。

3.2.2　转型中的休斯敦

不得不承认，休斯敦的发展历史，是一个财富与工业集聚产生的过程，这个过程有地理因素、有资本因素也有政治因素，但时间并没有停留在这辉煌的一刻。随着德克萨斯周边油田开始呈现产量规模下滑，加之 20 世纪 70 年代末美国全国性经济衰退的到来，休斯敦经济繁荣走上了一条经济停滞并且逐渐下滑的道路。特别是 80 年代中期，国际石油价格的暴跌以及石化行业的大萧条，使得休斯敦经历了前所未有的严冬。而且多年以来，石油开采及石化产业的发展也使得休斯敦周边地区环境遭到了特别严重的破坏，运河水质污染、工业区空气污染，迫使人们重新思考休斯敦未来之路。

休斯敦的转型，走了一条与鲁尔区煤炭钢铁工业转型不一样的道路，然而，却也是一条同样让人惊叹的道路。休斯敦强调充分发挥市场导向作用，按照"延伸主导产业——带动相关产业——完善基础产业"的原则，以原有完善的石油工业为基础，通过延伸、扩大石油及相关产业链，带动石油化工、石油工程技术服务业以及装备制造等相关产业的迅速发展，同时，辅之以联邦政府、州政府以及休斯敦市政府一系列的激励及补贴措施，最终由单一石油资源城市转变为集资本、技术、智力于一体的综合性大都市。从调查数据的表象上，这一变化非常明显。1981 年，上游能源业务在就业市场所占比例为68.7%，而下游能源业务所占比例为 15.6%，多元化业务所占比例为 15.7%。而到 2004 年，这种局面发生了改观，上游能源业务在就业市场的比拟建项目总规模超过 70 亿美元。

与此同时，休斯敦原有的石化企业还走出了一条技术输出的转型之路。通过与所在国合资，壳牌等石化企业大力向第三世界国家提供石化技术和资金投资，不但可以获取所在国廉价的石油原料，更摆脱了发展受限的拘束。从图 3 - 4 可知美国 2006 ~ 2015 年油井资产价值变化中可以看出，近 10 年，通过跨国资本与技术输出，美国油井资产价值逐渐增长，到 2013 年资产总值将近 2006 年的 4倍。这些公司的跨国路径，也进一步带动了美国石油开采相关服务业（机械、钢铁、水泥、电力等）在全世界的发展，形成经济良性循环。当然，休斯敦这一产业延伸的转型路径，得益于前三次工业化浪潮中完善的石油工业体系的构建，加之石油开采带来的巨大资本财富，使得技术、资本外输成为可能。

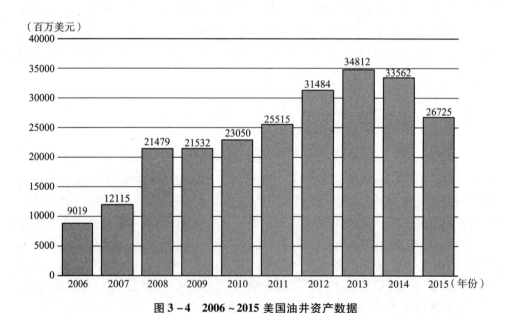

（百万美元）

图 3 - 4　2006 ~ 2015 美国油井资产数据

资料来源：statista 2016。

除了这条产业延伸、业务外展的道路，休斯敦的转型更得益于高新技术产业及文化多元性的发展。除了石油城的称号，今天的休斯敦有了一个全球认可的称呼"太空城"。1961 年 5 月，美国总统约翰·肯尼迪宣布美国将在一个 10 年内将人送上月球，然后再重新安全地将他返回地球后，美国国家航空航天局开始筹备建立一个新的、集中和管理阿波罗计划的中心。休斯敦对于这一机遇格外重视，提供了一切便利条件，终于，约翰逊航天中心在休斯敦建立起来。

很快，约翰逊航天中心成为美国宇航局最大的太空研究中心，参与"美国太空计划"，多次承担过载人航天飞行。美国政府出于国防考虑，不断在休斯敦增加航空开支，在 NASA 的带动下，与航天相关的一系列电子信息、仪器仪表等行业在休斯敦迅速发展。据统计，2007 年，休斯敦孵化出 1200 多家小型高科技公司，这些大量的人力资源和工程经验，使得休斯敦一举成为全球瞩目的生命科学研究和应用中心。从图 3 - 5 可以看出，2010～2015 年，美国军用航天产品出口金额呈稳步上升趋势，特别是 2014 年达到 155 亿多美元，为美国 GDP 做出了重要贡献，而休斯敦航天中心无疑占据了该收入比重的相当大份额（见图 3 - 5）。特别是在世界各国纷纷开展太空探索的今天，休斯敦在航天航空方面的成功转型，不但为自己赢得了生机，更为美国经济做出了重要贡献。

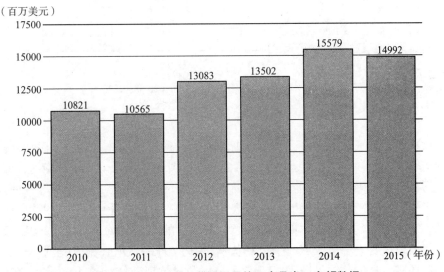

图 3 - 5　2010～2015 美国军用航天产品出口金额数据
资料来源：statista 2016。

太空城的建立也为休斯敦转型吸引了特别多的高科技人才。整个休斯敦地区的 55 所大学和学院，特别是休斯敦大学（The University of Houston）和莱斯大学（Rice University），更有南方常青藤的美誉，不断为这个区域的经济转型，输出源源不断的高科技人才。与此同时，良好的创业环境及众多小型高科技公司的出现，也不断吸引新加入的科技大军。从图3-6可以看出，2000~2012年，美国年轻大学毕业生的选择，正在发生着巨大的改变。通常意义上讲，一般大学毕业生往往倾向于去经济发达、政治集中、金融发展迅速的大城市，比如纽约、华盛顿。然而近十多年，据调查，这一趋势正在改变，一些就业前景良好的新兴城市，比如休斯敦、纳什维尔、丹佛等，吸引了将近半数的大学毕业生。特别是休斯敦，已经一跃成为最受大学生青睐的职业发展地，有50%的大学毕业生来到休斯敦开始他们的创业人生。

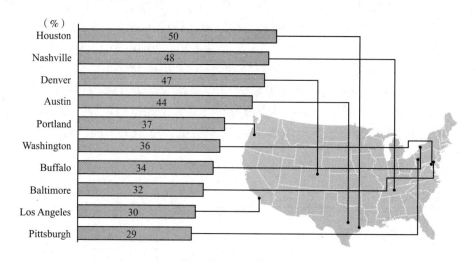

图3-6 美国大学生的新型就业城市（2000~2012年）

资料来源：statista 2016。

这些高科技人才的聚集，对于休斯敦而言，最直接的体现就是GDP的腾飞。20世纪80年代末，整个美国经济危机的到来，加之国际石油市场的不稳定以及环境污染等众多因素，共同导致了休斯敦地区经济严重下滑，失业率等各种社会发展指标纷纷亮起红灯。然而，科技人才的到来、石油产业的海外拓展以及石化技术、资本的外延，使得休斯敦迎来了经济发展的第四个黄金阶段。2001~2014年，休斯敦主要大都市区域，GDP产值从24亿美元一跃增长到50多亿美元，翻了一倍还多，具体数据见图3-7。为了更好凸显休斯敦转型这10多年来在经济发展上的突破，本书选择芝加哥2001~2014年相同指标的数值对比来说明问题，见图3-8。芝加哥和休斯敦常常被人们放在一起比较，一方面是因为，这两座城市分别排列美国第三大和第四大城市的宝座，人们很热衷于看到城市之间的良性竞争；另一方面，这两个城市在发展思路、发展理念上，会在一定意义上，代表了不同的发展状态。据统计，2015年，休斯敦居民数有220多万人，而芝加哥有 270 多万人（见图 3 - 9），但人口学家估计，8 ~ 10 年内，休斯敦的人口将超过芝加哥的规模，一跃成为美国第三大城市。

（十亿美元）

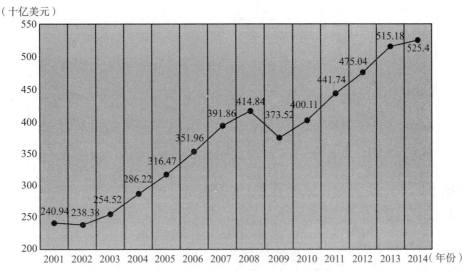

图 3 - 7　2001 ~ 2014 年休斯敦主要城区 GDP 产值

资料来源：statista 2016。

（十亿美元）

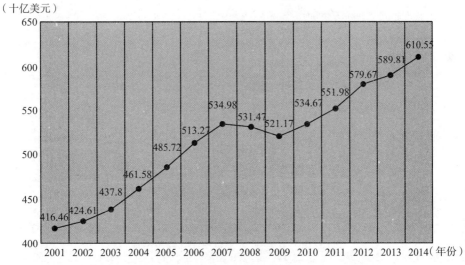

图 3 - 8　2001 ~ 2014 年芝加哥主要城区 GDP 产值

资料来源：statista 2016。

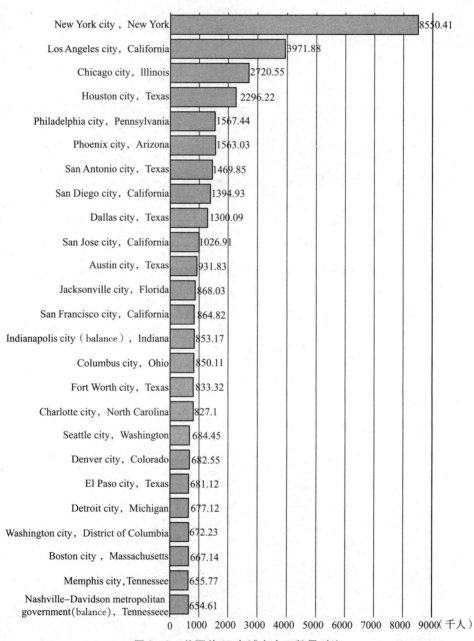

图 3 - 9   美国前 25 名城市人口数量对比

资料来源: statista 2016。

从上述两图，图 3 - 7 以及图 3 - 8 的对比中可以看出，2001～2014 年，尽管总量上，休斯敦主要城区 GDP 产值尚未超过芝加哥，但其加速度明显高于芝加哥。而且休斯敦不论是人口多元化程度、文化多元化程度抑或是产业多元化程度，都在整个美国乃至世界主要大城市中成绩赫赫。以前，休斯敦最被人们津津乐道的是"石油产业冒险家的乐园"，而现如今高科技含量企业的增加、宽容的文化使得这座城市成为年轻人就业的不二选择。不但大量美国毕业生涌入休斯敦，而且外国精英也都纷纷来到这里。据统计，每五个休斯敦人中就有一人是在外国出生，整个城市活跃着的语言更是多达 90 种。世界各地不断有媒体报道，休斯敦几乎成为美国最受欢迎的城市。

除了众多的信息高科技产业，休斯敦的医疗与体育同样为休斯敦经济腾飞做出了巨大贡献。来谈谈休斯敦的篮球产业。说到休斯敦的篮球，就不得不提到一个人——姚明，这个中国男孩，在中国人对休斯敦火箭队难舍的情结中占了重要因素，也给休斯敦火箭队带来了巨大商机。从那时候起，无数热爱篮球的少年因为姚明，为这支球队赢球欣喜若狂，为这支球队输球出局而黯然神伤。从 2002 年选秀大会姚明的加入，火箭从中国企业获得赞助费总额估计在 1000 万美元左右，其球票、纪念品等商业收入节节攀升，2008 年时，球队市值也从原先的 2.55 亿美元一举攀升到 4.69 亿美元。从图 3 - 10 中也可以看出，2001 ~ 2014 年，火箭队的收入将近翻了三倍，从 2001 年的 8200 万美元，上升至 2014 年的 2.37 亿美元。

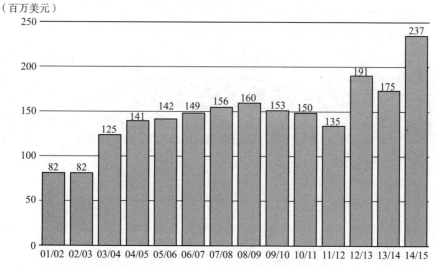

（百万美元）

图 3 - 10　2001 ~ 2014 年火箭队收入变化

资料来源：statista 2016。

再来看看休斯敦的医疗产业，这座太空城，同样，以优质的医疗技术和科研能力闻名遐迩。位于休斯敦的德州医疗中心是美国和世界上最大的医疗研究中心之一，它由 54 个医疗机构组成，在国际医学领域起着举足轻重的作用，特别是癌症以及心脏病的研究，使得许多世界要人和名流前来医治。此外，休斯敦卫理公会医院，有 11 个专科，在美国新闻和世界报告 2015 中，获得"最佳医院"荣誉，其优质的护理水平更是获得"磁性医院"的美誉。除了这两所著名的医疗机构之外，休斯敦其他相关医疗科研机构及医药产业也为休斯敦的转型腾飞做出了巨大贡献。从图 3-11 可知，2016 年美国主要医院全职工作人员人数分布状况图中也可以看出，休斯敦主要医院工作人员数在全美排名第四位，可见医疗卫生产业在整个休斯敦经济发展中所占的比重。正是这样一种基于石油产业链发展，但同时辅助于高科技的医疗、航空，并且加之于体育产业等多元化发展的思路，才使得休斯敦的经济转型成为世界瞩目之地。

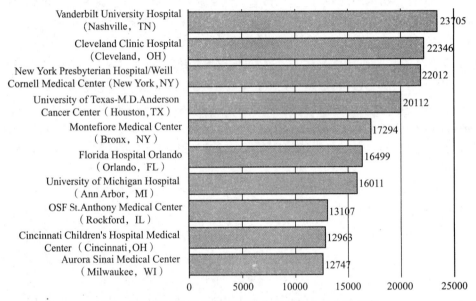

图 3-11　2016 年美国主要医院全职工作人员人数分布

资料来源：statista 2016。

3.3　日本北九州区

——政府主导的产物

3.3.1　煤炭工业的退出

北九州（Kitakyushu）位于日本九州岛最北部，约 485 平方千米，与九州岛之间隔着关门海峡，北侧为日本海的响滩，东侧为濑户内海的周防滩。北九州地区兴起于 19 世纪末 20 世纪初，由于整个九州岛煤炭资源丰富，全境探明储量42.7 亿吨，可采储量 4.19 亿吨，在全国占有重要地位，比例基本占到整个日本煤炭资源储备的一半之多，于是，北九州大量的煤炭生产进而引起当地钢铁产业兴起，1901 年，八幡钢铁厂的兴建将北九州逐渐推向世界舞台。北九州市正式成立于 1963 年，1963 年由门司市、小仓市、户畑市、八幡市、若松市合并组成，隶属于福冈县。目前为止，北九州市人口约 100 万人，是日本九州岛最大的港口城市，同时也是日本最主要的工业基地，其核心产业有钢铁、化工、造船以及信息关联产业等，除著名的新日铁（原八幡制铁所）之外，北九州市还拥有 TOTO、旭硝子、黑崎播磨、三菱化学、新日铁化学及安川电机等世界 500 强知名企业。

北九州的兴起覆盖了整个日本明治维新时期。伴随着产业革命的进行，日本凭借从朝鲜和中国掠夺的大量原材料和矿石，在北九州形成了以煤炭、钢铁、机械等为基石的工业产业带，第一次世界大战前夕，其钢铁产量曾占到日本全国钢铁产量的 73%，成为日本著名的工业基地。然而第二次世界大战的打击，以及廉价石油的冲击，使得九州经济出现了极大混乱。在日本战后重点产业扶持政策的推行下，日本电力、钢铁、煤炭等基础产业得到非常大的支持，于是九州的煤炭需求快速增长，经济得以恢复。

然而，正所谓"成也萧何，败也萧何"，与德国鲁尔区一样，廉价石油冲击下，煤炭开采成本的不断增加使得日本北九州地区的煤炭生产优势变为劣势。加之一些新兴的、成长型的加工贸易产业，在"道奇计划""经济安定九原则"等产业政策出台之后，逐渐成为日本政府政策扶持的重点，单一的煤炭产业结构，使得北九州经济下滑，失去了原有区位优势。到了 1959 年，北九州煤炭产量骤减、大批工人失业、煤炭公司亏损达到历史上最坏程度。不仅如此，多年来煤炭开采及钢铁产业的粗放式经营，还使得北九州环境生态遭到了极度破坏。当时，有西方媒体称本九州为"环境噩梦"。大气中的硫氧化物在 20 世纪 60 年代的北九州，达到了 1.62 毫克/百平方厘米，平均降尘量达到 80 吨/平方千米·月。未经处理的工业废水和生活污水，不停地直接地排放到曾经一片蔚蓝的"洞海湾"，使得这片水域成为连大肠杆菌都不能生存的"死海"。在这种情形下，北九州转型之路也拉开了帷幕。

纵观 40 多年日本北九州的转型之路，它不同于德国鲁尔区的转型，也不同于美国休斯敦区的改变，是一条煤炭产业彻底宣告消失的新型资源型区域转型路径，是一条重建生态城的成功思路，值得我们思考和借鉴。日本对于曾经为北九州创造辉煌的煤炭产业，采取了果断的夕阳化路线。经过九次修改煤炭产业政策，政府认为，煤炭工业的自立发展已经没有可能。于是，通过减免税、长期贷款、政府出资等举措，一系列小型新兴工业园区，在旧有煤炭产区内构建。通过就业再培训，加大对原有煤矿工人的技能培训，优先照顾原煤矿工人再就业，于是，日本政府用了近 40 年的时间，从 20 世纪 50 年代到 2002 年 1 月池岛煤矿的关闭，使北九州的煤炭产业彻底宣告消亡，取而代之地则是新生的北九州，大力发展的新兴产业，诸如汽车、半导体、环境产业等，以及海港、空港、电子信息港三港的建设,一批小型卫星城围绕着新型的科技九州岛而新建。从 1900~2014 年,伴随着北九州的转型,特别是 1950 年之后,整个区域新型城市的涌现对比是非常显著的。

拥有"车岛""硅岛"之美誉的当今北九州,其在环境治理上的突出成绩,几乎成为世界上成功由"灰色城市"到"绿色城市"转型的典范。其防止公害的经验在国际合作中受到很高评价,并在联合国环境与发展峰会上获得了"联合国地方政府表彰奖"。其治理效果不仅显著,治理时间也短的惊人。以空气治理和水治理为例,1970 年,北九州设立"公害监控中心",24 小时不停对北九州上空进行检测,并严格要求企业遵守生态排放标准,仅仅用了八年时间,北九州的大气环境就迅速得到改善,"七色烟"消失。1974 年,开启洞海湾海底堆积污染底泥疏浚工程,仅仅三年,就让这个曾经的死海达到所有水质环境标准。这一成绩,至今为止,仍让世人惊叹。

总体而言,日本北九州的转型,该区域生态风险的降低,是以彻底牺牲煤炭产业为代价。从转型伊始,就将煤炭产业定位成夕阳产业,积极探索该产业的替代产业,研发出具有日本特色的小型工业园区,并始终着眼于科技九州岛的构建,从煤炭钢铁工人的技能再培育为基础,依赖原有产区的科技基础,实现污染区域的科技治理,从空气治理到水治理,都不遗余力地使北九州成为世界绿色转型的代表。从图 3 - 12 可以看出,1972~1991 年,北九州治理受损区域生态环境过程中,投入了大量的治理资金,其中政府承担了约 70%,企业承担了约 30%。这些资金大部分被投入北九州的大气治理(大气与公园绿地)与水治理(水质与下水道)中,大量的资金与技术投入,使得北九州的大气治理与水治理效果异常显著。

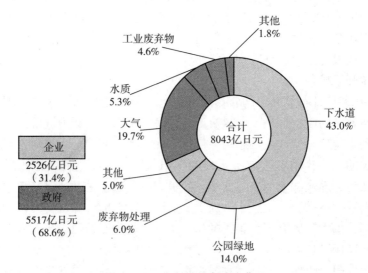

图 3 - 12 北九州公害防治费用

资料来源:北九州市环境局环境国际协力室。

3.3.2 循环经济的萌芽

除了煤炭工业的全身而退，日本北九州降低生态风险的另一个制胜法宝就是循环经济的应用。从上一小节煤炭工业退出中可以看出，北九州市的生态治理，有30%的资金来源于企业。由于旧有的工业产业布局，北九州一些特定企业和产业部门对于生态治理有相当大的影响力。这些企业从原料投入到成品生产全过程都执行了非常好的清洁生产，一方面，停止使用含有有害物质的原材料，大量使用再生材料，同时，引入节能和热效率高的工业设备，生产过程中充分实现热能再利用，将废热、冷却水再利用，争取将废弃物变成生产副产品。生产过程结束后，大量使用高技术含量的废气废水废物处理设置，通过排烟脱硫装置以及除尘设备，做到工业生产废物的最低排放，实现了整个生产过程的清洁化。

可以说日本北九州推行的清洁生产，是整个生产过程从入口到出口全过程的清洁生产，而不仅仅局限于生态末端处理技术。现在的北九州市，已经进入清洁生产技术外部输出的优质循环状态，不仅解决了国内生态危机，更成为当地经济发展的一个亮点。1970～1990年，大量实施清洁生产的北九州钢铁行业，其生产效果是特别显著的。从图3-13可以看出，通过转换燃料将重油变为液化石油气、天然气等，并充分使用排放口脱硫、集尘技术，20年期间，北九州的硫氧化物排放量从27575吨锐减至607吨。这一治理效果令世人惊叹。

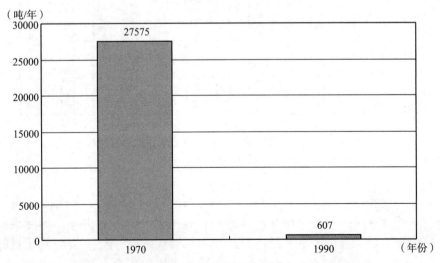

图3-13 1970～1990年北九州钢铁行业硫氧化物排放量对比

资料来源：北九州市环境局环境国际协力室。

除了大规模开展清洁生产生态技术之外，日本北九州生态风险处理循环经济手段还有一个非常独到之处，就是生态参与的全民性。相比起其他区域，生态治理政府单方面规制而言，日本的生态治理，采取的是官民协助的方式。大企业带头发挥作用，民间企业彻底进行省能源改造，众多家庭主妇们引领市民生态运动，自觉自愿对当地生态环境、企业生态安全实行自发监督。不得不说，日本的家庭主妇群体是生态治理过程中非常重要的群体。她们不仅最先对各种污染提出抗议，迫使工厂设置集尘器；更在大学教授指导下，采集海水，用活鱼进行试验，测定海水水质污染程度；并自觉开展生活垃圾分类与回收，减少日均垃圾排放量；并以各种各样的方式参加民间环保组织，介入并监督、推动北九州的环境保护。

在家庭主妇的耳濡目染下，北九州市民培育起了浓厚的环保意识，为北九州乃至整个日本循环经济的建设奠定了最重要的人文基础。特别是近 10 年来，北九州生态文化逐渐深入每个日本家庭，甚至形成了一种非常良性的生态习惯，从北九州逐渐辐射到整个日本，每个家庭的父母、孩子人人都遵循着这样的生态行为，使得日本生态治理得以持续进行。从图 3 - 14 和图 3 - 15 的对比分析中可以看出，2006 ~ 2009 年，相对于前些年而言（1997 ~ 2005 年），北九州市民的日均垃圾排放量逐年锐减，生活垃圾回收利用率甚至翻了一倍，从 15% 升至 30%，对整个北九州甚至日本生态经济运行做出了巨大贡献。

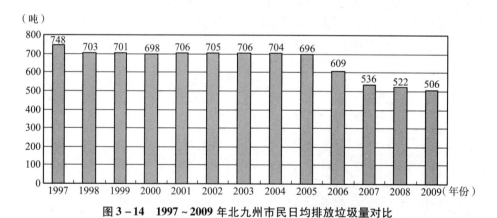

图 3 - 14　1997 ~ 2009 年北九州市民日均排放垃圾量对比

资料来源：United Nations Centre for Regional Development.

北九州循环经济的另一个特色就是国际合作与技术输出。这一想法起源于转型初期，由于煤炭工业的夕阳化产业定位，日本北九州市做出了"国际钢铁大学"的提案，将原先的"铁制品出售"转为"钢铁技术销售"，并收到了良好效果。基于此，1982 年 KITA（财团法人国际技术协力协会）成立，着手于以北九州市低公害型生产技术和环境措施，向发展中国家进行生态技术输出。截至

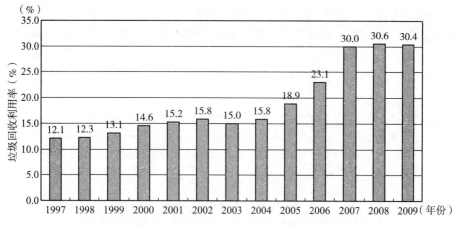

图 3 - 15　1997～2009 年北九州市民生活垃圾回收利用率对比

资料来源：United Nations Centre for Regional Development.

2009 年，累计接收了 133 个国家队海外研修人员，并向 25 个国家开展了国际生态技术协作。这一名利双收的举措，不仅为北九州市赢得了，更为其经济发展带来了绿色推动力。从图 3 - 16 可以看出，2008 年北九州生态成品出口额较之 1989 年有了大幅度增加。特别是向亚洲地区的生态输出收入，几乎翻了 4 倍。

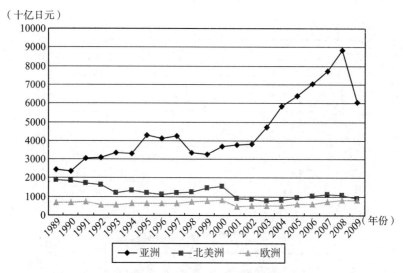

图 3 - 16　1989～2009 年北九州生态出口额对比

资料来源：United Nations Centre for Regional Development.

　　不论是煤炭工业的全面退出，还是循环经济的闪亮登场，日本北九州生态治理的经历都充满了许多值得我们学习和借鉴之处。现在就来具体看看，北九州生态治理的显著效果。图 3 – 17 阐释了 1971 ~ 2009 年北九州空气中有害物质的含量对比状况，可以看出各种有害成分，SO_2、NO_2 等都有了大幅度的下降，特别是 SO_2 的含量，几乎降为零。从图 3 – 18 中可以看出，北九州水治理效果也异常显著，1971 ~ 2010 年，海域和河流化学需氧量及生物需氧量几乎降为零。

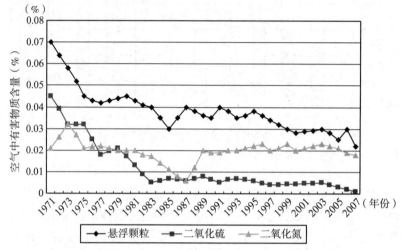

图 3 – 17　1971 ~ 2009 年北九州空气中有害物质排放量检测对比

资料来源：United Nations Centre for Regional Development.

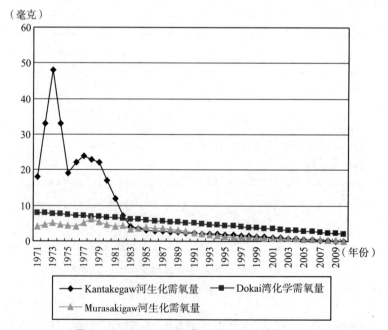

图 3 – 18　1971 ~ 2010 年北九州水域质量对比

资料来源：经济合作组织北九州环境调查报告。

3.4　本章小结

　　本章基于情景间的纵向对话，从欧洲、美洲、亚洲分别各选取了一个极其具有代表性的区域，对其资源约束下的经济发展历程进行阐述，为后续的研究铺垫国际经验视角。首先，选取的是欧洲德国的鲁尔区，该区域在国际资源型区域转型中具有旗帜性的标杆作用。历史中的鲁尔区作为"德国工业的心脏"，曾经一度是德国，也是世界最重要的工业区，但是资源倚重型的经济发展模式，最终将其带入非常困惑、尴尬的境地，通过近半个世纪的努力，今天的鲁尔兑现了"鲁尔河上空蔚蓝色的天空"的承诺，更实现了鲁尔地区单一"煤炭钢铁"中心向多中心、组团式结构的转换，再次为世人惊叹。

　　其次，选取的是美洲的美国休斯敦区。由于美国在世界经济中及其重要的位置，休斯敦的成功转型也同样获得了全球的关注。通过三次工业浪潮，转型中的休斯敦区，成功成为各种高新技术的摇篮。自然环境的改善，航天、医疗、新兴科技产业的萌兴，使得休斯敦近几年一跃成为最受大学生青睐的职业发展地。

　　最后，选取了亚洲的日本北九州区，其政府主导下的转型，对于我国更具借鉴意义。北九州在生态风险治理过程中，充满了壮士断腕的勇气，其煤炭工业彻底从经济结构中退出，取而代之地则是循环经济的构建以及技术输出。面对全球生态治理的需求日益增多，日本在治理自身环境的过程中，也累积了大量相关技术与经验，这一转型过程不仅为日本带来了经济收益，更提升了国际形象，值得我们借鉴和更好地分析。

第 4 章 /

我国资源约束型区域

——时空下的生态转型

在洞悉了发达国家工业化发展过程中的生态转型历程之后，有必要进一步梳理我国资源约束型区域时空下的生态转型实践。本章从自然资源约束的界定入手，突出了熵与自然资源约束之间的区别与联系，进而再一次明确了全书的核心概念"生态风险"。并分别选取具有特殊空间或时间意义的石油约束型区域大庆、东营、克拉玛依，以及煤炭约束型区域鄂尔多斯、大同、兖州等，对其经济发展过程中的生态约束以及生态转型进行阐述，为进一步甄别生态压力源要素奠定实践基础。

本章主要内容：
❖ 自然资源约束的界定
❖ 我国石油约束型区域生态转型
❖ 我国煤炭约束型区域生态转型
❖ 本章小结

4.1 自然资源约束的界定

4.1.1 自然资源分类与特征

自然资源是一个动态概念，它的涵义和表述随着人们对它的认识和利用程度的深化而不同。较早给自然资源下定义的是地理学家金梅曼，他在《世界资源与产业》一书中指出,无论是整个环境,还是其某些部分,只要它们能(或被认为能)满足人类的需要,就是自然资源。他解释道:譬如煤,如果人们不需要它或者没有能力利用它,那么它就不是自然资源。1972 年联合国环境规划署指出,所谓自然资源是指一定时空条件下,能够产生经济价值以提高人类当前和未来福利的自然环境因素的总称。我国较早研究自然资源科学的李文华将自然资源定义为:"存在于自然界中能被人类利用或在一定技术、经济和社会条件下能被利用来作为生产、生活的物质、能量的来源,或是在现有生产力发展水平和研究条件下,为了满足人类的生产和生活需要而被利用的自然物质和能量。"其他一些有代表性的定义还有:一定时间地点条件下,能够产生经济价值以提高人类当前和未来福利的自然环境因素和条件;现有的经济、技术和社会条件下,人类从自然界中获取的以满足其自身需要的自然或近于自然的产物及作用于其上的人类活动结果。

尽管上述概念在表述上各不相同,但都具有以下共同点:第一,自然资源是一定时空内可供人类利用或造成人类当前或未来福利的物质或能量;第二,自然资源与自然环境是不同的,可以认为前者是后者透过社会而射出的侧影;第三,自然资源是与社会经济技术相联系的综合动态体系,它是随人类社会发展和科学技术进步日益扩大自己范畴的。综合上述有关表述可以将自然资源定义为:自然资源是一定社会经济技术条件下,能够产生生态价值或经济效益,以提高人类当前或可预见未来生存质量的自然物质和自然能量总和。

自然、自然环境、自然物、资源性资产等概念与自然资源这一概念即相互联系又互有区别。人们日常所用的"自然"是一个比较宽泛的概念,按自然"人化"的程度,即被认识与实践或人与其发生对象性关系的程度,可将自然分为自在自然、人化自然和人工自然。自然环境是人类赖以生存的环境要素,包括大气、阳光、水、土壤、矿物、岩石和生物等,以及这些要素构成的各圈层。广义上自然资源就是自然环境的同义语,而狭义上,自然资源则是自然环境的重要组成部分。资源和环境是人类文明和社会进步的制约因素,人类以资源的形式和"三废"的形式向环境索取、排放物质、信息和能量,对环境产生深远的影响。自然环境中那些已被发现但不知其用途,不能用现代科学技术提取的,或虽然有用但与需求相比因数量过大而没有稀缺性的物质(如空气等)是自然物。类似于资源与非资源之间相对的划分,自然物与自然资源之间的界限是相对的。随着科技进步和经济的发展,以及市场的稀缺性和人类对自然物认识的不断加深,自然物的质、量、时间和空间在不断发生变化,自然资源的范围也就不断扩大,以前不是资源的自然物则有可能成为可被利用的自然资源。

1. 自然资源的分类

由于自然资源的广泛性和多样性,人们对自然资源理解的深度和广度不同,再加上使用目的和侧重程度的差别，学术界至今没有一个统一的自然资源分类系统。有学者从自然资源产生的渊源及其可利用性的角度，将自然资源分成非耗竭性资源（又称无限资源）和耗竭性资源（又称有限资源），耗竭性资源进而又可分成更新资源（或再生资源）和不可更新资源（或非再生资源）。也有单从再生性质角度，将自然资源分为可耗竭资源和可更新资源。并将资源质量保持不变、资源蕴藏量不再增加的可耗竭资源，按其能否重复使用，又分为可回收的可耗竭资源与不可回收的可耗竭资源。还有从自然资源损耗补偿角度，将其分为递耗资源，包括矿产、化石燃料等不可再生资源和森林、草原等可再生资源和递损资源，如土地、水、大气等。也有直接将其分成三类，即可再生的生物资源、可循环使用的环境资源和不可再生的矿产资源。目前，在生产领域比较通用的是传统的自然资源分类，即按自然资源在不同产业部门中所占的主导地位笼统划分为农业资源、工业资源、能源、旅游资源、水产资源等。

经济学对自然资源最基本的划分是按照自然资源是否可再生性把其分为可再生资源（renewable resources）和不可再生资源（non-renewable resources）。不可再生资源又称不可更新资源，是在自然状态下不具备自我更新能力的资源，如矿产资源、石油、天然气、煤炭等。不可再生资源的生成往往需要复杂的地理条件和漫长时期，任一时点的使用都会减少以后时点的可供使用。对于不可再生资源来说，高效率的资源配置就是在不同时期配置的资源，应使资源利用净效益的现值最大化。可再生资源又称可更新资源，是可以用自然力保持或增加储藏的自然资源，如森林、草地、野生动物、空气、水、土壤。可再生资源在合理使用的前提下，可以自己生产自己。根据财产权是否明确，可再生资源又可分为可再生商品性资源和可再生公共品资源。前者如私人土地上的农作物、森林等，这些资源带来的所有效益和费用都直接作用于资源所有者。后者是不为任何特定的个人所拥有，但是却能为任何人所利用的可再生资源，如公海鱼类资源、空气等。但由于可再生资源受到多种自然条件的随机作用和自身生长或生成条件的制约，其数量同样是有限的。如果人们开发和消耗可再生资源的速度超过它们的恢复和再生速度时，可再生资源同样会趋于衰竭。

此外，在对自然资源的分类中，朱迪·丽斯专门把有可能被掠夺到灭绝程度的资源分为一类——"临界带资源"（如图 4-1 所示），强化了人们对这些资源的重视，提醒人类开展经济活动时要对其格外关注。其他常见的自然资源分类还有：按自然资源的生成原理、生成条件和蕴藏量划分的有限资源和无限资源；按自然资源的物理特性划分的物质资源与能量资源，或者按功能分为原材料与能源；按自然资源的限制特征划分的流量资源和存量资源，前者诸如气候资源、生物资源、旅游资源和土地资源等，其资源量表现为容量限制，后者诸如矿产资源、能源等，其资源量表现为储量限制。

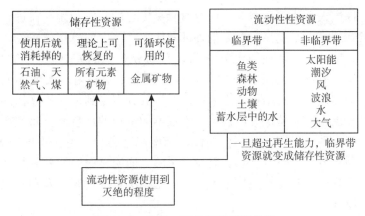

图 4-1　朱迪·丽丝自然资源分类

2. 自然资源的特征

提取自然资源各种定义的共同点可以发现，自然资源是一定时空内可供人类利用或造成人类当前或未来福利的物质或能量，是与社会经济技术相联系的综合动态体系，随人类社会发展和科学技术进步扩大自己的范畴。不论是土地资源、水利资源、矿藏资源、生物资源，还是气候、光温、降水、大气资源、海洋资源，都可以总结出其共有的特征。

第一，稀缺性。稀缺性又可称为有限性，是指在一定空间范围内，某一种或某一类自然资源的总拥有量是一个有限的常量。资源的稀缺性是资源最显著的特征，也是整个经济学理论建立的前提和基础。自然资源的稀缺性不仅对非再生自然资源来说是如此，对可再生的自然资源来说也是如此。资源稀缺是一种自然环境系统固有的特征，同时也是自然环境系统影响经济系统的主要原因。有限使用量的资源限制了人类获得资源的能力，直接影响人类的经济生产、生活方式。自然的稀缺性即表现为自然资源可被人类利用部分的有限，比如太阳能、风能、水能；也表现为一定数量资源的负荷能力是有限的；还表现为一定时间和空间范围内，其数量的有限；更表现为一定的社会经济和技术水平条件下，人类利用能力和范围的有限，比如埋藏太深的矿藏资源。

第二，多用性。自然资源的多用性是指自然资源具有的多种可用性，即在一定时间和一定技术经济条件下，具有的满足人类需要的多种功效和性能。大部分自然资源除了有特定的整体功能外，都具有多用性的特征。自然资源的可用性是区别自然资源和自然条件的根本标志，任何自然物质和能量，只有在其能够被人类用来改善其生产和生活条件时，才能被称为自然资源。而其多用性，则是自然资源开发利用要综合考虑的重点所在。例如森林资源，它可以提供多种多样的物质和服务，包括提供原材料和燃料、为野生动物提供栖息地、维持小流域、调节空气质量、提供人类休闲环境等。所以对森林资源的开发利用，仅进行任何单一目的的经营管理都将产生许多重要的外部效应。

第三，区域性。区域性即自然资源在空间分布上的差异性。气候、水、土地、生物资源、矿产资源等各种自然资源，由于太阳辐射、大气环流、水分循环、地质构造和地表形态结构等因素的制约，其分布受到地域性规律的制约，在宏观尺度上表现出明显的地带性特点。不仅不同资源的地带性分布规律会有很大差异，而且同一种自然资源受不同属性地带性规律影响，也表现出很大的差别。自然资源在种类特性、数量多寡、质量优劣等方面明显的区域差异特征，给自然资源如何合理分配、开发利用带来了一定困难，决定了资源开发和利用必须遵循因地制宜的原则。

第四，整体性。整体性是指各类资源之间不是孤立存在的，而是相互联系、相互制约、相互作用形成的一个复杂资源系统。地球表层自然环境要素之间通过水、气、生物和地质四大循环，无休止地进行着复杂的物质循环和能量转化，彼此渗透、相互作用。这种相互依存关系决定着自然资源是一个具有内在联系并且发挥着整体功能的整体，人类对其中任一部分的改变都会给其他部分带来直接或间接的影响。

第五，相对性。相对性即自然资源的内涵、外延都是相对于时间和经济技术水平而言的。一种物质和能量是不是自然资源，并非一成不变，不同时代、不同生产力水平、不同认识能力，对其评判的标准不同。在某一技术条件下不是自然资源的物质，在另一技术条件下就可能成为资源。同时，目前稀缺的自然资源也可能随着科学技术、经济水平的不断发展，开采量增加或拥有更为经济的替代品。自然因素最终能否被称为资源，必须满足两个前提条件：首先，必须要获得合理用它的知识和技术技能；其次，必须对所产生的物质或服务有某种需求。当然上述两个条件不是绝对的，而是不断发展变化的。随着科学技术的迅猛发展，人类对资源开发利用的深度和广度不断提高，过去一些没有使用价值和价值的物质开始由非资源转化为资源，为人类所利用。同时，由于人类对自然资源的过度采掘和滥用，以及在资源利用过程中造成的环境污染，正在使某些资源逐步枯竭，或者失去使用价值和价值，转化为不能为人类所利用的非资源。以发展的角度看，资源的这种动态相对性使得任何一种自然因素都有可能成为资源，任何一种资源都有可能退出历史舞台。

4.1.2 熵和自然资源约束

熵是热力学中的概念，在热力学中克劳修斯对熵的定义是：

$$\Delta s = s - s_0 = \int_{P_0}^{P} \frac{\mathrm{d}Q_{可逆}}{T} \tag{4.1}$$

式中，P_0 和 P 分别表示系统起始状态和终末状态，s_0 和 s 为相对于 P_0、P 状态的熵值，T 是绝对温度，Q 是热量，Δs 为熵变。熵是系统的一个状态函数，只与系统的初、终状态有关。

熵概念的推广是 1948 年申农（C. E. Shannon）信息熵概念提出之后发生的。信息熵又被称为广义熵，这一概念为熵从热力学进入信息、生物、经济、社会领域铺平了道路。一般表示为：

$$S = -K \sum_{i} p_i \ln p_i \tag{4.2}$$

式中，比例系数 K 为玻尔兹曼常数，p_i 为 i 发生的概率。

熵作为一种能的量度，表示有用能变成无用能（不能用来做功的能）的数量，所以熵也被称为"能趋疲"。熵增定律正是揭示这种"能趋疲"现象内在联系的规律。1850 年根据热力学第二定律表达式 $\mathrm{d}s \geqslant \dfrac{\mathrm{d}Q}{T}$，克劳修斯提出，在孤立或绝热的系统中，系统的熵永不减少，对可逆过程熵不变（$\mathrm{d}s = 0$），对不可逆过程熵总是增加的（$\mathrm{d}s \geqslant 0$）。根据熵增定律，孤立系统总是朝着熵增加的方向进行，最终趋向于混乱无序。据此，宇宙热寂认为宇宙最终将走向热寂。但事实并非如此，于是"负熵"理论被提出用于解释该现象。1929 年齐拉德（Scilard L）最先提出了负熵的概念，1944 年薛定谔又进一步完善了该理论，他指出，一个生命有机体在不断地增加它的熵，要摆脱死亡唯一办法就是从环境中不断地吸取负熵。

在"熵"的世界里，自然资源对经济社会发展的约束，可以理解为把内能消耗控制在经济资源能够承受的限度内，把熵增加控制在生物圈的承载力以内。负熵理论研究下的自然资源约束，是低熵的资源、能量通过工业系统这样一个转换器，转换成产品被人们使用，同时产生高熵的废热和废弃物排放到外界环境中的过程。在这一过程中，经济系统通过利用自然资源同外界自然环境进行熵交换，摄取大量的负熵，维持了单个系统内部的有序结构和动态平衡。同时向外界环境排放了一定的高熵废物，对整个自然资源和经济系统组成的大系统产生一定负面影响。自然资源系统和经济系统本身以及它们所组成的大系统，是具有自组织性质的耗散结构。当不可逆过程的熵被转移到环境系统中去时，如果环境系统能够分解处理其排出的高熵废弃物，生态环境就会处于某种稳定的状态之中，反之工业生产产生的熵超过了环境生态系统的调节能力时，就会导致生态环境系统的破坏与失衡。

1. 社会经济活动熵约束数学模拟

运用耗散结构理论，伴随着物质流、信息流、熵流的自然资源约束下人类社会经济活动过程可用公式表现：

$$ds = ds_e + ds_i \tag{4.3}$$

式中，ds 为开放系统的熵变化（包括负熵的流入、高熵的排出、高熵废弃物的分解），ds_e 为外界与系统之间物质和能量交换引起的熵变，ds_i 为系统内部不可逆过程引起的熵变。由熵增原理可知 $\dfrac{ds_i}{dt} > 0$，但 $\dfrac{ds_e}{dt}$ 则可能为正、为负，也可能为零。

当 $\dfrac{ds}{dt} = \dfrac{ds_e}{dt} + \dfrac{ds_i}{dt} > 0$ 时，整个系统的有序度降低，人类经济活动超出了自然资源的约束，人与自然和谐被打破、矛盾突出。

$\dfrac{ds}{dt} = \dfrac{ds_e}{dt} + \dfrac{ds_i}{dt} = 0$ 时，整个系统的有序度不变，人类经济活动刚好达到自然资源约束阈值，正好得以正常运转。

$\dfrac{ds}{dt} = \dfrac{ds_e}{dt} + \dfrac{ds_i}{dt} < 0$ 时，系统与自然环境之间的物质和能量交换导致了系统熵的降低，出现了新的低熵有序结构，整个系统的有序度增加，人类经济活动在自然资源约束范围内进行，人与自然和谐相处。

2. Hopfield 网络熵约束优化实现

Hopfield 型神经网络（hopfield neural networks，HNN）是一种单层全互联型神经网络模型，神经元之间的连接是双向的，网络中每个神经元的输出均反馈到同一层次的其他神经元的输入上。由于其可实现联想记忆、并能进行优化问题求解，因而受到人们的重视。该模型的基本原理是：只要由神经元兴奋算法和连接权系数所决定的神经网络状态，在适当给定的兴奋模式下尚未达到稳定状态，那么该状态就会一直变化下去，直到预先定义必定减小的能量函数达到极小值时，状态才达到稳定而不再变化。鉴于 HNN 的上述工作原理，以及自然资源管理中负熵理论的应用，基于负熵的 Hopfield 网络分析将是一种十分有效的自然资源管理方法。

Hopfield 型神经网络有离散型（DHNN）和连续型（CHNN）两种，CHNN 采用各神经元并行工作方式，它在信息处理的并行性、联想性、实时性、分布存储、协同性方面比 DHNN 更接近于生物神经网络。鉴于自然资源约束的特殊性，采用 CHNN 神经网络模型进行分析。

根据式（4.3），并结合式（4.1）、式（4.2），可以得出基于负熵理论的自然资源管理目标函数为：

$$\min f(x) = - \sum_i v_i \ln v_i - \sum_j v_j \ln v_j \tag{4.4}$$

其各级动量约束为：

$$\sum_{i=1}^{n} g_{ri} p_i + \sum_{j=1}^{k} g_{rj} p_j = a_r \quad r = 1, 2, 3, \cdots, m \tag{4.5}$$

式中，g_{ri}、g_{rj} 和 a_r 是已知常数，m 是约束条件数。

Hopfield 网络分析问题，最主要的是在正确表示所研究问题的基础上，构造能量函数，使其最小值对应于要解决问题的最优解。考虑到负熵约束下自然资源管理的目标函数和约束条件（式 4.4、式 4.5），将采用外部惩罚函数法，构造能量函数。

外部惩罚函数法（又称外点法）的迭代点一般在可行域外部移动，它对违反约束的点在目标函数中加入相应的"惩罚"，而对可行点不予惩罚。在外点法中，对于等式约束问题：

$$\begin{cases} \min f(x) \\ s.t. \ h_j(x) = 0 \end{cases} \tag{4.6}$$

定义辅助函数 $F_1(x, \sigma) = f(x) + \sigma \sum_{j=1}^{l} h_j^2(x)$（$\sigma$ 为惩罚因子）

令 $J_r = \sum_{i=1}^{n} g_{ri} p_i + \sum_{j=1}^{m} g_{rj} p_j - a_r \quad r = 1, 2, \cdots, m$ \quad (4.7)

结合式（4.4）、式（4.7）可得本书的等式约束问题为：

$$\begin{cases} \min f(x) = - \sum_i v_i \ln v_i - \sum_j v_j \ln v_j \\ J_r = \sum_{i=1}^{n} g_{ri} p_i + \sum_{j=1}^{k} g_{rj} p_j - a_r \quad r = 1, \cdots, m \end{cases} \tag{4.8}$$

对式 4.8 运用式 4.6 可以得出本书的能量函数为：

$$E = -A\left(\sum_{i=1}^{n} v_i \ln v_i + \sum_{j=1}^{k} v_j \ln v_j \right) + \sum_{r=1}^{m} \lambda_r \left(\sum_{i=1}^{n} g_{ri} p_i + \sum_{j=1}^{k} g_{rj} p_j - a_r \right)^2 \tag{4.9}$$

基于上述一系列数学解析，可以得出结论：发展熵增最小化经济，是实现资源可持续利用、维持地球生态系统稳态演化的最优选择。为了达到熵增最小化，在自然资源管理过程中，应该转变提高负熵流的方式，加大改善环境质量的力度，根据自然界的规律对环境系统进行一定的时空补偿和有序调控，达到环境系统的持续演化。推行清洁生产的同时，完善人类经济系统的自组织机制，加强其自身的反馈调节功能，加强经济系统内部各子系统之间物质、能量的有序转化，提高人类自身系统的负熵流。当然，通过加强宏观调控的经济政策和法制力度，不断调整和优化系统内部结构，建立生态经济调控与预警系统也必不可少。多管齐下才能使得系统成为一个对良性涨落敏感的耗散结构，促进系统物质循环、能量流动、信息传递和价值增值之间形成良性循环，达到系统输出最优化。

4.2 我国石油约束型区域生态转型

4.2.1 大庆的多元转型

大庆，别称油城、百湖之城，是黑龙江省地级市，位于黑龙江省西南部，市区地理位置北纬 45°46′ ~ 46°55′，东经 124°19′ ~ 125°12′，东与绥化地区相连，南与吉林省隔江（松花江）相望，西部、北部与齐齐哈尔市接壤。滨洲铁路从市中心穿过，东南距哈尔滨市 159 千米，西北距齐齐哈尔市 139 千米。大庆市是黑龙江省省域副中心城市，总面积 21219 平方千米，其中市区面积 5107 平方千米，截至 2010 年底，市区建成区面积 207 平方千米。大庆市是中国第一大油田、世界第十大油田大庆油田所在地，是一座以石油、石化为支柱产业的著名工业城市，是国务院批准的中国服务外包示范城市、全国文明城市、全国首批安全发展示范城市试点城市，素有"天然百湖之城，绿色油化之都"之称。

大庆作为我国最大的石油生产基地和重要的石油化工基地，是一座典型的因石油而兴的资源型城市。1959 年，松辽石油勘探过程中，"松基三井"被勘探出来，当时正值新中国成立 10 周年大庆，于是"大庆"油田得以命名。1960 年 4 月，大庆石油会战正式拉开帷幕，我国石油产量迅速提升，1965 年实现了我国石油的自给自足。1979 年，大庆油田上崛起的这座新兴石油城被正式命名为大庆市。从图 4 - 2 可以看出，整个大庆市基本就是由各个油田组建成的。据统计，大庆市含油面积近 4416 平方千米，石油资源储量 90 亿吨，目前探明 56 亿吨，天然气储量达到 8580 ~ 42900 亿立方米，地热静态储量 3000 立方米，是我国当之无愧的石油之都。从图 4 - 3 可以看出，从 1978 年开始，大庆油田连续 20 多年稳产 5000 万吨以上原油，20 亿立方米以上的天然气，为我们整个国家经济发展做出了巨大贡献。这是一座城市的骄傲，更是我们国家经济发展的见证。

然而，2003 年之后，长期维持石油高产的大庆市，同样遭遇了其他资源型城市不可避免的发展困境——资源耗竭。自 1992 年起，大庆油田开始出现储采失衡，年储采比 1.5∶1。由于后备资源严重不足，大庆油田原油产量从 1995 年

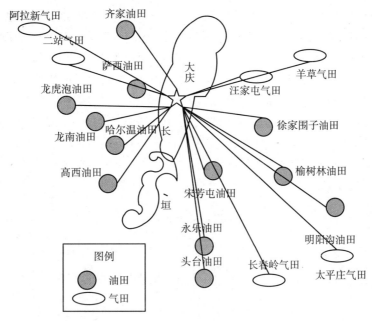

图 4 - 2 大庆油气田分布

资料来源：大庆市统计年鉴（2009）。

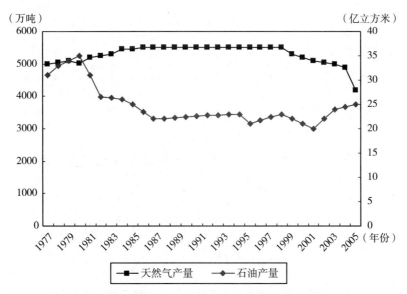

图 4 - 3 1977～2007 年大庆市石油和天然气产量

资料来源：大庆市统计年鉴（2009）。

之后，就进入了逐年递减的状态，从图 4 - 4 可以看出，1995 年左右，大庆油田年原油产量几乎达到峰值 5500 万吨，自此之后，就逐年下降，到了 2008 年几乎降为年原油产量4000万吨。尽管在石油加工开采技术不断进步革新之下，大庆原油加工量基本保持稳定，但资源耗竭的最终趋势无法改变，大庆市亟须寻求接续和替代产业，为城市经济持续增长寻找新的动力和支撑。特别是以石油开采为基础的单一工业产业结构，使得资源耗竭对大庆市未来发展的影响无比巨大。从表4-1可以看出，1979～2008年，大庆市的基本产业结构比例30年间并没有发生明显变化，1979年以石油开采加工为主的第二产业占到大庆经济比重的89.8%，到2008年，这一比例仅降低了约4%，第二产业仍左右着大庆85.08%的经济发展。如果没有合理有效的经济转型，无法想象石油工业的弱化将会给这座城市带来什么。

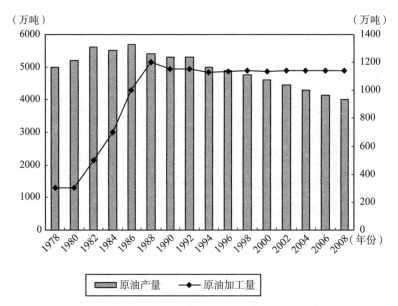

图4-4　1978～2008年大庆市原油产量和原油加工量变化

资料来源：大庆市统计年鉴（1996～2009）。

表4-1　　　　　　　　　1979～2008年大庆三次产业结构比例演变情况

年份	一产增加值（亿元）	二产增加值（亿元）	三产增加值（亿元）	三次产业结构比（%）
1979	2.8	32.0	0.8	7.9 : 89.8 : 2.3
1985	5.1	55.0	5.3	7.9 : 84.0 : 8.1
1990	12.4	139.4	17.1	7.4 : 82.5 : 10.1
1992	13.6	184.2	22.9	6.1 : 83.5 : 10.4
1995	20.4	379.7	38.2	4.7 : 86.6 : 8.7
2000	18.4	923.4	87.4	1.8 : 89.7 : 8.5

续表

年份	一产增加值 （亿元）	二产增加值 （亿元）	三产增加值 （亿元）	三次产业结构比 （%）
2005	42.4	1203.5	154.8	3.0∶85.9∶11.1
2006	50.8	1387.7	181.8	3.1∶85.7∶11.2
2007	55.15	1548.31	218.82	3.0∶85.0∶12
2008	69.2	1839	261.96	3.12∶85.08∶11.8

资料来源：大庆市统计年鉴（1996~2009）。

令人欣喜的是，1992 年开始，大庆着手于二次创业，大力发展非油工业，并确定了农副产品加工、建筑、电子信息产业、医药产业、旅游服务业等其他五大支柱产业，并积极新建大庆高新区。从表 4-2 可以看出，截至 2009 年，机械制造业、农产品深加工、新材料、建材业等非油接续产业都得到了一定发展。特别是农产品生加工业，其工业增加值占到全大庆市比重的 2.7%，这一比例对于一个石油型工业城市而言，实属不易。与这一产业结构比例变化相对应的则是大庆市对于高新技术创新投入的变化。2003~2007 年，大庆市高新技术开发区技术筹集额、技术开发费用支出额都得以高速增长，五年之内几乎翻了三倍（见图4-5），高新技术企业数则从 2003 年的 1150 个上升到 2007 年的 2018 个。尽管非油经济比重在整个大庆市经济发展总额中占的比重还远远低于石油经济，良好的石油工业经济基础定会为大庆现代装备制造、新材料等新兴产业发展提供技术支撑，相信大庆的转型值得期待。

表 4-2　　　　　　　　　2009 年大庆规模以上工业增加值产业构成

产业 \ 指标	工业增加值（万元）	占全市比重（%）
石油产业	1035.00	69.4
石油化工	288.00	19.3
机械装备制造	31.90	2.1
农产品深加工	40.10	2.7
建材业	24.70	1.7
新能源	2.13	0.1
新材料	35.00	2.3
新型环保	3.89	0.3
信息	5.87	0.4
生物	8.90	0.6
现代装备制造	15.00	1.0

资料来源：大庆市统计年鉴（1996~2009）。

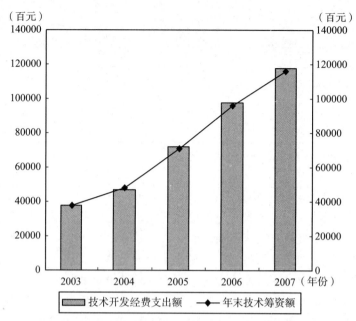

图 4 - 5 2003 ~ 2007 大庆市高新技术开发区创新投入情况

资料来源：大庆市统计年鉴（1996 ~ 2009）。

4.2.2 东营的空间优势

说到东营就不得不提到胜利油田。1955 年，国家决定对华北平原开展石油普查，1961 年，在东营村附近打的华 8 井首次见到了工业油流，日产原油 8.1 吨，1961 年 7 月，石油工业部就决定集中优势力量对东营进行重点勘探，1962 年，营 2 井获日产 555 吨的高产油流，成为当时全国日产量最高的一口油井。1964 年之后，国家正式批准华北石油勘探会战，又发现了国内首次千吨级油井。于是 1971 年，为纪念石油会战取得巨大胜利，胜利油田正式更名。从 20 世纪 70 ~ 80 年代，随着孤东、滨海石油的继续勘探发掘，胜利油田不断开创着我国石油史的先河，逐渐成为我国高效开发油田的典型。整个东营从村到市，经济社会发展的每个脚步，几乎都离不开"石油"这两个字。

再来看看东营的历史。东营市是山东省地级市，随着胜利油田等的发展，1982 年山东省政府向国务院申请成立东营市，1983 年 10 月正式建市。建市初，东营市划为东营、牛庄、河口 3 个区，广饶、利津、垦利 3 个县，3 个镇，55 个人民公社，1780 个生产大队。1984 年撤社改乡、撤队改村。1987 年 6 月，牛庄区与东营区合并为东营区。此后多次进行乡镇规模调整，撤、并了一些乡镇。至 2011 年底，东营市有 40 个乡镇街道（14 个街道、23 个镇、3 个乡）。据东营市 2014 年国民经济和社会发展统计公报显示，2014 年，东营市实现地区生产总值（GDP）3430.49 亿元，比上年增长 10.0%。其中，第一产业增加值 123.99 亿元，增长 4.0%；第二产业增加值 2345.08 亿元，增长 10.5%；第三产业增加值 961.42 亿元，增长 9.2%。三次产业结构由 2013 年的 3.6∶69.5∶26.9 调整为 3.6∶68.4∶28.0。人均生产总值 163982 元，增长 9.4%。

也就是说，迄今为止，东营市仍然处于第二产业为主的产业结构，石油工业占东营整个经济结构的比重较大。这一点从表 4-3 中也可以更清楚得以展现。1990~2013 年，以石油工业为核心的第二产业，在东营市经济中一直占据着非常重要的地位，比例一直保持在 70% 左右。但是随着国际金融危机对我国经济影响的加大，国际原油价格波动，特别是石油板块走出去难度较大，使得胜利油田的发展速度受到影响，加之东营地方非油企业数量少，规模也不大，先进的现代服务业等第三产业没有太大发展，石油经济出现了明显退化趋势。从表 4-4 可以看出，1983~2013 年，这 30 年的时间中，东营市原油产量经过 20 世纪 80 年代和 90 年代初突飞猛进增长后，一直处于缓慢下滑的趋势，2013 年原油产量已经几乎跌至 1985 年的水平。于是如何寻找扶持接续产业，实现经济转型，成为东营亟须解决的重要问题。从图 4-6 和图 4-7 可以看出，尽管 2009~2010 年生产总值增长速度也有过突飞猛进的阶段，但总体而言，近年来东营地区经济状况是呈现下降趋势的。其生产总值生产速度从 14.2% 降至 12.7%，规模以上工业增加值增长速度也由 13.4% 降至 11.2%。

表 4-3　　　　　　　　　　　1990~2013 年东营三次产业比重

指标 \ 年份	1990	1991	1992	1993	1994	1995	1996	1997	1998	1999	2000	2001
生产总数	100.0	100.0	100.0	100.0	100.0	100.0	100.0	100.0	100.0	100.0	100.0	100.0
第一产业	12.8	13.3	9.5	10.4	11.2	12.3	11.3	9.8	9.5	9.9	6.8	6.7
第二产业	77.8	77.9	80.1	75.5	78.4	77.7	77.2	77.5	76.0	76.4	81.6	80.7
第三产业	9.4	8.8	10.4	14.1	10.4	10.0	11.5	12.7	14.5	14.3	11.6	12.7

指标 \ 年份	2002	2003	2004	2005	2006	2007	2008	2009	2010	2011	2012	2013
生产总数	100.0	100.0	100.0	100.0	100.0	100.0	100.0	100.0	100.0	100.0	100.0	100.0
第一产业	6.4	5.4	4.8	4.2	3.7	3.7	3.4	3.6	3.7	3.7	3.5	3.6
第二产业	77.2	79.4	80.4	79.7	78.9	78.1	76.5	73.9	72.6	71.6	70.8	69.5
第三产业	16.4	15.2	14.8	16.1	17.4	18.2	20.1	22.5	23.7	24.7	25.7	26.9

资料来源：东营统计年鉴 2014。

表 4 - 4

1983～2013 年东营能源生产总量变化

指标＼年份	1983	1984	1985	1986	1987	1988	1989	1990	1991	1992	1993	1994	1995
能源生产总量（万吨标准煤）	2762.40	3433.13	4010.19	4397.25	4707.17	4942.08	4965.79	4973.77	4980.16	4967.83	4849.79	4584.28	4453.24
原油（万吨）	1838.00	2301.77	2703.16	2950.80	3160.00	3330.26	3335.48	3350.62	3355.19	3346.10	3270.21	3090.00	3000.27
天然气（亿立方米）	10.51	11.14	11.42	13.98	14.83	14.19	15.44	14.39	14.38	14.43	13.69	13.07	12.85

指标＼年份	1996	1997	2003	2004	2005	2006	2007	2008	2009	2010	2011	2012	2013
能源生产总量（万吨标准煤）	4314.40	4132.95	3913.25	3937.50	3963.82	4020.71	4059.26	4063.06	4067.51	3985.43	3982.85	3981.27	4047.00
原油（万吨）	2911.64	2801.13	2665.51	2674.30	2694.54	2741.55	2770.08	2774.02	2783.50	2743.52	2742.44	2733.22	2778.36
天然气（亿立方米）	11.91	10.02	8.10	9.00	8.80	8.01	7.84	7.70	7.00	5.08	5.00	5.00	5.00

资料来源：东营统计年鉴 2014。

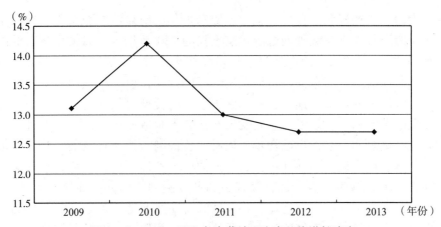

图 4 - 6　2009 ~ 2013 年东营地区生产总值增长速度

资料来源：东营统计年鉴 2014。

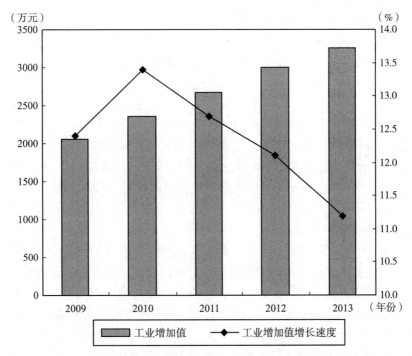

图 4 - 7　2009 ~ 2013 年东营规模以上工业增加值及其增长速度

资料来源：东营统计年鉴 2014。

　　东营的转型是有其自身优势的。这一优势一方面体现在东营市独特的地理位置上；另一方面则与胜利油田密不可分。东营市北邻京津冀，与天津滨海新区和辽东半岛隔海相望，都是几小时里程。同时，地处黄河三角洲，黄河经东营流入渤海，矿产资源丰富。并且东连胶东半岛，南靠济南城市圈，市内基本实现半小时经济圈，与大连的海上距离也仅为 120 海里。可以说，东营的战略地位得天独厚，"黄河三角洲经济、技术和社会发展战略研讨会"多次在东营举行。联合国对黄河三角洲可持续发展的援助行动，也在很大程度上给予了东营经济转型的良好契机。此外，胜利油田自身的转型也促使了东营石油接续产业的发展。近年来，有学者对东营发展石油装备制造业产业的可行性进行了分析，研究结论表明，东营市已初步形成石油装备制造业集群发展的势头，形成了以大型成套钻采设备、钻杆、钻头、抽油机、抽油泵、抽油杆、油气集输管道、油田特种车辆为重点，涵盖物探、钻井、测井、固井、油气开发、采油、井下作业、地面工程、管道运输等各领域的完整产业链。加之黄河三角洲的独特地理位置，以及济南经济区的大批科技人力资源储备，东营的转型之路值得期待。

4.2.3 克拉玛依的境外拓展

克拉玛依地处准噶尔盆地西北部，地貌大部分为戈壁，是一座以石油命名的城市，其得名于市区的天然沥青丘——黑油山。克拉玛依也是新中国成立后开发的第一个大油田，从 1958 年建市以来，地质人员先后在准噶尔盆地和塔里木盆地找到了 19 个油气田，以克拉玛依为主，开发了 15 个油气田。至 1990 年，原油产量达到 680 万吨，陆上原油产量居全国第 4 位。2002 年克拉玛依油田年产量更是突破千万吨，建成 792 万吨原油配套生产能力（稀油 603.1 万吨，稠油 188.9 万吨），3.93 亿立方米天然气生产能力。围绕着石油的利用与开发，形成了整个克拉玛依市的核心支柱产业，毫不夸张地说，克拉玛依市是我国最具经典意义的石油资源型城市之一。

从表 4-5 可以看出，截至 2013 年，克拉玛依市的三大产业中，不论是从总产出值、总产出增加值、劳动者报酬抑或是生产总值，以石油工业为核心的第二产业在克拉玛依市经济结构中仍然独占鳌头，而且与第一产业以及第三产业贡献值间的差距仍然非常大。以总产出值为例，2013 年克拉玛依市第二产业总产值达到 20290126 万元，基本上是第三产业产出值的 10 倍，第一产业产出值的 20 倍。克拉玛依市第二产业不仅占据整个克拉玛依经济发展的重大比重，更是从建市开始至今一直有着不菲的业绩，这一点从表 4-6 中也可见一斑。1958~2013 年主要年份，克拉玛依市第二产业固定资产投资额几乎一直在稳步增加，这一投资亦支撑着全市生产总值的增长。

表 4 – 5　　　　　　　　　　　2013 年克拉玛依产业指标对比

产业 \ 指标	总产出增加值（万元）	劳动者报酬（元）	生产总值（万元）	总产出（万元）
第一产业	50093	46386	40457	114780
第二产业	7390278	1524392	7332417	20290126
第三产业	1090721	709139	977360	2114264

资料来源：克拉玛依统计年鉴 2014。

表 4 – 6　　　　克拉玛依市主要年份国民经济主要指标统计（1958 ~ 2013）

指标 \ 年份	1958	1960	1965	1970	1978	1980	1985
年末总人口（万人）	4.43	8.05	10.56	13.85	15.49	14.21	18.53
全市生产总值（万元）	9105	28028	14895	31900	56068	62729	114105
固定资产投资（万元）	21258	16191	5832	5296	46125	65426	106935
指标 \ 年份	1986	1987	1988	1989	1990	1991	1992
年末总人口（万人）	18.92	19.74	19.9	20.22	20.47	21.02	21.51
全市生产总值（万元）	131604	139117	163149	187698	204271	305740	364796
固定资产投资（万元）	134565	168806	247777	215520	221213	246818	295967
指标 \ 年份	1993	1994	1995	1996	1997	1998	1999
年末总人口（万人）	22.01	22.69	23.39	24.87	25.36	26.31	26.86
全市生产总值（万元）	557213	611807	696344	785298	943709	906580	1019903
固定资产投资（万元）	601004	589429	467088	568664	716547	751121	697784
指标/年份	2000	2001	2002	2003	2004	2005	2006
年末总人口（万人）	27.63	28.43	29.00	30.60	30.58	29.74	32.33
全市生产总值（万元）	1385871	1675526	1704788	2162707	2962020	3857256	4732562
固定资产投资（万元）	877902	815504	845272	908297	1140135	1332153	2060952
指标/年份	2007	2008	2009	2010	2011	2012	2013
年末总人口（万人）	35.54	38.62	39.35	37.51	37.82	37.58	37.92
全市生产总值（万元）	5151297	6612026	4802909	7113532	8016856	8107054	8531091
固定资产投资（万元）	2850644	2372835	1811267	1787300	2148154	3017066	4225478

资料来源：克拉玛依统计年鉴 2014。

　　看到克拉玛依市的这些数据，很容易让人联想到美国的休斯敦，曾几何时，休斯敦的石油开发也在整个休斯敦经济中占据着如此重要的地位。尽管目前为止，位于准噶尔盆地的克拉玛依油田，尚能保证较稳定的产量，但单一的石油生产结构，以及不可避免的环境生态问题，使得克拉玛依的转型势在必行。特别是在我国石化产业产能普遍过剩的情况下，单一的石油生产结构给克拉玛依经济发展带来了诸多约束。从图 4 – 8 和图 4 – 9 可以看出，2010 年我国石化产业产能与实际需要之间存在着不小差距，开工率也不很理想。特别是 2004 年之后，原油加工开工率与乙烯生产开工率逐年下降，石油工业的限产对整个克拉玛依市经济的影响非常巨大。

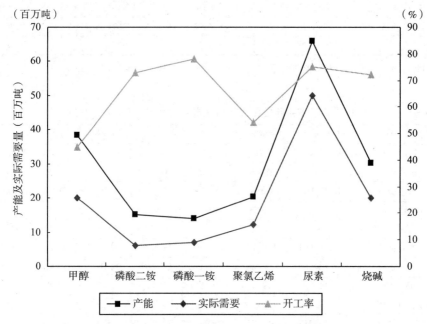

图 4-8 2010 年我国石化产业产能过剩情况

资料来源：国家统计局、中国石油经济技术研究院。

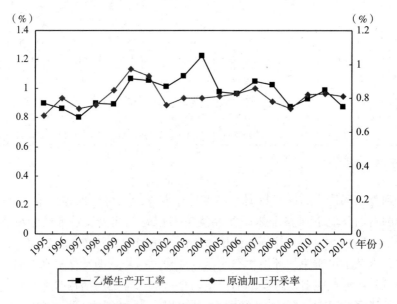

图 4-9 我国原油加工、乙烯生产加工情况（1995~2012 年）

资料来源：国家统计局、中国石油经济技术研究院。

以 2009 年为例，中央石油石化企业完成工业总产值比上一年下降 1.5%，当年，整个克拉玛依市利税下降 67.9%，地方财政收入下降 13.8%（见表 4 - 7）。完全倾斜的石油工业产业结构，使得克拉玛依市的石油产业危机四伏，必须在真正的严冬到来之前找到新的出路，探索一条符合我国国情的新型石油城市转型之路。1978 ~ 2013 年，克拉玛依市主要年份国民经济主要指标年均增长速度也可以看出（见表 4 - 8），近 10 年，克拉玛依经济增长速度正在逐渐减缓，这已经预示着单一生产结构正越来越严苛地约束着城市经济发展。

表 4 - 7　　　　　2009 年支柱产业对西部油气资源型城市影响状况

项目	当年值（亿元）	比上年下降比例（%）
地区生产总值	480.0	1.20
中央石油化工企业完成工业总产值	813.6	1.50
规模以上工业企业主营业务收入	930.9	22.30
规模以上地方工业总产值	59.5	5.00
利税	234.8	67.90
固定资产投资	180.3	23.80
建筑业总产值	56.55	15.70
地方财政收入	35.7	13.80
财政一般预算收入	33.3	15.00
地方财政支出	45.4	6.40

资料来源：克拉玛依 2009 年经济建设和社会发展统计公报。

表 4 - 8　克拉玛依市主要年份国民经济主要指标年均增长速度统计（1978 ~ 2013 年）

指标/年份	1978 ~ 2011	1986 ~ 1990	1991 ~ 1995	1996 ~ 2000	2001 ~ 2005	2006 ~ 2010	2011 ~ 2013
总人口	2.74	2.01	2.70	3.39	1.49	4.74	0.36
生产总值	7.74	3.56	13.18	7.72	7.46	9.25	5.42
工业	10.32	5.08	8.66	9.17	18.78	9.89	4.56

资料来源：克拉玛依统计年鉴 2014。

对于克拉玛依的转型，目前正处于探究和摸索阶段，其中有一条研究思路比较具有独特意义——即中亚合作竞争战略。首先，中亚与新疆毗邻，与克拉玛依距离较近，文化差异小，因此，这一战略在地理经济学上具有先天可行性。特别是这些国家与克拉玛依地貌接近，都是石油资源非常丰富的地区。其次，克拉玛依石油工业发展多年，具有较成熟的石油开发和利用技术，其中独山子有着千万吨炼油、百万吨乙烯大炼化工程，可以为中亚提供技术援助。特别是，目前中哈石油管道和中亚天然气管道都已经贯通，这更是为克拉玛依石油工业"走出去"

战略奠定了物质基础。况且，美国休斯敦转型的经验，也可以很好地用于"中亚合作战略"的理论基础。在这一转型思路的指导下，如表 4 - 9 所示，2008 ~ 2012 年，克拉玛依市地方企业在中亚地区收入稳步上升，从 2008 年的 1117 万美元增长到 2012 年 3056 万美元，非常鼓舞人心。

表 4 - 9　　　**2008 ~ 2012 年克拉玛依市地方企业在中亚地区收入情况**　　　单位：万美元

序号	公司名称	主营业务	合同金额	各年度合同金额				
				2008	2009	2010	2011	2012
1	科力公司	油田化学产品	3724	577	490	702	799	1156
2	贝肯公司	钻井工程服务	1525	0	0	411	892	222
3	红都公司	采油工具	980	0	100	180	200	500
4	新科奥有限公司	油田化学产品	79.5	10	16	18	17.5	18
5	友联公司	油田化学产品	672	0	39	115	298	220
6	荣昌公司	钻井机械修理	2100	240	280	320	620	640
7	天圣公司	油田地面工程	1090	190	110	230	260	300
合计			10170.5	1117	1325	2076	3086.5	3056

资料来源：克拉玛依石油企业中亚合作竞争战略研究。

4.3　我国煤炭约束型区域生态转型

4.3.1　鄂尔多斯模式的悲剧

提及我国煤炭约束型区域的生态转型，总会想起 2000 ~ 2010 年左右，我国鄂尔多斯市的发展悲剧。鄂尔多斯市位于内蒙古自治区西南部，地处鄂尔多斯高原腹地。东、南、西与晋、陕、宁接壤，北及东北与自治区最大城市包头以及首府呼和浩特隔河相望。东西长约 400 千米，南北宽约 340 千米，总面积 86752 平方千米。

与我国西部许多资源型城市一样，鄂尔多斯是个境内能源矿产资源储量特别丰厚的区域，截至 2012 年，已发现具有工业开采价值的重要矿产资源有 12 类 35 种，已探明天然气储量约 1880 亿立方米，占全国 1/3。特别是煤炭资源异常丰富。截至 2012 年，鄂尔多斯市已探明煤炭储量 1496 亿多吨，约占全国总储量的 1/6，算到地下 1500 米处，总储量约近 1 万亿吨。在鄂尔多斯市 87000 多平方千米土地上，70% 的地表下埋藏着煤。鄂尔多斯的煤炭资源不仅储量大，分布面积广，而且煤质品种齐全，有褐煤、长焰煤、不黏结煤、弱黏结煤、气煤、肥煤、焦煤。而且大多埋藏浅，垂直厚度深，易开采。种种资源禀赋注定了这座城市与煤炭之间关系的密不可分。

　　从 2000 年开始，鄂尔多斯进入了以煤化工为主的新型工业化发展阶段，这一阶段的鄂尔多斯成了各大媒体关注的焦点，其发展速度之快令人惊叹。有报道统计，2000 年鄂尔多斯的地区生产总值同比 1999 年增长了 22.1%，"大煤炭、大化工、大煤电、大载能"的产业战略，加之"六高"新型工业化发展思路，使得鄂尔多斯一度成为国人瞩目的焦点。快速发展的鄂尔多斯 2007 年时，人均 GDP 已经突破一万美元，甚至超过了同年的北京和上海。当然，鄂尔多斯 GDP 的快速增长与大量的煤炭开采是分不开的。如图 4 - 10 所示，2002 ~ 2009 年，鄂尔多斯市煤炭产量呈现指数增长趋势，由 2002 年的年产值 3008 万吨迅速增长至 2009 年的 33033 万吨，增长了 10 倍还多，增长速度令人惊叹。煤炭开采量大幅度增加的同时，2008 年全市煤炭行业实现财政收入 139 亿元，占全市当年财政收入总量 52.5%，煤炭行业"一业独大"的局面带给人们短暂的欢愉。

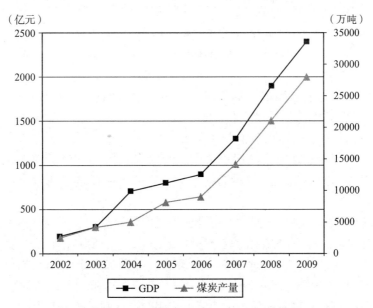

图 4 - 10　鄂尔多斯市 2002 ~ 2009 年 GDP 与煤炭产量对比分析
资料来源：鄂尔多斯统计年鉴 2010。

　　然而，鄂尔多斯这一令人欣喜的发展模式保持了近 10 年的黄金周期之后，受 2008 年全球性金融危机的影响，煤炭、电石等产品价格大幅下跌。特别是 2012 年国内外经济环境的变化，鄂尔多斯市煤炭、电力等行业大面积停产，这一经济发展的传奇被打碎，鄂尔多斯资源产业的快速发展终难逃"资源诅咒"的厄运。天然气、电力、煤炭为主的单一产业结构，无法应对周遭经济环境的改变，市场风险抵御能力脆弱，多级支撑局面尚未形成。

鄂尔多斯发展神话打破的同时，背后隐藏的各种问题纷纷浮出水面。首当其冲就是鄂尔多斯的环境问题。鄂尔多斯属于荒漠草原气候，水资源非常短缺。快速大量的煤炭开采使得鄂尔多斯地下水位逐年下降，加之开采过程水资源严重浪费与污染，水资源次生危机严重。据统计，鄂尔多斯每年由于煤炭开发造成的水资源损失达到 1.31 亿立方米，导致人畜饮水困难。而且，煤炭大量开采的这几年，鄂尔多斯工业废水排放量从 2000 年的 2037 万吨上升至 2008 年的 2933 万吨，工业废气排放量由 2000 年的 954 亿标立方米上升至 2008 年的 2971 亿标立方米，给生态环境带来沉重压力。与此同时，煤炭开采过程中造成的地表塌陷也很严重，塌陷面积惊人，并且这一塌陷状况仍然在以每年超过 3% 的速度继续。如果说环境问题是每个资源型城市发展过程中无法逾越的鸿沟，那么鄂尔多斯市房地产泡沫的破裂，则是人们对这一新型资源型城市迅速发展而始料不及的负面产品。

鄂尔多斯房地产开发起步晚，其大量泡沫的形成主要是 2000~2005 年，煤炭产业快速盈利后大量资金涌入房地产业，面对 7000 元以上商品房投机与投机需求铺天盖地而来，促使鄂尔多斯市房地产开发量井喷式增长，商品房供给严重大于需求，房地产市场畸形发展。从高和投资整理的一组鄂尔多斯与北京的统计数据对比中可以非常准确地显示当时鄂尔多斯市房地产市场的畸形状态。2010 年鄂尔多斯商品房销售面积高达 1009.4 万平方米，鄂尔多斯常住人口有 194.07 万人，同年，北京商品房销售面积为 1639.5 万平方米，北京常住人口为 1961.2 万人。2010 年鄂尔多斯市商品房销售面积约为北京的近 62%，而人口规模仅为后者的约 10%。显而易见，这样的供求状况势必导致鄂尔多斯市房地产泡沫的破裂。

鄂尔多斯房地产破裂的同时，更令人生畏的负产品跟着出现——民间信贷链条断裂。鄂尔多斯房地产开发的资金来源比较单一，主要是银行和个人信贷，开发商自有资金比重较小。房地产泡沫破裂直接导致民间借贷体系崩盘，曾经的"全民放贷"成为现如今的"全民恐慌"，由于经济诈骗引发的各种社会问题也给鄂尔多斯社会安定和经济平稳运行蒙上了阴影。一则关于"银行讨债路"的报道，十分客观地描述了这一惨淡的局面。"大量房地产项目赤裸着钢筋水泥，不见进一步施工的迹象，有些已经封顶的项目，也都是空落落的窗户，里面漆黑一片。"……"这间特殊办公室是鄂尔多斯东胜区临时设立的'打非办'（即打击非法吸收公众存款办公室），来这里的人大多是当时民间借贷的出资人和受害者，主要是当地靠拆迁补偿曾经一夜暴富的农民。"……"目前开发商对银行偿债最有可能的办法是，将手中的房产抵债给银行。但在当下一派惨淡的环境下，如何将房产变现，成为银行将要面对的又一个难题。"

　　经历了大起大落的鄂尔多斯正在寻找转型之路，由于 1993 年之前，鄂尔多斯一直都是以农业为主导产业的城市，其资源型城市定位时间并不长，相较而言，其转型包袱相对较小。与此同时，2011 年国务院《关于进一步促进内蒙古经济社会又好又快发展的若干意见》以及内蒙古自治区《内蒙古自治区以呼包鄂为核心沿黄河沿交通干线经济带重点产业发展规划》等文件的出台，为"呼包鄂经济圈"经济进一步快速发展提供了更加有力的政策支持。较好的区位优势加上政策优势，鄂尔多斯的转型之路值得期待。

4.3.2　大同循环经济的初见成效

　　大同是中国煤炭经济发展史上不得不提的一座城市，它是中国最大的煤炭能源基地之一，是国家重化工能源基地，素有"中国煤都"之称。大同市是山西省第二大城市，其坐落在大同煤田的东北部，市境内含煤面积 632 平方千米，累计探明储量 376 亿吨。侏罗纪大同组含煤面积全市达 540 平方千米，保有储量 58.7 亿吨，累计探明储量 65.5 亿吨，石炭系煤累计探明储量为 117 亿吨。大同煤炭以低灰、低硫、高发热量著称，素有"工业精粉"之称，大同含煤储备高、煤质优等特点，使得大同以煤为主进行资源开发、利用和加工，形成了一系列煤炭重化工及高耗能主导产业。有统计称，20 世纪 90 年代中期，大同市重工业比重曾占全市工业总产值 82% 以上，是典型的资源密集且重污染倚重的工业结构。

　　大同采煤的历史可追溯到 2000 年前的汉朝，北魏时期关于开发利用大同煤的历史已经有了文字记载。新中国成立后，大同煤炭开发经过 1949～1952 年的恢复生产时期、1953～1965 年的调整过渡期、1966～1977 年的全面起步时期，再到 1978 年之后的快速发展期，大同煤炭开发产量及技术都成为全国煤炭行业的标杆。特别是 2000 年之后，由大同矿务局改制重组形成的大同煤炭集团有限公司，成为我国第三大煤矿国有企业，煤矿跨越大同、忻州、朔州三市，拥有煤田面积 6157 平方千米，大同煤炭开采进入了新纪元。

　　作为一个老牌煤炭资源型城市，大同资源型经济的发展过程依旧无法回避生态破坏、环境污染等顽疾。20 世纪 90 年代，大同市二氧化硫和尘污染年均值均高于国家规定的三级标准，一些致癌物远远超过了世界卫生组织和我国推荐的标准，造成大同市肺癌发病率高达 0.156%，比太原高两倍。大同市地下水资源枯竭严重，化学含氧量有机污染（COD）为 190mg/L，超标严重。煤矸石、炉渣、粉煤灰等固体废弃物堆存量日益增多，二氧化硫排放量呈波状起伏，生态环境安全隐患骤增。加之资源产业的必然趋势，随着侏罗纪煤炭储备量日益减少，如何转型，如何发现这座城市经济增长的亮点，成为大同好几代人不断努力的目标。

令人欣喜的是，大同塔山工业园区为这座煤炭老城带来了新的生机和希望。从 2002 年开始塔山矿井方案设计起，通过各阶段设计论证以及环境评价等工作，2008 年大同塔山煤矿建设项目环保工程竣工验收，2009 年底通过了清洁生产审核，并获得"国家绿色矿山"的荣誉称号。于是，大同煤炭生产循环经济的大幕徐徐拉开。塔山工业园区依照产业生态学原理设计了"二矿十厂一条路"，并形成坑口电厂、洗煤厂、高岭土加工厂、煤化工加工厂等产业群，煤—电—建材、煤—电—铝、煤—电—化，一大批纵向延伸产业链条项目（如图 4 - 11 所示），对矿区范围内的煤炭、伴生矿、地下水、瓦斯等进行综合开发。

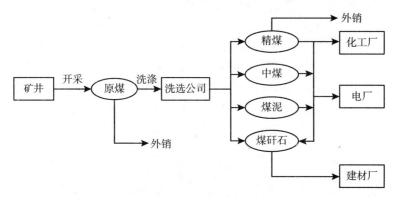

图 4 - 11　同煤集团煤炭产业链

资料来源：同煤集团发展循环经济的运行模式研究。

在整个煤炭开采循环过程中，电厂产生的余热用于居民区冬季取暖；坑口电厂排出的粉煤灰作为水泥厂的原料，水泥厂产生的废渣进入砌体材料厂制成新型建材，每年可消化粉煤灰、炉渣、脱硫石膏等工业废渣 53 万吨；采煤过程中采出的伴生物高岭岩作为高岭土加工厂的原料，综合利用使产业链条实现完整闭合。上游产业的废料变成下游产业的生产要素，每年消耗塔山矿低热值劣质中煤 120 万吨，每年可节约标煤 70 万吨，每日节约水 1.2 万吨，二氧化硫和烟尘排放量分别减少 4000 吨和 6940 吨。不仅如此，园区内的生活污水和工业废水全部排放至日处理能力 4000 立方米的塔山污水处理厂，经过处理后，复用于灰场和煤场防尘喷淋及绿化用水，实现了水资源的闭路循环，废水重复利用率达到 100%，园区废水基本做到"零排放"（如图 4 - 12 所示）。步入塔山工业园区，你会发现这座煤炭基地完全看不到"黑、粗、笨"等传统煤炭工业的形象，既没有满脸黔黑的矿工，更看不到满天飞舞的煤灰，取而代之的是现代化的作业设备、先进的管理手段以及完善的生态环境保护措施。

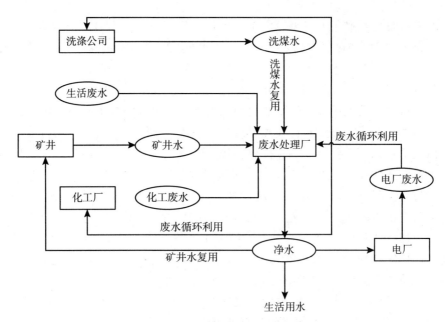

图 4 - 12　同煤集团废水循环利用链
资料来源：同煤集团发展循环经济的运行模式研究。

配合煤炭绿色开采以及循环利用系统，大同市的经济转型逐渐为人们所关注，在原大同市市长耿彦波的带领下，大同"建一座新城改造一座旧城"的行动使得大同原有的旅游资源再次绽放光彩。北岳恒山、云冈石窟、悬空寺、九龙壁等这些享誉中外的历史遗产，再次被世人瞩目。相应地，其特色小杂粮农业资源，也进一步得到发展，苦荞、黄芪、万寿菊等逐一得以不断做大做好。与此同时，大同也注重其他矿产资源的绿色开发，比如石墨、花岗岩等。总而言之，装备制造业、新型冶金业、医药化工业、非煤矿产业、特色农业、商业旅游业和高新技术产业等，在大同市经济转型的过程中，都纷纷绽放异彩，成为我国煤炭资源型区域经济转型的一大亮点，我们期待着这座煤炭老城的再次崛起。

4.3.3　兖州海外并购的惊艳

在我国煤炭经济转型的历史上，兖州煤炭开发也是不得不提的亮点之一。兖州历史悠久，境内煤炭资源丰富，尤以优质气煤、肥煤为主。1957 年 3 月，华东煤田地质勘探队对鲁西南地区进行重点勘探找煤工作，1957 年 8 月底，发现和证实了兖州煤田的存在。通过一系列的勘探、规划和设计，20 世纪 60 年代，一座现代化煤田破土而出，兖州矿区成为当时山东最大的现代化煤矿。1976 年 7 月兖州矿务局成立，1996 年 3 月整体改制为国有独资公司，1999 年 5 月成立兖矿集团。时至今日，兖矿集团已形成山东、贵州、陕蒙、澳大利亚"四个基地"，新疆、加拿大"两个新区"，煤业、煤化、事业发展、东华、电铝五个专业公司和贵州、新疆、陕西未来三个能化公司，以及东华重工、东华建设、东华物流、中垠地产等直属公司，成为国际化新型综合能源集团和产融财团。

兖州煤炭开发利用过程遇到的问题，与所有的煤炭资源依赖型城市一样，此处不再赘述。但是兖州煤炭在我国煤炭行业陷入严重产能过剩、市场行情持续走低的情况下，如何独善其身、保持盈利势头却成为所有人关注的焦点，也是本书将要重点阐述的地方。2000 年开始，我国煤炭按行业投资与产能不断增加，直至产能过剩。2011 年下半年，煤炭价格一直下行，2012 年更出现断崖式下跌。绝大多数煤矿深陷泥沼，甚至一些与煤相关的甲醇、醋酸等产业也是身陷囹圄。在这样煤炭行业整体走低，极度困难情形下，兖州煤矿 2014 年实现利润 20.55 亿元，同比增盈利 75 亿元。2015 年，在全国 90% 以上煤企亏损的大环境下，兖矿始终保持盈利势头，这与兖州煤矿采取的国际化延伸战略密不可分。

继 2004 年 12 月成功收购澳大利亚澳思达煤矿之后，兖州煤业股份有限公司又于 2009 年成功收购澳大利亚菲利克斯资源有限公司，完成了中国在澳大利亚规模最大的并购交易。截至 2012 年 12 月 31 日，兖州煤业在澳大利亚拥有 9 个生产矿区，6 个勘探项目；煤炭设计总产能约 4680 万吨/年；煤炭总资源量 53 亿吨；持有纽卡斯尔港 27% 股权、威金斯港 5.6% 股权，拥有港口配额 2680 万吨。通过这些收购，兖州煤业的可采储量增加了约 1/4，当年度产量规模提升 1/3，走出了低成本扩张的发展之路。

与此同时，兖州煤业还将海外并购的眼光投向加拿大，2011 年 9 月，兖州煤业以 2.6 亿美元收购了加拿大萨斯喀彻温省 19 块钾矿勘探许可区块，钾盐资源量达到 47.3 亿吨，矿层赋存稳定、品位优良，具有良好的商业开发前景，是中国公司目前在加拿大取得的质量最好、规模最大的钾矿资源。特别是，兖州煤业与美国博地能源在澳大利亚的技术合作，更是我国煤炭企业首次以技术为资本参与海外煤炭资源开发，兖州煤业以先进的综放技术，获得了开采博地能源北贡亚拉煤炭资源的技术投资资格。谈起这些海外收购，参与人士都说来之不易，收购后的风波也是波澜起伏。但不论成败与否，兖州煤炭的境外尝试都是我国煤炭资源型区域转型非常值得借鉴的思路。

特别是随着我国资源约束日益加剧，生态风险不断升级，我国资源进口的依赖度会日益加深，如此一来，资源使用及供给中涉及的安全问题将渐趋凸显。为了实现资源进口来源多元化，保障国家资源安全，煤炭依赖型区域资源开采技术境外投资是一个非常好的选择。尽管这一过程中，将会遇到很多困难，例如兖州煤业遇到的国外公司管理、财务安全、境外法律事件处理、境外股票市场规制，等等，但加强与国外资源区域的伙伴关系建设，始终是我国资源型区域以及资源产业非常必要的转型思路。

4.4 本章小结

本章基于时空下的生态转型,从自然资源约束的界定入手,选取了我国最具代表性的一些石油约束型区域以及煤炭约束型区域,对其转型过程进行分析。不论是大庆的多元转型、东营的空间优势抑或是克拉玛依的境外拓展,我国石油约束型区域转型历程进展相对顺利。但相较而言,煤炭约束型区域的生态转型却走得举步维艰。一方面,我国煤炭资源型区域其发展年代更久远,单一的产业模式更固化;另一方面,我国多年来以煤为主的能源发展模式以及日益严重的生态压力,PM2.5 像大山一样压抑着所有民众,加之国际煤炭行业整体下滑趋势,怎样实现转型,如何改善区域生态环境,成为所有煤炭资源型区域的重中之重。"煤都"大同,以塔山工业园区为基点,展开了循环经济的尝试;兖州以海外并购寻找技术转型之路,不论成败与否,都是积极的改变。

第 5 章

煤炭依赖型区域生态风险监控模型设计

从国内外资源型区域经济发展历程的回顾中可以看出，尽管在不同国家、不同地区，不同的发展阶段，生态安全下的经济转型意义和内涵都有所不同，但归纳起来，以下两点是一致的：以牺牲生态环境为代价的粗放式经济发展模式，已经严重影响到人们的正常生存安全，必须转型；资源约束型区域，其生态负债更为沉重，必须采取有针对性的措施和手段，以自然资源状况为约束，实现社会经济与生态环境相协调一致发展。从上述两点出发，考虑到事前预警相对于事后弥补的经济性和科学性，以及生态环境一定程度上的不可逆性，本章结合 BP 神经网络及支持向量机，对煤炭依赖型区域的生态风险监控进行了探讨。

> **本章主要内容：**
> ❖ 生态预警的基本理论与方法
> ❖ BP 神经网络与生态风险预警
> ❖ 煤炭依赖型区域 BP – SVM 生态风险监控预警初探
> ❖ 本章小结

5.1 生态风险预警的基本理论与方法

预警（early-warning）是在灾害或灾难以及其他需要提防的危险发生之前，根据以往总结的规律或观测得到的可能性前兆，向相关部门发出紧急信号，报告危险情况，以避免危害在不知情或准备不足的情况下发生，从而最大程度减低危害所造成损失的行为。生态预警作为众多预警中的一种，具有重要的现实意义。本节将对其基本理论框架和常用预警方法进行简单介绍。

5.1.1 生态风险预警基本理论框架

生态可持续发展谋求的是人与自然形成一个和谐系统，并实现长期的共存共荣。在区域生态可持续发展的系统中，人口、经济、社会、资源、环境等子系统之间的相互作用十分复杂，如何在该过程中，预见、监控各子系统出现的非持续发展因素，并为生态可持续发展决策提供警示性信息就显得尤为重要。

生态预警正是达到此目的的好方法，它利用统计预测技术对生态可持续发展的未来状态进行测度，预报发展过程中的非持续性状态的时空范围及危害程度并提出防范措施。生态预警指标体系和分析方法的总和，即为区域生态预警系统，该系统能够分析区域运行轨迹，并预测其发展态势；能判断区域发展是否可持续及可持续的程度；能对区域发展波动的原因进行分析，并制定相应的措施，有效地解决问题；还能实现区域发展过程监测，并对监测结果进行识别。

作为由众多因素构成的复杂系统，区域生态预警系统是为了预防区域系统运行与发展过程中，偏离可持续发展轨道或出现危机或发生经济社会发展与资源环境保护严重冲突，而建立的报警和排警系统。该系统作为一种揭示并预报区域运行与发展的信号系统，涵盖了区域经济社会发展与资源环境保护，从发现警情、分析与辨识警兆、寻找警源、判断警度以及排警决策的全过程。

与一般的预警相比，区域生态预警更为复杂，困难也更多。首先，生态预警的警情具有累积性和突发性。许多警情都是各种大小问题长时期累积，系统运行非协调超过一定阈值而突发产生的，如资源耗竭、环境污染等。其次，警兆的滞后性。区域可持续发展系统运行危机的显露，相对其实际发生总是滞后一段时间。当人们辨识到警兆的出现时，实际警情的危害性往往已经相当严重了。最后，警源的复杂性。区域可持续发展系统是一个复杂巨系统，其运行与发展过程中的矛盾与冲突问题、突发的危机问题，往往来自各种复杂因素共同作用的结果，加上决策者有时受到科学水平、知识水平所限，短时间找到问题的警源是十分困难的。

预警系统的构建，必须具备五个基本功能：描述功能（回答客观事实是什么）；解释功能（回答为什么会发生）；评价功能（回答现象的本质是什么）；预测功能（回答现象的未来发展结果是什么）；对策功能（应该怎么办）。一般来说，预警系统的构建需要预警指标体系、警情监测系统、警源分析系统、警兆辨识系统和警度预报系统五个子系统。

第一，预警指标体系。预警指标体系包括两大部分——预警指标和警度指标。警标是预警的基础，要求警标能够敏感地反映预警对象在运行中的异常状态。警度主要用来表述警情的严重程度，通常可划分为五个警限——无警、轻警、中警、重警和巨警，其中无警警限（又称安全警限）的确定最为关键。

第二，警情监测系统。明确警情是预警的前提，通过各种定性、定量方法确定警标静态、动态的安全变化区间，并对其动态过程进行监测，当警情指标的实际值不在警限范围内，则表明有警情出现。

第三，警源分析系统。警源是警情产生的根源，寻找警源是预警过程的起点。警源分析系统主要分析警源是属于自然警源、外生警源还是内生警源，是可控性较弱的警源还是可控性较强的警源。

第四，警兆辨识系统。警兆识别是预警过程中的关键环节，辨识在警情发生前所表现出来的各种征兆警兆，诊断其性质和趋向，分析其报警区间，预测警情。

第五，警度预报系统。各项警情、警兆指标，一旦有"警"发生，必须通过警度预报系统分析报告"警"的大小。警度预报系统是预警系统的最终产出形式，通过它才能有的放矢地采取各种措施，减少警度、防止警度扩大。

5.1.2　常用预警方法

预警一词最早出现于军事领域，从军事领域走上民用领域，先是在宏观经济调控中，然后便是在洪水预报、气象预报、环境灾害以及区域综合等方面得到广泛应用。经济预警方法的起源可以追溯到 19 世纪末期，1888 年在巴黎统计学大会上，就提出了以不同色彩作为经济状态评价的论文。20 世纪 30 年代中期，经济监测预警系统再度兴起，到 20 世纪 50 年代不断改进、发展并开始进入实际应用时期。经过近百年的发展，人们尝试运用了各种方法对系统进行预警分析。大致可以将这些方法分为指标预警、统计预警和模型预警三类（如图 5－1 所示），下面对其中几种被人们广泛使用的方法进行介绍。

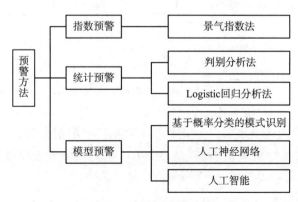

图 5－1　预警方法分类

第一，指标预警。

景气指数法是指标预警方法中应用最为广泛的一种，尤其是在宏观经济领域中的应用，比如金融危机、房地产等。它用有关变量相互之间的时差关系来指示景气的动向，通过构建合成和扩散指数来达到监测预警的目的。这种方法分为四步：第一步是确定时差关系的参照系——基准循环，这是关键一步；第二步是选择构成指标；第三步是划分先行、同步、滞后指标；第四步是对先行、同步、滞后指标分别编制扩散指数和合成指数。划分先行、同步和滞后指标可以采用灰色关联度法、模糊贴近度法和判别分析法等。

第二，统计预警。

（1）判别分析法。判别分析是对研究对象所属类别进行判别的一种统计分析方法。判别分析过程根据已知观测量的预警分类和表明观测量特征的变量，推导出判别函数，然后把各观测量的自变量值代回到判别函数中，根据判别函数对观测量所属类别进行判别。进行判别分析，必须已知观测对象的分类和能提供较多观测对象信息的变量值，这样推导出的判别函数才能保证最小的分类错判率。判别函数的一般数学表达式为：

$$Z = a_1 X_1 + a_2 X_2 + \cdots + a_n X_n \tag{5.1}$$

式中，Z 为判别值，X_1，X_2，$\cdots$，X_n 是反映研究对象的特征变量，a_1，a_2，$\cdots$，a_n 为各变量的判别系数。

（2）自回归条件异方差法。自回归条件异方差模型又称 ARCH 模型，它从统计上提供了用过去误差解释未来预测误差的方法。自回归条件异方差法引入时变条件方差，使预报的置信区间能够与时间序列的波动程度相适应，反映不同时期所作预测误差的大小，从而使确定的警限能比较准确地反映实际状况。此外，根据 ARCH 模型条件异方差的特性，确定具有 ARCH 特征的警限，能使预警结果比较真实地反映实际运行状况，准确度量预期误差。一般线性自回归条件异方差模型，可用数学公式表示如下：

$$\begin{cases} Y_t = bX_t + \varepsilon_t \\ \dfrac{\varepsilon_t}{\psi_{t-1}} \sim N(0, \ \sigma_t) \\ \sigma_t^2 = a_0 e + a_1 \varepsilon_{t-1}^2 + a_2 \varepsilon_{t-2}^2 + \cdots a_q \varepsilon_{t-q}^2 \\ \varepsilon_t = e_t \sigma_t \end{cases} \tag{5.2}$$

式中，$\{y_t\}$ 为观测序列，ψ_t 是直至 t 时刻的有限信息集合，可以包括外生变量，也可以包括 Y_t 的各阶滞后。$\varepsilon_t = e_t \sigma_t$，$e_t$ 服从标准正态独立同分布扰动，采用极大似然估计求得参数 b 及异方差 σ_t^2 的一致估计。

第三，模型预警。

（1）基于概率模式分类法。基于概率模式分类法从模式识别的角度进行预警，一个预警样本就称做一个预警模式，所有具有相同警度的预警样本组成一个预警模式集。预警指标选择子系统相当于模式识别系统中的模式特征选择，预警方法子系统相当于模式识别系统中的模式分类过程，报警子系统相当于模式识别系统中的识别错误检查过程。在基于概率模式分类预警方法中，预警就是把未知警度的新预警样本与已知警度的预警标准样本进行比较辨别，从而确定新预警样本所归属于的预警模式类别。

（2）人工神经网络方法。人工神经网络（artificial neural networks，ANNs）简称为神经网络（NNs）或连接模型（connectionist model），是对人脑或自然神经网络（natural neural network）若干基本特性的抽象和模拟。从 1943 年心理学家麦卡洛克（W. S. McCulloch）和数学家皮兹（W. Pitts）研究并提出 M – P 神经元模型起到今天，人类对神经网络的研究走过了半个世纪的历程。20 世纪 40 年代初期麦卡洛克和皮兹用数理逻辑的方法研究生物神经网络的创举开阔了人们的思路。1949 年赫布（D. O. Hebb）从心理学的角度提出了至今仍对神经网络理论有着重要影响的 Hebb 学习法则。1961 年罗僧布拉特（Rosenblatt. F）提出了著名的感知机（perceptron）模型，确立了从系统角度进行人工神经网络研究的基础。1962 年魏德罗（Widrow）提出了主要适用于自适应系统的自适应元件（adaline）网络，神经网络的研究进入了一个高潮。1982 年 Hopfield 神经网络的出现，以及 1986 年鲁美哈特（Rumelhart）和麦克利兰（McCelland）提出的 PDP（parallel distributed processing）网络思想，又为神经网络研究新高潮的到来起到了推波助澜的作用。ANN 模型从学习样本集中，通过学习规则隐式地抽象出所研究系统各因素间的相互影响和关系，可以实现任意形式的映射。其特有的信息处理能力和独到的解算能力能从结构上对人类的思维过程进行模拟，成为近年来发展起来的一种处理复杂系统的优良工具，具有广阔的应用前景。

5.2　BP 神经网络与生态风险预警

由于能够比较出色地对人脑进行模拟，随着神经网络研究的不断深入和推进，神经网络应用逐渐渗透到模式识别、图像处理、非线性优化、语音处理、自然语言理解、自动目标识别、机器人、专家系统等各个领域，并取得了令人瞩目的成果。神经网络理论也已成为涉及神经生理科学、认识科学、数理科学、心理学、信息科学、计算机科学、微电子学、光学、生物电子学等多学科的新兴、综合性前沿学科。其中应用最为广泛，人们研究最为透彻的当属 BP 神经网络。

5.2.1　BP 神经网络结构及算法

1. BP 神经网络结构

在 20 世纪 80 年代中期，美国学者鲁美哈特（Rumelhart）、麦克兰德（McCelland）和他们的同事洞察到 ANN 信息处理的重要性，发展了反向传播（Back – Propagation）网络学习算法，创立了反向传播神经网络（Back – Propagation Artificial Neural Networks，以下简称 BP 网络），实现了多层网络的设想。目前，在 ANN 的实际应用中，绝大部分神经网络模型采用 BP 网络和它的变化形式，它也是前向网络的核心部分，体现了 ANN 的精华。

一般来说，在多层感知器基础上增加误差反向传播信号，就可以处理非线性的信息，这种网络就被称之为误差反向传播的前向网络（BP 网络）。BP 网络又称为多层并行网，一般包括一个输入层、多个隐含层和一个输出层。一个三层的 BP 网络，其结构简图如图 5 – 2 所示。其中，输入层神经节点的输出为 a_i，隐层节点的输出为 a_j，输出层神经节点的输出为 y_k，神经网络的输出向量为 y_m，期望的网络输出向量为 y_p。

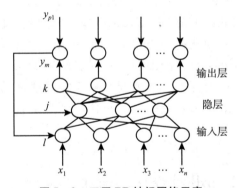

图 5 – 2　三层 BP 神经网络示意

BP 神经网络的激发函数通常选用连续可导的 Sigmoid 函数：

$$f(x) = \frac{1}{1 + \exp(-x)} \tag{5.3}$$

当被识别的模型特性或被控制系统特性在正负区间变化时，激发函数选对称的 Sigmoid 函数，又称双曲函数：

$$f(x) = than(x) = \frac{1 - \exp(-x)}{1 + \exp(-x)} \tag{5.4}$$

2. BP 神经网络学习算法

BP 神经网络学习的指导思想是，通过对比期望输出和网络输出，对网络权值和阈值进行修正，从而使误差函数沿梯度方向下降。下面以三层 BP 网络为例，对其学习算法进行阐述。

第一，各层神经节点的输入输出关系。

（1）输入层第 i 个节点的输入为：

$$A = \sum_{i=1}^{M} x_i + \theta_i \tag{5.5}$$

式中，$x_i (i=1, 2, \cdots, M)$ 为神经网络的输入，θ_i 为第 i 个节点的阈值。对应的输出为：

$$a_i = f(A) = \frac{1}{1 + \exp(-A)} = \frac{1}{1 + \exp\left(-\sum\limits_{i=1}^{M} x_i - \theta_i\right)} \tag{5.6}$$

（2）隐层第 j 个节点的输入为：

$$B = \sum_{i=1}^{N} w_{ij} a_i + \theta_j \tag{5.7}$$

式中，w_{ij}、θ_j 分别为隐层的权值和第 j 个节点的阈值。对应的输出为：

$$a_j = f(B) = \frac{1}{1 + \exp(-B)} = \frac{1}{1 + \exp\left(-\sum\limits_{i=1}^{N} w_{ij} a_i - \theta_j\right)} \tag{5.8}$$

（3）输出层第 k 个节点的输入为：

$$C = \sum_{k=1}^{L} w_{jk} a_j + \theta_k \tag{5.9}$$

式中，w_{jk}、θ_k 分别为隐层的权值和第 k 个节点的阈值。对应的输出为：

$$y_k = f(C) = \frac{1}{1 + \exp(-C)} = \frac{1}{1 + \exp\left(-\sum\limits_{k=1}^{L} w_{jk} a_j - \theta_k\right)} \tag{5.10}$$

第二，误差性能函数。

BP 网络的学习过程是由误差性能函数控制，定义第 p 个样本输入输出模式对应的二次型误差函数为：

$$E_p = \frac{\sum\limits_{k=1}^{L} (y_{pk} - a_{pk})^2}{2} \tag{5.11}$$

式中，y_{pk} 和 a_{pk} 分别为期望输出和网络输出。

则系统误差代价函数为：

$$E = \sum_{p=1}^{P} E_p = \frac{\sum_{p=1}^{P} \sum_{k=1}^{L} (y_{pk} - a_{pk})^2}{2} \tag{5.12}$$

式中，P 和 L 分别为样本模式对数和网络输出节点数。

第三，权值调整规则。

BP 神经网络算法核心是如何调整连接权值使系统误差代价函数 E 最小，下面讨论基于公式（5.11）的一阶梯度优化方法，即最速下降法。

当计算输出层节点 $a_{pk} = y_k$ 时，网络训练规则将使 E 在每个训练循环按梯度下降，则权系数修正公式为：

$$\Delta W_{jk} = -\eta \frac{\partial E_P}{\partial \omega_{jk}} = -\eta \frac{\partial E}{\partial \omega_{jk}} \tag{5.13}$$

为了简便，式中略去了 E_P 的下标。若 net_k 指输出层第 k 个节点的输入网络，η 为按梯度搜索的步长，$0 < \eta < 1$，则定义输出层反传误差信号为：

$$\delta_k = -\frac{\partial E}{\partial \omega_{jk}} = -\frac{\partial E}{\partial y_k} \frac{\partial y_k}{\partial net_k} = (y_{pk} - y_k) \frac{\partial f(net_{jk})}{\partial net_k} = (y_{pk} - y_k) f'(net_k) \tag{5.14}$$

对公式（5.10）两边求导，有：

$$f'(net_k) = f(net_k)(1 - f(net_k)) = y_k(1 - y_k) \tag{5.15}$$

将公式（5.15）代入公式（5.14），可得：

$$\delta_k = y_k(1 - y_k)(y_{pk} - y_k) \quad k = 1, 2, \cdots, L \tag{5.16}$$

当计算隐层节点时，$a_{pk} = a_j$，则权系数修正公式为：

$$\Delta W_{ij} = -\eta \frac{\partial E_P}{\partial \omega_{ij}} = -\eta \frac{\partial E}{\partial \omega_{ij}} \tag{5.17}$$

为了简便，式中略去了 E_P 的下标。同上，定义隐层的反传误差信号为：

$$\delta_j = -\frac{\partial E}{\partial net_j} = -\frac{\partial E}{\partial a_j} \frac{\partial a_j}{\partial net_j} = -\frac{\partial E}{\partial a_j} f'(net_j) \tag{5.18}$$

其中

$$-\frac{\partial E}{\partial a_j} = -\sum_{k=1}^{L} \frac{\partial E}{\partial net_k} \frac{\partial net_k}{\partial a_j} = \sum_{k=1}^{L} \left(-\frac{\partial E}{\partial net_k}\right) \frac{\partial}{\partial a_j} \sum_{j=1}^{N} \omega_{jk} a_j$$

$$= \sum_{k=1}^{L} \left(-\frac{\partial E}{\partial net_k}\right) \omega_{jk} = \sum_{k=1}^{L} \delta_k \omega_{jk} \tag{5.19}$$

隐层的误差反传信号为：

$$\delta_j = a_j(1 - a_j) \sum_{k=1}^{L} \delta_k \omega_{jk} \tag{5.20}$$

为了提高学习效率，在输出层权值修正公式（5.13）和隐层权值修正公式（5.17）的训练规则上，再加一个势态项（momentum term）隐层权值和输出层权值修正式为：

$$\omega_{ij}(k+1) = \omega_{ij}(k) + \eta_j\delta_j a_i + a_i(\omega_{ij}(k) - \omega_{ij}(k-1)) \tag{5.21}$$

$$\omega_{jk}(k+1) = \omega_{jk}(k) + \eta_k\delta_k a_j + a_k(\omega_{jk}(k) - \omega_{jk}(k-1)) \tag{5.22}$$

式中，η，a 均为学习速率系数。η 为各层按梯度搜索的步长，a 是各层决定过去权值的变化对目前权值变化的影响的系数，又称为记忆因子。

第四，运行步骤。

（1）初始化。选定一结构合理的网络，置所有可调参数（权和阈值）为均匀分布的较小数值，设置误差代价函数值和循环次数。

（2）输入学习样本。输入矩阵 $x_{ki}(k=1, 2, \cdots, R; i=1, 2, \cdots, M)$，通过模型的前向计算部分（公式 5.5～公式 5.10）计算网络输出 y_k 和隐层单元状态 a_j。

（3）修正权值。在得出输出层误差值 δ_k 和训练隐层的误差值 δ_j 后，根据模型反向计算部分，修正隐层权值 w_{ij} 和输出层权值 w_{jk}。当误差代价函数满足 $E \leqslant \varepsilon$ 或是达到设定的循环次数时，训练过程结束。

具体流程如图 5-3 所示：

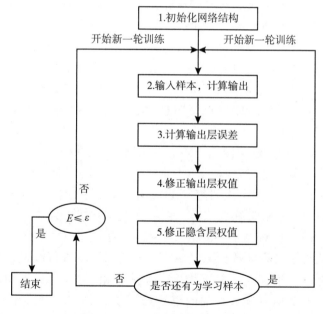

图 5-3　BP 神经网络运行流程

经过上述过程反复地学习与训练，BP 神经网络根据网络输入与实际值的误差不断修正网络权值和阈值。如果网络最终收敛，那么它的输出与理想输出可以无限接近，网络的权值与阈值也不再发生变化，网络的学习与训练完毕。当网络学习完毕后，学习结果就存贮在网络的结构、权值和阈值中，供以后进一步研究需要。如果网络不能收敛，则说明网络的结构设计不合理或训练的参数设置不当，需要重新初始化网络进行调整，直到其收敛。

5.2.2 BP 神经网络的缺陷

尽管在理论完善性和广泛实用性上，BP 神经网络意义重大，但在实际使用中，由于算法自身的缺陷，BP 神经网络仍存在着许多不足。主要体现在以下两个方面。

第一，收敛速度慢。BP 算法是通过训练误差反传修改网络权重来实现对客观对象的识别，它以梯度下降法为基础，只具有线性收敛速度。对一个非线性方程的识别就需要几千次训练，若是要实现对复杂非线性关系或模糊不确定关系的识别，则需要训练几万次、甚至几十万次，花费几个小时或十几个小时。此外，BP 网络没有选择学习因子和记忆因子的规则，选的过大会使训练过程引起震荡，选得过小又会使训练过程更加缓慢。

第二，局部最小点问题。BP 神经网络是一种前馈网络，实际输出只取决于网络输入和权重矩阵。从算法数学本质上看，BP 神经网络是非线性优化问题，其目标函数本身不可避免地存在局部极小点。这一点也清楚地反映在 BP 神经网络权重空间对应的误差曲面上。在其误差曲面中，存在着许多局部最小点，不一定唯一存在全局最小误差点，而且在曲面误差改变较小的一些平坦区域，神经网络的映射能力明显存在不足，网络运算容易落入局部最小点。

近年来，对于 BP 神经网络存在的缺陷和不足，人们对其进行了大量研究改进工作。雅各布斯（Jacobs，1988）、图冷艾尔（Tullenaere，1990）、棱哥勒（Lengelle，1989）等人研究了如何提高 BP 算法学习速率，主要根据学习进展情况（一般指训练误差）在训练过程中改变学习因子；克雷默（Kramer，1989）、巴提提（Battiti，1990）、帕特里克（Patrick，1994）等人利用目标函数的二阶导数信息对 BP 网络训练精度进行改进，将 BP 多层网络训练归结为一个非线性规划问题，将各种优化算法（共轭梯度法、变尺度法、Newton 法及其对这些算法的改进算法）引入其中，并应用一些网络训练的技巧（重新给网络权值初始化、给权值加扰动、在网络学习样本中适当加噪声）等等。

5.2.3 神经网络生态风险预警

从前述生态预警的基本理论、方法概述，以及神经网络的特点、分类等分析中可以看出，在处理不同类型的预警问题时，三类预警方法——指标预警、统计预警和模型预警都各有其独特性和擅长领域。但在处理高度非线性模型时，指数类预警方法和统计类预警方法都显得缺少自适应、自学习能力。其中统计类预警方法缺陷主要体现在：参数必须满足多元常态分配的假设（如正态）；对错误资料的输入不具有容错性，无法自我学习与调整；无法处理资料遗漏的状况；属于静态预警，无法进行动态监控。而此时作为模仿人脑工作方式而设计的人工神经网络系统，就是一个由大量相互连接形式简单的处理单元——神经元按照一定拓扑结构组成的，高度复杂的大规模非线性自适应系统。它可用电子或光电元件实现，也可用软件在常规计算机上仿真，是一种具有大量连接的并行分布式处理器。具有通过学习获取知识并解决问题的能力，且知识是分布存储在连接权（对应于生物神经元的突触）中，而不是像常规计算机那样按地址存在特定的存储单元中。

相较而言，人工神经网络具有非线性、快速、并行分布处理、自学习、自组织、自适应及鲁棒性等特点，尤其擅长在信息不完备的情况下，处理模式识别、知识处理等方面的问题。它为克服传统预警方式的不足提供了新的可能，已经有文献表明，ANN 的分类正确率高于判别分析法。尤其是 BP 神经网络模型，它具有理论依据充分、推导过程严谨、物理概念清晰及通用性好等优点，其自学习功能可以随时进行自我学习、训练、调整以对应多变的经济环境。在 BP 神经网络中，大量神经元按一定拓扑结构和学习调整方法相互作用，能表现丰富的特征，借助自学习功能"辨识"出"黑箱"系统的结构，实现从输入到输出的任意非线性映射。其激励与反馈系统还可以产生响应，使 BP 神经网络具有联想存储功能，输出具有联想性质的结果。同时针对某问题而设计的 BP 神经网络，能够借助计算机的高速运算能力，节省人工计算量，很快找到优化解。此外，作为一种平行分散处理模式，BP 神经网络对数据的分布要求不严格，具备处理资料遗漏或是错误的能力，有很强的鲁棒性，能够处理复杂系统的预警问题。

煤炭依赖型区域生态可持续发展是一个高度非线性复杂巨系统。构成其各个子系统的影响因素众多，各子系统之间以及各子系统的构成因素间是一种开放、互相影响、互相作用的时变性、高度非线性关系。影响因素集或指标集到生态预警状态集之间是复杂的非线性映射，不存在确定的函数关系表达式，并且各指标权重确定也相当复杂。鉴于上述预警对象的特殊性，及人工神经网络在预警研究应用中的优势，尤其是处理高度非线性关系的独特视角，并且考虑到各种神经网络模型的作用效果、工作原理，本书将采用 BP 神经网络模型，对煤炭依赖型区域生态风险监控进行预警分析。

5.3 煤炭依赖型区域 BP - SVM 生态风险监控预警初探

鉴于 BP 神经网络模型在实际使用过程中，存在收敛速度慢，可能出现局部最小点等不足，在对众多改进方法和训练技巧适用性、特点进行比较后，并充分考虑煤炭依赖型区域生态预警系统的特殊性，决定应用支持向量机对局限性进行修正，从而建立科学、合理、实用性强的生态预警系统。

5.3.1 支持向量机的原理与实现

1. 线性支持向量机原理及实现

支持向量机（Support Vector Machine，SVM）是维普尼克德（Vapnikd）等人于 1995 年提出的一类通用有效的机器学习算法，它以统计学习理论（Statistical Learning Theory，SLT）为基础，具有简洁的数学形式、标准快捷的训练方法。与传统的基于经验风险最小化（Experience Risk Minimization，ERM）原则的神经网络、决策树等机器学习算法不同，支持向量机基于结构风险最小化（structure risk minimization）原则，考虑的是经验风险和置信界之和的最小化，在解决小样本、VC 维、非线性的问题上独领风骚。

该方法是从线性可分情况之下的最优分类面提出的，并在研究这种情况下分类方法的基础上，逐步把问题推广到不可分、非线性情况的一种实现统计学习思想的方法。我们所说的最优分类线是要求在将两类无误分开的同时，还要最大化两类之间的分类间隔，这里的最优分类面即为推广到高维之后的最优分类线。

对于线性支持向量机，我们考虑训练样本 $\{(x_i, y_i)\}_{i=1}^{l}$，其中 x_i 是输入模式的第 i 个样本，y_i 是对应的目标输出，开始我们假定由子集 $y_i = +1$ 代表的类和 $y_i = -1$ 代表的类是"线性可分的"，用于分离超平面形式的决策平面方程为 $(\omega \cdot x) + b = 0$。

如图 5 - 4 所示，以二维为例，空心点与实心点分别表示一类训练样本，H：$(\omega \cdot x) + b = 0$ 表示分类线，其中 ω 为判别函数的权向量，b 为阈值，H1：$(\omega \cdot x) + b = 1$ 和 H2：$(\omega \cdot x) + b = -1$ 分别为平行于分类线，且过各类样本中离分类线最近点的直线，二者之间的距离称为两类的分类空隙或者分类间隔，且该分类间隔的大小等于 $\dfrac{2}{\|\omega\|}$。支持向量即为位于 H1 和 H2 上的训练样本点。

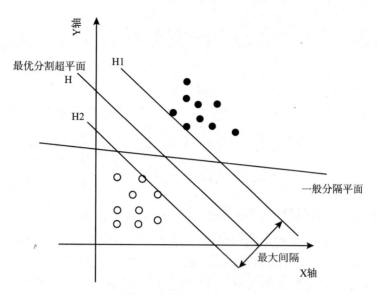

图 5 - 4　最优分类面示意

为了面对所有样本正确分类并且具备最大的分类间隔 $\dfrac{2}{\|\omega\|}$，就要求它满足以下约束条件：$y_i(\omega \cdot x_i + b) \geqslant 1$，$i = 1, 2, \cdots, l$，这可以通过最小化 $\|\omega\|^2$ 的方法来实现，即最小化函数：

$$\phi(\omega) = \frac{1}{2}\|\omega\|^2 = \frac{1}{2}\omega \cdot \omega$$

先建立拉格朗日函数：

$$L(\omega, b, \alpha) = \frac{1}{2}(\omega \cdot \omega) - \sum_{i=1}^{l} \alpha_i [y_i((\omega \cdot x_i) + b) - 1]$$

式中 $\alpha_i \geqslant 0$ 是 Lagrange 乘子。然后分别在拉格朗日函数中对 ω 和 b 求偏导，并使之等于 0，得到：

$$\frac{\partial L}{\partial \omega} = \omega - \sum_{i=1}^{l} \alpha_i y_i x_i = 0 \Rightarrow \omega = \sum_{i=1}^{l} \alpha_i y_i x_i$$

$$\frac{\partial L}{\partial b} = \sum_{i=1}^{l} \alpha_i y_i = 0 \Rightarrow \sum_{i=1}^{l} \alpha_i y_i = 0$$

根据最优性条件，该优化问题还需满足：

$$\alpha_i \{ [(\omega \cdot x_i) + b] y_i - 1 \} = 0, \quad i = 1, 2, \cdots, l$$

可看出，只有支持向量的系数 $\alpha_i \neq 0$，所以

$$\omega = \sum_{SV} \alpha_i y_i x_i$$

将原来的问题转化为较为简单的"对偶"问题，即：

$$W(\alpha) = \sum_{i=1}^{l} \alpha_i - \frac{1}{2} \sum_{j=1}^{l} \alpha_i \alpha_j y_i y_j (x_i \cdot x_j)$$

$$\text{s. t.} \sum_{i=1}^{l} y_i \alpha_i = 0$$

若 α_i^* 为最优解，则有 $\omega^* = \sum_{i=1}^{l} \alpha_i^* y_i x_i$，通过选择不为零的 α_i^* 解出常数 b，求解后得到最优分类函数：

$$f(x) = \text{sgn}\{ \sum_{i=1}^{l} y_i \alpha_i^* (x_i \cdot x) + b^* \}$$

2. 非线性支持向量机原理及实现

支持向量机的核心思想是通过某种事先选择好的核函数（非线性映射），将输入向量映射到更高维的特征空间，构造出一个具有低维的最优分类超平面，使得超平面在保证分类精度的同时，也能最大化超平面两侧的空白区域，也就是说，要保证最终所得到的分类平面位于两个类别的中心。它的应用思路充分体现了统计学习理论当中有关学习过程一致性、结构风险最小化的思想，在保持经验风险固定的基础之上使得置信范围最小化。

非线性支持向量机的基本思想是将 x（输入变量）通过非线性变换转化到高维空间，在变换空间中求取最优分类面。通过定义核函数 $K(x_i, x_j)$，使其满足 Mercer 条件，即进行非线性映射 $\Phi: R^n \to H$，使用特征空间的点积 $\phi(x_i) \cdot \phi(x_j)$ 构造最优超平面，找到一个 $K(x_i, x_j) = \phi(x_i) \cdot \phi(x_j)$ 与某一变换空间中的内积对应起来，在高维空间进行内积计算，求得最优分类函数：

$$f(x) = \text{sgn}\{ \sum_{i=1}^{l} y_i \alpha_i K(x_i, x) + b \}$$

上述非线性支持向量机的核函数一般有四种，分别为线性内核、多项式内核、S形内核和径向基（RBF）内核，它们分别具有自身的优缺点，最为常用的为径向基核函数。

具体而言，当支持向量机分析两类问题时，通常会找一个函数，并给函数赋予某一阈值，通过函数作运算，并以阈值为标准来进行分类。函数为 $f: X \subseteq R^n \to R$，而阈值为 0 时，有：$f(x) \geq 0$，输入 $x = (x_1, \cdots, x_n)^T$ 分为正类，分类标记值 $y = 1$，否则分到负类，即 $y = -1$。当 $f(x)$，$x \in X$ 是线性时，函数表达式为：

$$f(x) = <\omega \cdot x> + b$$

$$= \sum_{i=1}^{n} \omega_i x_i + b$$

$(\omega, b) \in R^n \times R$ 是函数的参数，分类规则由 $\text{sgn}(f(x))$ 给出，$\text{sgn}(0) = 1$。既然支持向量机是学习方法，那么参数就要从样本数据中学习得出。以上假设换句话说就是: 输入空间被 $<\omega \cdot x> + b = 0$ 定义的超平面分成了两部分, 如图 5 - 5 所示。超平面是维数为 $n-1$ 的仿射子空间, 它将空间分为两部分, 这两部分对应输入中的两类。在图 5 - 5 中, 超平面是黑线, 对应着上面的正区域和下面的负区域, 当 b 值变化时, 超平面平行于自身移动。因此, 如果想表达 R^n 中的所有可能超平面, 包括 $n+1$ 个可调参数的表达式是必要的。

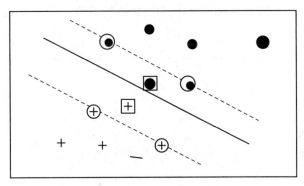

图 5 - 5　二分类器示意图

定义 5 - 1　一般使用 X 表示输入空间, Y 表示输出域。通常 $X \subseteq R^n$, 对两类问题, $Y = \{-1, 1\}$; 对多类问题, $Y = \{1, 2, \cdots, m\}$; 对回归问题, $Y \subseteq R$。训练集是训练样本的集合, 训练样本也称为训练数据。通常表示为: $S = ((x_1, y_1), \cdots (x_l, y_l)) \subseteq (X \times Y)^l$, 其中, l 是样本数目。x_i 指样本, y_i 是它们的标记。

定义 5 - 2　样本 (x_i, y_i) 对应于超平面 (ω, b) 的 (函数的) 间隔是量: $\delta_i = y_i (<\omega \cdot x_i> + b)$。

将 (ω, b) 进行归一化处理 $\left(\dfrac{1}{\|\omega\|} \omega, \dfrac{1}{\|\omega\|} b \right)$, 则间隔替换为几何间隔 $\delta_{几} = \dfrac{1}{\|\omega\|} \delta_{i 几何}$。

由诺维克夫 (Novikoff) 定理知, 误分次数 $\leqslant \left(\dfrac{2R}{\delta} \right)^2$, 其中 $R = \max\limits_{1 \leqslant i \leqslant l} \|x_i\|$, $i = 1, 2, \cdots, l$, 即 R 是所有样本中向量长度最长的值 (也就是说代表样本的分布有多么广)。要使误分次数最小, 则几何间隔应最大。在样本到超平面的间隔一定时, 几何间隔和 $\|\omega\|$ 成反比, 设定几何间隔为 1, 则寻找最大间隔的最优化问题转化为:

$$\min \quad \frac{1}{2} \|\omega\|^2$$

$$\text{s. t. } y_i (<\omega \cdot x_i> + b) - 1 \geqslant 0 \quad i = 1, \cdots, l$$

权重向量 ω 是由从样本中学习计算出来的, 因此, 可将 ω 定义为样本点的

线性组合：$\omega = \sum\limits_{i=1}^{l} \alpha_i y_i x_i$

则决策函数可以重写为：

$$f(x) = \text{sgn}\left(\sum_{i=1}^{l} \alpha_i y_i \langle x_i,\ x \rangle + b\right)$$

对于线性不可分的样本，支持向量机可以利用核函数，将输入空间 X 映射到高维特征空间 $F = \{\phi(x),\ x \in X\}$，从而实现线性可分，如图 5 - 6 所示。

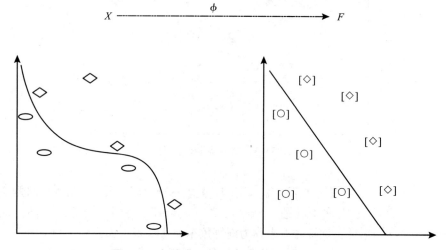

图 5 - 6　低维非线性到高维线性的简化映射

定义 5 - 3　核是一个函数 K，对所有 $x,\ z \in X$，满足：$K(x,\ z) = \langle \phi(x) \cdot \phi(z) \rangle$。则决策规则可以通过对核的 l 次计算来得到：

$$f(x) = \sum_{j=1}^{l} \alpha_j y_j K(x_j,\ x) + b$$

本书选取应用相对较为广泛的径向基核函数：$K(x_i,\ x) = \exp\left[-\dfrac{\|x_i - x\|^2}{\sigma^2}\right]$。

为了应付样本噪声，即利群样本点，支持向量机方法又引进了松弛变量 ς 和惩罚因子 C 两个参数：

$$\min\quad \frac{1}{2}\|\omega\|^2 + C \sum_{i=1}^{l} \varsigma_i$$

$$\text{s. t.}\quad y_i(\langle \omega,\ x_i \rangle + b) \geqslant 1 - \varsigma_i$$

$$\varsigma_i \geqslant 0 \quad i = 1,\ 2,\ \cdots,\ l$$

松弛变量即利群样本点偏离超平面的距离。松弛变量的引入虽然损失了某些样本点的分类精确性，但是保证了最优超平面不会随着这些离群样本点过度偏离。而惩罚因子则表明了这些离群样本点的重要性。实际操作时，可通过不断调整松弛变量和惩罚因子寻找最优分类器。

相较于基于 ERM 原则的机器学习算法，支持向量机具有更坚实的理论基础，更强的泛化能力，性能也更加优异。SVM 在解决小样本、非线性及高维问题中表现出了很多优势，其特点主要有：

第一，算法专门针对有限样本设计，其目标是获得现有信息下的最优解，而不是样本趋于无穷时的最优解；

第二，算法最终转化为求解一个二次凸规划问题，因而能求得理论上的全局最优解，解决了一些传统方法无法避免的局部极值问题；

第三，算法将实际问题通过非线性变换映射到高维特征空间，在高维特征空间中构造线性最佳逼近来解决原空间中的非线性逼近问题，这一特殊性质保证了学习机器具有良好的泛化能力，同时巧妙地解决了维数灾难问题（特别的是，其算法复杂性与数据维数无关）。

5.3.2　BP – SVM 生态风险监控预警模型的原理及模块

1. BP – SVM 结合思路

通过对支持向量机特点、原理、数学基础、基本流程、实现手段等的概述，发现这种建立在统计学理论基础上，以 VC 维理论和结构风险最小原理为运算原理的方法，能够根据有限的样本信息，在模型复杂性和学习能力之间寻求最佳折中。其在结构、性能、学习速度、泛化能力、数据处理及维数灾难避免方面的优势，能够容易地在全局范围内进行搜索，找到全局最优解，或性能很好的次优解。使用支持向量机能够很大程度上对 BP 神经网络存在的训练速度慢、易陷入局部最小点和全局搜索能力弱等问题进行完善。特别是，支持向量机可以利用非线性变换，将原始变量映射到高维特征空间，保证了模型良好的泛化能力，有助于避免"维数灾难"的发生。

针对煤炭依赖型区域生态风险监控的特点，本书拟结合 BP 神经网络以及支持向量机各自的优点，确立 BP – SVM 生态风险监控模型。一方面，应用 BP 人工神经网络对复杂系统具有的强大非线性建模和分析能力，利用其非线性可微分函数进行权值训练多层网络，从而实现煤炭依赖型区域未来生态风险状态的预警研究；另一方面，在此基础上，以支持向量机算法实现对该区域生态风险的甄别和辨识，通过核函数构成模块，隐式地将数据映射到高维空间，从而增加学习及计算能力，最终将整个预警过程转化为一个二次规划问题，从理论上实现整个风险监控流程的全局最优。此外，由于 SVM 的拓扑结构由支持向量决定，支持向量机与 BP 神经网络在区域生态风险监控中的结合，还可以进一步避免单纯使用神经网络反复试凑确定网络结构的问题。具体结合思路如图 5-7 所示。

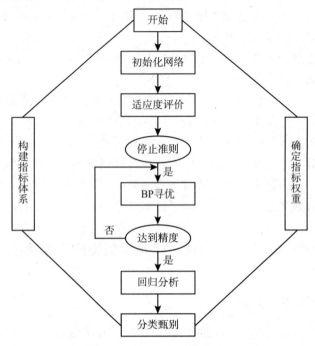

图 5-7　BP-SVM 算法流程

2. BP-SVM 实现方法

通过对 BP 神经网络方法的回顾和分析，发现前向三层 BP 神经网络通常由输入层、输出层和隐藏层组成，被认为是最适用于模拟输入、输出近似关系。于是，确定本书中的 BP-SVM 生态风险预警算法是基于三层 BP 神经网络基础上的支持向量机预警分类过程。运用该算法进行煤炭依赖型区域生态风险进行约束预警，实质是利用神经网络预测功能，实现对该区域煤炭资源与生态约束状况的预测与警示。分析其原理，主要是利用神经网络的输入、计算、输出三大模块，将煤炭依赖型区域自然资源生态约束状况的预警特征和预警知识经过转换之后，加以计算，从而输出用于报警的结果。

BP-SVM 算法生态风险监控预警原理的分析表明，与传统预警方法相比，运用 BP-SVM 算法对煤炭依赖型区域可持续发展的生态系统约束状况进行预警有以下特点。

第一，BP-SVM 网络具有自学习和自适应能力，通过这种能力，网络能够动态地、隐含地确定警限、警区大小，而不需要明确的警限、警区确定过程。

第二，支持向量机的介入使得网络包容性增强，大量减少了可持续发展数据有限的缺陷，使原始预警数据的预处理工作变得简单，提高了区域可持续发展生态风险预警的速度、增强了预警敏感性和泛化性。

第三，作为一种人工智能方法，在 matlab 环境下，依托各种程序，BP – SVM 网络能应用计算机进行大量数据处理，在预警过程中可操作性更强。

本书应用 BP – SVM 算法对煤炭依赖型区域生态风险进行监控预警，其运作模块一般包括三部分，具体而言，其基本功能是预报煤炭依赖型区域自然资源及生态环境基本状态，明晰生态约束下该区域可持续发展的未来走向，一般需要经过输入、计算和输出三大模块。

一是输入模块。输入模块是整个生态风险预警监控过程的初始阶段，由数据输入和数据处理子模块组成，包括初始指标体系确定和根据所确定指标体系形成数据采集系统。数据输入子模块先确定初始入选指标体系，再根据所确定的指标体系，收集在统计口径与时间序列上保持严格一致的数据，从而形成数据采集系统。数据处理子模块则是数据进行正式计算运行前的预处理，通过数据处理子模块，数据中存在的各种非主要因素与随机因素均被剔除，能够充分地展现被分析对象的主要因素，从而达到科学分析的目的。

二是计算模块。数据在经过输入模块采集、预处理之后，进入计算模块，该模块是煤炭依赖型区域可持续发展生态约束状况预警的核心模块。计算模块对该区域面对的生态风险约束状况进行刻画、描述、推断、评价和警情预报等综合性分析，它为进行可持续发展生态承载力风险综合监测和预警分析奠定了重要基础。计算模块由预警特征抽取模块、预警知识获取模块和预警知识库三个子模块组成。预警特征抽取子模块是对输入模块传输来的基础数据按照 BP – SVM 预警监控模型的要求进行预警特征抽取。预警知识获取子模块是通过对预警技术样本的学习，得到有关网络权值、阈值的分布和量值，完成预警知识获取。预警知识库子模块是存有预警网络层数、节点数、权值等各种结构参数的数据库，该数据库中既有预警原始数据，又有网络已经加工成结果的知识形态，还有报警结果中的逻辑关系规则。

三是输出模块。输出模块是通过对能够反映煤炭依赖型区域可持续发展生态风险约束状况的敏感性指标和对有关数据进行处理，将多个指标合并成一个综合性指标，并用某种图形标志直观表示综合指标在不同时间阶段的状态，从而判断煤炭依赖型区域可持续发展状况。输出模块的主要功能是报警，它应用知识库中神经网络权值、阈值分布和量值，在新预警数据驱动下，经过 BP – SVM 算法得到报警结果，并将报警结果输出达到预警效果。

基于前述"生态预警的基本理论框架"分析可以明晰，风险预警的一般分析流程为：确定警情——寻找警源——分析警兆——预报警度——决策分析。鉴于

BP – SVM 算法的独特性，并结合生态风险监控的思路，从输入模块、计算模块、输出模块三大模块角度考虑，本书对煤炭依赖型区域生态风险预警流程构建如图5 – 8 所示。

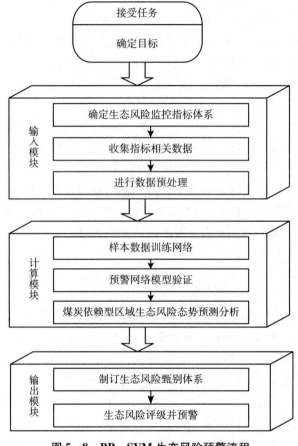

图 5 – 8　BP – SVM 生态风险预警流程

5.4　本章小结

在生态预警基本理论框架和常用经济预警方法的指导下，本章分析了神经网络相对于其他方法在处理非线性复杂问题时的优势，并着重考察了 BP 神经网络对煤炭依赖型区域生态风险预警的适用性和可行性，并积极采用支持向量机对预警模型进行完善和修正，最后构建了 BP – SVM 生态预警模型，阐述了该模型预警的原理特点及模块流程。BP – SVM 生态预警模型的结合思路与实现方法分析，使煤炭依赖型区域生态预警的内涵理解更加深入、透彻。

第 6 章 /

煤炭依赖型区域生态风险监控实证研究

——以山西省为例

山西省作为我国典型的煤炭依赖型区域，位居中路、地处华北要地，是首都北京及黄河经济协作区大部分区域的煤、电资源供给者。特殊的区位及资源优势，使得山西不论在地理上还是经济作用上都成为重要的战略区域。长期的资源供给不仅使山西省呈现出明显的煤炭依赖型经济发展模式，更使得全球生态经济背景下山西省的经济转型举步维艰。对山西省自然地理条件、资源环境现状及产业布局进行客观剖析，并对其生态风险压力源状况进行科学预警，不论是对山西省经济转型而言，还是对我国其他资源依赖型区域的可持续发展都具有极强的现实意义。

本章主要内容：
- ❖ 经济资源现状描述
- ❖ 指标设计与数据收集
- ❖ 网络训练与模型验证
- ❖ 本章小结

6.1 经济资源现状描述

山西省作为典型的资源型区域，素有"乌金之乡"的美称，它以矿产资源丰富而闻名。从新中国成立以来，山西省以它特有的丰富煤炭等矿产资源和优越自然地理条件，背负着我国最大煤炭能源基地的使命，对各个区域经济腾飞及我国综合经济实力增强做着毋庸置疑的贡献。研究山西省自然资源约束下的可持续发展状况，不仅是山西经济发展的必然要求，对我国煤炭产业的发展和老工业基地的改造振兴具有指导意义，而且对把握我国所有自然资源区域的可持续发展具有重要借鉴意义。

6.1.1　经济发展历史及产业布局

新中国成立前，山西产业发展带有浓厚的半封建半殖民的烙印，生产力水平低下，经济落后，生产力布局不合理，工业企业数量少、规模小、分布严重畸形。新中国成立后，在党和国家扶持下，山西省委和政府从实际出发，逐步调整了产业布局，经过几十年努力，形成了以能源重化工为特色的产业布局。20 世纪 80 年代初，根据国家对能源基地发展总要求和山西经济、社会、环境发展总目标，山西制定了能源基地建设规划。按照这个规划，山西成功地进行了 20 年大规模开发和建设，制定了能源产业长远发展目标、方针、政策等，解决了煤炭、电力以及其他部门之间开发、加工、转换、运销等环节之间的各种问题，积累了基地建设经验。

从宏观上看，山西是以省会太原为中心，以大同、阳泉、长治、晋城、临汾、侯马、运城等为区域中心城市的辐射城乡区域经济体系，以同蒲线为主轴线，以石太、太焦、侯月为副轴线点轴布局框架。从各区中心城市产业特点来看，大部分是以煤炭产业为支柱产业的煤炭依赖型城市。从微观上看，山西经过多年建设，逐步形成了具有一定规模的工业基地和工业区。有以大同、朔州为中心的动力煤、火电、煤化工工业区；以忻州、原平、定襄为中心的煤、化工、冶金区；以太原为中心的重化工为主体的综合工业区；以榆次、介休为中心的炼焦、轻纺工业区；以长治、晋城为中心的无烟煤、电力、冶金工业区；以阳泉、平定为中心的无烟煤、电力、铝氧工业区；以侯马、垣曲、河津为中心的有色冶金工业区；以运城、永济为中心的盐化工、轻纺工业区等等。其中以煤或煤化工为主要产业地市占全省地市 90% 以上。

6.1.2　自然地理条件

1. 区位及行政区划

区位是一个区域所处的空间相对位置，它决定了区域的通达性和区域对外界资本、技术、市场的吸引力，是区域生产、流通、运输的前提。一个地区经济发展的程度与其所处空间位置有很大关系。从区位上看，山西介于东经 110°14′ ~ 114°33′，北纬 34°34′ ~ 40°43′，东西跨经度 4°19′，宽约 380 千米，南北跨纬度

6°09′，长约 680 千米。它位于黄河中游，黄土高原东部，北靠外长城与内蒙古自治区接壤，地处华北要地，处于首都政治、经济、文化中心的辐射区，技术扩散的接收区。即是北京西部的天然屏障，还是北京水、电、煤资源，以及高新产品和农产品的供给区。南接黄河经济协作区和远程快速发展的南方地区，并为其发展提供大量煤、电等资源，形成了与全国一体化接轨的纽带。东临京津塘环渤海经济增长极，西隔黄河，与广阔大西部相望，是承东联西的重要纽带区域。

山西省现辖 6 个地级市（太原、大同、阳泉、长治、晋城、朔州），5 个地区（忻州、吕梁、晋中、临汾、运城），6 个县级市、85 个县及 18 个市辖区，532 个镇、1379 个乡，32439 个村民居委会。所辖区域内大部分的市、县、镇均以煤炭产业为经济主导产业，煤炭经济特色突出，属于典型的煤炭依赖型区域。2005 年末，全省土地总面积 1562.7 万公顷，占全国总土地面积的 1.63%，全省总人口为 3355.21 万人，占全国总人口的 2.57%。特殊的区位及资源优势，使得山西不论在地理上还是经济作用上，都成为位居中路，北靠南接，东联西进，全方位、宽领域的区域。尤其是近年来，山西省委、省政府大力开展"三纵八横"公路工程建设及机场航运辐射，更是大大缩短了山西省各地与外地的时空距离，更加突出了山西东引西发、承东连西的纽带作用。

2. 自然地理环境

山西自然地理要素在水平分布上表现出明显的纬向变化，随着地势升高，山地与平原在地貌、气候、水文、土壤、植被等方面都程度不等地发生着垂直分异，形成不同的垂直带谱。水平地带性、垂直地带性、非地带性因素错综交织，形成山西省境内自然地理环境的多样性。

（1）地貌。山西省的地貌受新构造运动所控制，称为山西台背斜，属于华北台块内的一个隆起。境内除中、南部的几个盆底和谷底地势较低外，海拔大都在1000 米以上。整个地势表现为东北高，西南低，高低起伏显著。综观全貌，省境中部为断陷盆底，东西两侧为隆起山地，整个地形明显分为三个大的地貌区。

第一，东部山地区。山西省境东部及东南部山地，由北往南有恒山、五台山、系舟山、太行山、太岳山、霍山、王屋山、中条山等。山地海拔大都在1800米以上，大多呈北东南西向平行排列，具有中国山地自然景观特色。

第二，中部断陷盆地区。山西省境中部有五大盆地，由北往南呈雁行排列，分别是大同盆地、忻定盆地、太原盆地、临汾盆地和运城盆地。其中太原盆地作为山西省政治、经济、文化的中心，盆地东西侧断层与山地相连，海拔700～800 米。

第三，西部山地和黄土高原区。该区域位于省境汾河谷地以西，包括以吕梁山脉为主脊的西部山地和位于吕梁山以西与黄河中游峡谷之间的晋西黄土高原区。其中，晋西黄土高原区水土流失严重，平均海拔在 1000~15000 米。

（2）气候。山西地处中纬度地区，属大陆性季风气候，分属于我国温带、暖温带气候区。其气候总体特点是冬季干燥，夏季降水集中，春秋较短促，时空温差悬殊。由于地势较高，山西全年平均气温在 4.1℃~13.8℃，且自南向北，自盆地向高山呈递减之势。全省光照丰富，光合生产潜力大，是我国华北地区光能资源高值区，年总辐射量为 115~143 千卡/平方厘米。省境范围内各地降水量分布不均，大部分地区年降水量介于 400~650 毫米，降水总趋势由东南向西北递减。降水受季节差异明显，70% 左右的降水集中在 6~9 月，冬、春季节降水很少，常发生春旱。

6.1.3 资源环境现状

在生态系统经济结构中，对社会经济及其要素来说，生态环境及其构成要素是作为前提条件而存在和发挥着基础作用。反过来，社会经济及其构成要素则是作为生态环境及其构成要素的演化派生物而存在和发展的。正常合理的社会经济发展必须以坚实生态资源环境为基础，只有这个基础没有什么问题，能够发挥良好作用了，整个社会经济才能够协调、合理的发展。

资源环境作为人类生产过程中必不可少的要素，其生态演替与经济发展从来都是密切相关的，并且这种关系在不同地区还会表现出一定的区域性。研究不同区域的资源环境现状，主要是考察其经济资源现状和环境现状。其中，经济资源包括土地资源、水资源、矿产资源、气候资源、森林资源、野生动植物资源和旅游资源，环境包括社会环境和自然生态环境。考虑到本章研究对象——山西省的自然背景、经济特点，以及山西可持续发展的主要资源约束，在这部分研究中，将经济资源现状研究重点主要放在土地资源、水资源和矿产资源上。

1. 土地资源现状

山西省属于土地资源相对稀缺的省份，2005 年末全省土地总面积为 1562.7 万公顷，占全国总土地面积的 1.63%，人均土地面积 0.499 公顷，低于全国人均的 0.78 公顷水平。土地总面积中，已经开发利用的约 1174.5 万公顷，占总面积的 75.17%，未利用的为 388.2 万公顷，占总面积的 24.84%。其中，平原 308.2 万公顷，占全省总土地面积的 19.72%，丘陵 696.3 万公顷，占全省总土地面积的 44.56%，山地 558.2 万公顷，占全省总土地面积的 35.72%。

与其他省份相比，山西省的土地资源山多川少，类型多以山地和丘陵为主。黄土覆盖广泛，53.2% 的土地为黄土和次生黄土所覆盖，属于典型的黄河中游黄土高原。由于第四纪黄土质地疏松、多孔隙、易溶蚀、具有垂直节理发育的特点，长期过度垦伐之后，山西成为全国水土流失最为严重区域之一。据有关部门测算，全省共有水土流失面积约 10.8 万平方千米，占全省总面积的 6.9%，占山丘面积的 8.6%。山西土地资源的地力也明显不足，相比较而言，除中南部盆地外，山西省土地普遍缺磷少氮，资源质量较差。无论耕地、林地或牧草地，生产率水平都较低，贫瘠薄坡耕地、盐碱地等低产田占到全省总耕地面积的 2/3 以上。而且由于地形、地质、气候等条件限制，山西省大部分耕地在土、水、热资源配合上不够协调，更加影响了土地生产潜力的发挥。

山西省全部土地资源分别被利用为耕地、林地、牧草地、园地、居民用地、交通用地和水域用地。其中，耕地 458.87 万公顷，林地 371.08 万公顷，牧草地 201.99 万公顷，园地 22.45 万公顷，居民用地 69.63 万公顷，交通用地 15.74 万公顷，水域用地 38.92 万公顷（如图 6-1 所示）。未被利用的 388.2 万公顷土地中，经过改造尚可利用的约有 200 万公顷，是今后山西省土地开发利用的重点所在。

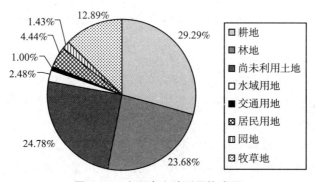

图 6-1　山西省土地利用构成图

2. 水资源现状

水是生命之源，是人类生存、生产和发展不可替代的基础自然资源，是支撑和保障社会经济发展的战略性之源。与土地资源一样，山西省水资源现状也同样不容乐观。由于地处典型的黄土高原地貌，山西水资源先天不足，历史上就是十年九旱和水土流失严重的地区，近几年这一状况愈演愈烈。根据《山西统计年鉴 2006》相关数据，截至 2005 年底，山西省水资源总量为 84.12 亿立方米，主要城市拥水量如图 6-2 所示，绝大多部分城市属于缺水城市，其中尤以省会太原为重。作为山西省政治、经济、文化中心，2.69 亿立方米的水资源显然难以维持太原市经济、社会可持续发展的正常运转。

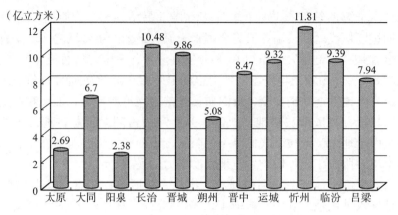

图6-2　山西省水资源城市分布

山西省水资源的主要来源是大气降水和省境西南侧的黄河水，多年来山西平均年降水量介于400~600毫米，比全国平均年降水量偏少16.6%，而蒸发量却达到900~1300毫米，明显入不敷出。境内河川径流深69.5毫米，只是全国平均水平278毫米的1/4。全省水资源总量约为全国总量的0.5%，在全国居倒数第二位。人均水资源占有量仅为456立方米，不及全国人均量的1/5，更低于国际公认的1600立方米缺水警戒线。若按耕地面积计算，亩均水量只有217立方米，仅为全国均水量的1/9。在人口、工农业密集的地方，水资源短缺就更为突出。可以毫不夸张地说，水资源已经成为山西经济社会发展的重要制约和"瓶颈"。

同时，山西水资源在时间和空间上分布都很不均。水资源总量年际丰枯悬殊，降水呈单峰型变化，年际周期持续时间长，降水量、径流量都大幅度偏离均值。全省每年65%~80%的降水量集中在难以充分利用的7~9月，工农业生产和人口集聚的腹部盆地水量只占全省的1/3。水资源平均年总量为140亿立方米，中等干旱年为116亿立方米，枯水年为83亿立方米，历史上最大丰枯比达到2.9∶1。此外，不均匀的降水量分布和水文下垫面条件的差异，还使得山西东部山区和中腹部地区水资源明显丰富于西北部地区，整个西部河川径流量只占全省12%，水资源贫乏严重。

与水资源总量匮乏同样严重地是，山西水资源河流含沙量大，水土流失严重。山西省河流多为源短流急山地型，或坡陡流急水沙俱泻型，河流挟沙严重。据统计，全省河川径流多年平均输沙量为4.56亿吨，折合多年平均含沙量42千克/立方米。由于含沙量大，水资源自然调节能力被进一步降低，山西省已修建的水库也因泥沙淤积减少了1/3的库容，给全省水利治理带来很多不利因素。

3. 矿产资源现状

山西省是我国典型的资源大省，矿产资源蕴藏丰富，总量居全国前列，历史上固有"煤铁之乡"的美誉。据查明，全省已发现各类有用矿产 115 种，矿点及矿化点 3200 余处，经勘查证实有一定价值的矿区 1612 余处。经探明有储量的矿种 62 种，产地 997 处，其中 34 个矿种储量居全国同类矿产储量的前 10 位，煤、铝土矿、耐火黏土等 8 种矿种储量居全国首位。在众多探明矿种中，根据地矿部门有关规定（凡保有储量占到全国同类矿产储量比重 20% 以上的矿种为优势矿种），煤炭、铝土矿、耐火黏土、镓、铁矾土、建筑用石料石灰岩、玻璃用石灰岩、玻璃用砂岩、含钾岩石、蛭石等 10 个矿种可列为山西优势矿种。

在山西众多矿产资源中，最为突出地要数煤炭资源。山西煤炭资源得天独厚，截至 2002 年底，山西省完成煤田地质勘查面积覆盖全省含煤面积的 33%，累积探明煤炭资源储量 2733.99 亿吨。其中，精查储量 798.83 亿吨，详查储量 698.07 亿吨，普查储量 1237.09 亿吨，已查明现保有储量 2573.69 亿吨，雄踞全国首位。保有储量可分为生产、在建井占用和尚未利用量，具体如表 6－1 所示。若按煤种划分，在保有储量中炼焦用煤（气煤、肥煤、焦煤、瘦煤）、无烟煤、动力煤（贫煤、弱黏结煤、长焰煤）、分类不明煤，各种煤种品种齐全，数量俱佳（如图 6－3 所示）。

表 6－1　　　　　　　　　　　**山西省煤炭资源保有量**　　　　　　　　　单位：亿吨

保有储量	生产、在建井占用			尚未利用				停采停建
	精查	非精查	小计	精查	详查	普查	小计	
2573.69	523.98	449.75	973.73	177.20	491.30	931.46	1599.96	5.42

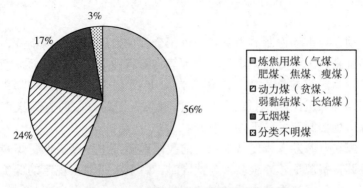

图 6－3　山西省煤炭不同煤种保有储量

山西煤田分布涉及全省 94 个县（市区），主要集中在大同煤田、宁武煤田、西山煤田、霍西煤田、河东煤田、沁水煤田等六大煤田。省内煤炭主要形成于古生代的石炭纪、二叠纪和中生代的侏罗纪，煤层较厚，煤种齐全，质量优良。煤田地质结构简单、埋藏浅、开发条件优越，在平鲁、朔州、河曲一带可露采，煤炭地质勘探与开发利用潜力很可观。但由于存在产销管理体制不顺；私自开发滥挖现象未能杜绝；乡镇集体和个体煤矿数量大、企业规模小、产业集中度低、单井规模小；煤炭资源回采率、利用率低下，浪费严重；煤炭产业链短，高附加值产品少，煤炭生产初级化等问题，在经历了高强度、大面积、大规模地开发以后，山西煤炭资源目前开发利用现状并不十分乐观。突出地表现在以下六个方面。

第一，浅层煤炭资源衰竭。全省煤炭资源除已开采和在建项目已占用外，剩余保有储量为1599.96亿吨。其中剩余的动力煤中，浅层侏罗纪煤仅占1.6%，而深部的石炭二叠系煤占到98%。浅层煤炭资源的枯竭给煤炭资源开发利用增加了难度，对山西煤炭产业进一步发展的技术能力提出了更高的要求。

第二，煤质逐渐变差。由于浅层优质侏罗纪的低灰煤保有储量越来越少，预计将在近10~15年内枯竭。剩余的石炭二叠系煤属于高硫高灰煤，含硫量一般在1%~2%之间或更高，煤质较侏罗纪低灰煤相距甚远。煤质下降，不但要求更高的煤炭开采技术，而且将明显增加日后煤炭开采的成本，对山西煤炭产业的技术研发和现有资金储备提出了挑战。

第三，稀缺煤种浪费严重。和其他矿产资源一样，山西煤炭资源的并生现象突出。绝大部分煤矿都伴生有多种元素，常常是多种矿种共生在一个地质体内。由于山西煤炭资源管理工作薄弱，煤炭资源勘察和开发秩序比较混乱，煤炭回采率低下，经营煤矿的人不管其他矿产，经营其他矿的人不关心煤炭，因此，绝大多数矿区的煤泥、劣质煤、与煤伴生矿物及矿井水等资源未得到有效利用，焦煤、肥煤、瘦煤等稀缺煤种在开采过程中得不到有效保护，资源浪费触目惊心。

第四，动力煤市场控制能力下降。由于全省动力煤质量逐渐下降，而开采成本却在不断升高，山西省动力煤的竞争优势将随着神华集团崛起而逐渐丧失。但由于全省已探明的煤炭储量中，炼焦煤为1506.2亿吨，无烟煤497.9亿吨，分别占到全国同类煤炭探明总量的56.8%和46%，因此，山西省煤炭市场结构将随着动力煤市场控制能力的下降而改变。

第五，煤炭资源勘探程度低下。目前我国地质工作程度极低，煤炭资源勘探程度和远景调查资源量相差很多。与此同时，由于按照国家规定的低价格执行煤炭经营销售，山西国有重点煤矿企业长期只能以较低价格出售产品，行业自我积累能力较差。陈旧的设备和落后的技术使得资源勘探越发显得不足。

第六，煤炭资源开发制约严重。在山西省煤炭资源开发利用过程中，存在着诸多因素制约。例如，开采条件比较复杂，资源分布与区域经济发展水平、消费水平不相适应，与水资源呈逆向分布，生态环境在一定程度上制约着煤炭资源的开发。

4. 环境现状

区域环境一般包括社会环境和自然生态环境两大部分。鉴于本书研究重点是自然资源约束下的区域可持续发展，同时考虑到山西省主要是以煤炭、电力、冶金、机械、化工为主体，电子、建材、纺织等产业相配套、门类齐全的工业生产体系，故将环境现状的研究重点放在山西省自然生态环境上。

（1）大气环境现状。对山西而言，"两山（太行山、吕梁山）"组成了环状的特殊地形，使得山西大气流通不是很畅快，再加上新中国成立以来以采矿业为基础的资源产业大力发展，大量工业废气排放造成山西大气环境超负荷运转，环境质量一度成为全国最差。

山西省主要大气污染物是以尘和二氧化硫为主的煤烟污染，历史上比较严重时候，总悬浮微粒污染负荷占 49.4%，二氧化硫占 35.2%。全省太原、大同、阳泉、临汾、晋城、朔州、运城等主要城市，在全国污染排行榜上都榜上有名。而且由于大气环境质量的骤降，鼻、咽、喉、肺等呼吸系统疾病的发生率大幅度提高。可以毫不夸张地说，山西人民在为国家经济建设提供煤炭的同时，自身生存条件急剧恶化。

近年来，通过山西省委省政府采取的限期治理、重点企业达标、关停小石灰窑、小高炉等治理活动，山西大气环境质量得到了有效改善，但状况仍然不容乐观。《中国统计年鉴 2006》数据显示，2005 年山西省工业废气排放总量 15142 亿标立方米，其中燃料燃烧过程中废气排放量 8565 亿标立方米，生产工艺过程中废气排放量 6576 亿标立方米。废气中工业二氧化硫排放量 120 万吨，生活二氧化硫排放量 31.6 万吨，工业二氧化硫去除量 39.2 万吨，工业烟尘排放量 91 万吨，生活烟尘排放量 21.2 万吨，工业烟尘去除量 1232.9 万吨，工业粉尘排放量 69.5 万吨，工业粉尘去除量 235.5 万吨。

2005 年省会太原空气质量指标中，可吸入颗粒数 0.139 毫克/立方米，在全国省会城市、直辖市、自治区首府中排名倒数第三；二氧化硫 0.077 毫克/立方米，在全国省会城市、直辖市、自治区首府中排名倒数第四；空气质量达到极好于二级的天数为 245 天，在全国省会城市、直辖市、自治区首府中与长沙并列排名倒数第三；唯有二氧化氮指标较好为 0.020 毫克/立方米，处于全国省会城市、直辖市、自治区首府中正数第三（如图 6-4 所示）。空气质量总体水平仍然处于全国下游，属于大气污染严重的省会城市。

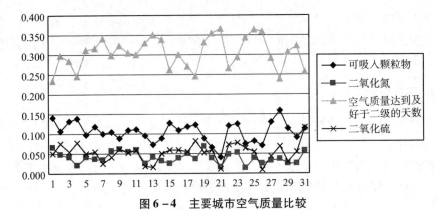

图6－4　主要城市空气质量比较

注：图中横坐标1~31依次分别表示北京、天津、石家庄、太原、呼和浩特、沈阳、长春、哈尔滨、上海、南京、杭州、合肥、福州、南昌、济南、郑州、武汉、长沙、广州、南宁、海口、重庆、成都、贵阳、昆明、拉萨、西安、兰州、西宁、银川、乌鲁木齐。

除了资源产业运行过程中废气的大量排放外，大量煤矸石存放也给山西大气环境带来了巨大负荷。据统计全省煤炭开采中，煤矸石存放量近10亿吨，国有统配煤矿已堆积煤矸山104座，自燃达53座，放出大量二氧化硫严重污染大气环境。煤矸石大量存放区（焦炭生产区），大气污染负荷高达全国平均值的6~10倍，烟尘排放量为全国平均值7倍，二氧化硫及颗粒物排放为全国平均值6.5倍。

（2）土地环境现状。山西地处黄土高原，平原、山地、丘陵多种地形并存，地貌复杂、土地资源匮乏。多年来由于水土流失、农业和资源产业不合理发展，土地资源正受到土壤侵蚀和污染的双重威胁，地貌环境破坏严重。

从整体上看，山西省是北高南低的倾斜地形，形成强烈的隆起地势。这里既是雨量集中的暴雨区，又是土质疏松的多沙区，暴雨侵蚀力强，土壤抗蚀力低。据统计，山西侵蚀模数最高达4.56亿吨，每亩坡耕地每年有5~6吨泥沙流失。此外人们盲目地滥伐森林滥垦或掠夺性地使用土地，也造成了严重的水土流失。据计，山西省由于滥垦滥伐造成的水土流失面积达1.42亿亩，侵蚀模数达2920吨/平方千米，每年向黄河、海河疏松泥沙4.56亿吨。特别是沿黄河一带的29县，每年输入黄河泥沙达到2.9亿吨，占全省输入黄河泥沙总量85%。严重的水土流失使大量含有植物营养元素的肥沃表土被冲走，导致耕地减少，土壤肥力减退，严重破坏了山西农业生产所必需的土地环境。

长期以来，不合理农业耕作也很大程度上破坏着山西的土地环境。受经济利益推动，很多土壤在耕作时被进行不当灌溉和任意施用化肥、农药，使得本来就贫瘠的土壤板结和次生盐渍化现象严重，土壤结构遭到了破坏。长期不合理垦殖和土壤掠夺式利用，还使得目前山西省大部分耕地土壤有机质含量低于1%，地貌环境恶化严重，生态失调，作物产量和质量都受到影响。

长期的矿藏开采也导致了山西土地环境破坏性变迁。长期矿藏开采过程中，山西大量地面出现下陷和裂缝，许多耕地、道路和建筑物被破坏。据调查，采掘煤炭已造成地下采空区 1300 余平方千米，土地坍陷区约 520 平方千米，造成房屋倒塌、土地资源和植被破坏，每年造成经济损失约 1 亿元。仅国有重点煤矿造成的疏干漏斗已涉及 18 个县（市）、240 多个村庄，造成 23 万人吃水困难，100 多万亩水浇良田变成旱田。此外，煤炭开采排放的废渣也占据着大量土地，目前，全省煤炭矸积存量达到 1.1 亿吨，形成矸石山 91 座，直接占地约一万余亩，使得原本匮乏的土地资源更加雪上加霜。

（3）水环境现状。从前述分析中可以看出，山西省是一个水资源严重短缺的省份。近几年由于水土流失，地下水下陷等原因使得水资源短缺局面更加严重，再加上矿产开采造成的水资源严重污染，"双重水效应"正严重破坏着山西水环境，制约着山西工农业生产发展。

水环境系统是地面水和地下水循环作用的大系统，"双重水效应"使得山西地面水环境和地下水环境均遭到了不同程度的破坏。据统计，2005 年山西省工业废水地面水排放总量 32099 万吨，其中达标量 28526 万吨，工业废水中化学需氧量排放量 16.8 万吨，工业废水中氨氮排放量 1.4 万吨，生活污水地面水排放量 62997 万吨，生活污水中化学需氧量排放量 21.9 万吨，生活污水中氨氮排放量 2.8 万吨。可以说经过水污染治理之后的山西水环境，虽然得到一定改善，但与全国其他省份、自治区、直辖市相比工业废水中氨氮排放率及化学需氧量排放率均排在全国倒数的位置（如图 6 - 5 所示）。这些废水排放，几乎使山西所有河

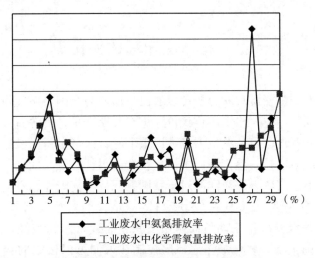

图 6 - 5　主要城市废水排放比较

注：图中横坐标 1~30 依次分别表示北京、天津、石家庄、太原、呼和浩特、沈阳、长春、哈尔滨、上海、南京、杭州、合肥、福州、南昌、济南、郑州、武汉、长沙、广州、南宁、海口、重庆、成都、贵阳、昆明、西安、兰州、西宁、银川、乌鲁木齐。

流地面水部分都遭受到不同程度的污染。特别是流经大中城市和矿区的河流段，其污染程度就更加严重。各项污染指标达到水体功能指标的断面非常少，超过Ⅱ类水质标准（农业用水区及一般景观要求水域）的污染严重河流断面竟在半数左右。

以省会太原市为例：太原市每年向河流排放的有害物质达 18.98 万吨，历史上比较严重时候，汾河水中化学需氧量曾经平均高达 196 毫升/升，挥发酚年均值为 0.453 毫克/升，分别超过国家规定的农灌用水标准的 8 倍和 4 倍多。在汾河太原段，河水和污水比例也曾高达 1∶6.8，远远低于河流自净所需 8∶1 的比例，河流根本没有自净能力。更为严重的是，南郊部分乡村长期以来不得不使用化工污水浇地，已造成严重后果。进入 21 世纪以后，尤其是近 10 年来，随着山西污染治理、水治理工作的有序进行，山西水环境有了明显改善，汾河太原段也修建起了漂亮的汾河公园，周围生态得到了很大的恢复。但水污染治理并没有取得全面的成功，2005 年仍出现一起水污染事故。

由于水系统地面、地下水之间相互渗透，废水排放污染了地面水环境质量的同时，也直接影响了地下水的环境质量。对太原、大同、阳泉、长治、晋城、榆次、运城 7 个主要城市地下水环境监测显示，地下水环境指标均不同程度地出现超标。其中，大同市、晋城市、榆次市、运城市，氨氮、亚硝酸盐氮、硝酸盐氮超标率在 3% ~ 30%，阳泉市细菌总数、大肠菌群、氰化物超标率在 15.4% ~ 46.2%，大同市、运城市氟化物超标率分别为 72.5% 和 100%。

6.2 指标设计与数据收集

通过山西省经济资源现状分析可以看出，山西为全国经济建设和改革发展做出巨大贡献的同时，也付出了沉重代价。煤炭长期开采、资源过度利用使山西省生态和环境急剧恶化，可持续发展能力严重下降，区域经济、社会进一步发展所依托的生态承载力锐减。鉴于我国国情，在今后很长一段时间内，煤炭在能源结构中主体地位不会改变，煤炭能源对于我国能源战略支配作用不会改变（《能源中长期发展规划纲要（2004 ~ 2020）》），但是人们对生态环境的需求逐渐增加，生态风险等级升级带来的负面作用不断刺痛着人们的神经，如何在保持经济继续发展的前提下，将区域生态风险控制在人们可以接纳的合理范围内，具有深远意义。

因此，如何科学准确地把握山西省资源环境的具体状况，如何在自然生态约束范围内，实现资源产业及山西经济的可持续发展，不但是山西经济发展的关键环节，更是我国一批资源型经济转型以及整体经济战略得以实施的重要保证。自然资源约束下生态风险预警，作为一种科学合理的研究手段，是山西资源得以永续利用、经济发展可持续进行的有效工具。

6.2.1 指标设计

1. 指标体系构建基础

可持续发展背景下的生态风险监控系统是一个多警情并列式的复杂系统。关于可持续发展的指标体系，不同国家和不同学科有各种不同分类方法。本书以中国科学院可持续发展研究组所著《1999年中国可持续发展战略研究报告》中提出的指标体系为基础，按照生态风险监控系统设计要求和山西省实际情况，构建生态风险作用力监控指标体系。指标体系分为总体目标层、子系统目标层、状态指标层、变量指数层四个等级。总体目标层表达煤炭依赖型区域生态风险总体监控协调能力，代表战略实施的总体态势和总体效果，其指标就是生态风险作用力监控。系统目标层分为生态压力系统与生态支持系统，每个系统根据各自关系结构用状态层若干个状态来表达。每个状态用变量层若干个因素指数反映其行为、关系和变化等原因和动力。生态作用力监控系统指标框架以子系统层为监控单位，对两个子系统分别进行监测分析，在此基础上进行综合评价，最后进行政策分析，达到生态风险监控目的。

2. 指标体系构建原则

相较于其他系统而言，可持续发展背景下的生态风险监控系统更为复杂、更为特殊，对各个子系统要求也更高。警标设计是整个监控系统运转的基础和前提，其设计必须满足以下五个原则。

第一，系统性。生态可持续涵盖范围很广，既要包括经济、环境、社会发展目标的实现，又要体现人口、经济、社会、资源、环境系统相互作用与和谐发展。因此对区域生态风险状况进行监控，指标选择必须具有系统性，尽可能涵盖所有主要特征，以综合、全面反映生态风险各个方面。

第二，层次性。煤炭依赖型区域生态风险监控系统指标体系必须具有层次性，能够反映影响生态风险不同作用力的多层次情况，并能划分出先行指标、同步指标和滞后指标，并区分其作用力方向。整个监控指标体系应该是大系统指标、分系统指标、各子系统指标之间的层次性并存状态。

第三，逻辑性。要严格把握所选用参数的内涵与时限，协调评价指标与参数意义的一致性，确保评价时限与参数时限的吻合性。对于内涵相差太大，难以采用的，只能做缺项处理，不能随意替代。

第四，稳定性。区域生态演化是一个长期动态变化过程，其监控指标体系的设计和建立应考虑到该系统动态变化的特点，做到动态与静态相统一，保证能综合反映可持续发展的现状和未来趋势，使预测和决策达到长期动态稳定状态。

第五，可操作性。一般来说，煤炭资源型区域生态风险作用力监控体系应以一定统计核算体系为基础，力求简单、精炼、准确把握系统相应方面的特点，使理论思维和实际操作切中要害，易于处理。尽量选择那些概括性强、所代表信息量大、容易获取的指标，尽量利用和开发统计部门现有公开资料，尽量选择明确、简单的指标计算方法，从而使整个系统具有强可操作性。

3. 构建指标体系

本书针对煤炭依赖型区域的特点，在生态风险监控指标体系构建原则的指导下，根据国内外学者的研究成果和国际上的惯用提法，总结提炼出了区域生态可持续发展共性的指标，同时创新性增加了反映煤炭依赖型区域生态风险状况的个性指标，构建了山西生态风险作用力监测指标体系（如图 6 - 6 所示），对该区域生态状况做了进一步研究。

6.2.2　数据收集

1. 原始数据

根据中国统计年鉴（2006～2014）、中国环境统计年鉴（2006～2014）、山西统计年鉴（2006～2014）、中国地质环境公报及相关网站数据，得出山西省生态风险监控预警指标 x1～x19 的原始值，如表 6 - 2 所示。

2. 归一化数据

对原始指标值进行归一化运算，得到处理值 X1～Y19，如表 6 - 3 所示。

3. B - 样条插值化数据

构建 BP 人工神经网络模型需要一定数量的学习和训练样本，合适的样本数量决定了网络模型的精确性，以及该算法的泛化能力。在实际研究中，由于调查或实验所得到数据总是有限的，因此需要一种方法增加学习样本数。B 样条曲线是工程上最常用的样条曲线，在数值逼近、常微分方程求解以及工程计算中应用相当广泛，可以给出非常光滑的插值曲线。运用该方法来构建学习样本，能够很好地达到神经网络泛化目的。

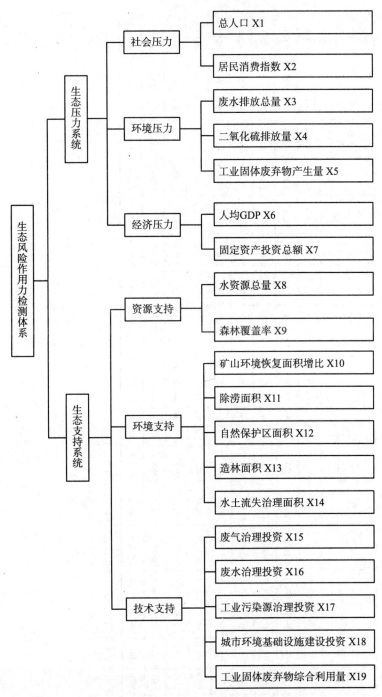

图 6−6　山西生态风险作用力监测指标体系

表6-2

预警指标体系原始值

年份	压力系统							支持系统											
	社会压力		环境压力			经济压力		资源支持				环境支持			技术支持				
	x1 (万人)	x2 (%)	x3 (万吨)	x4 (万吨)	x5 (万吨)	x6 (元/人)	x7 (亿元)	x8 (亿立方米)	x9 (%)	x10 (公顷)	x11 (千公顷)	x12 (万公顷)	x13 (公顷)	x14 (万公顷)	x15 (万元)	x16 (万元)	x17 (亿元)	x18 (亿元)	x19 (万吨)
2005	3355	109.8	32099	151.6	11183	12647	1826.6	84.1	13.29	0.079	89.1	114.4	140260	5184.5	123200	48800	19.8	17.5	5003
2006	3375	113.6	44091	147.8	11817	14497	2255.7	88.5	13.29	0.150	89.1	112.8	288501	5424.3	216934	110036	36.8	13.7	5370
2007	3393	109.2	41140	138.7	13819.1	17805	2861.5	103.4	13.29	0.258	89.1	114	258811	5639.4	265566	148103	45.7	32.58	6783.6
2008	3411	104.5	41150	130.8	16213	21506	3531.2	87.4	13.29	0.343	89.2	114	280378	4969.3	336799	119486	52.9	42.63	9214
2009	3427	105.6	39720	126.8	14742.9	21522	4943.2	85.8	13.29	0.443	89.13	114	326602	5093.9	235574	103324	38.7	63.77	8955.8
2010	3574	108.8	49881	124.9	18270.3	26283	6063.2	91.5	14.12	0.476	89.13	115.4	282371	5352.5	149810	54820	28	86.13	12059.4
2011	3593	115.4	116132	139.91	27556	31357	7073.1	124.3	14.12	0.489	89.13	115.7	299713	5560.6	145001	48858	27.9	162.78	15818
2012	3611	112.6	134298	130.18	29031	33628	8863.3	106.2	14.12	0.545	89.13	116.1	302851	5274.7	170665	30523	32.3	240.05	20235
2013	3630	110.5	138030	125.54	30520.46	34813	11031.9	126.6	18.03	0.572	89.1	110.5	298796	5475.7	416619	43014	55.6	204.7	19814.58

注：“矿山恢复面积增比”由“矿山恢复面积”计算而得。

表 6 – 3

预警指标体系归一化处理值

指标 年份	X1	X2	X3	X4	X5	X6	X7	X8	X9	X10
2005	-1.0000000	-0.0275229	-1.0000000	1.0000000	-1.0000000	-1.0000000	-1.0000000	-1.0000000	-1.0000000	-1.0000000
2006	-0.8845455	0.6697248	-0.7735885	0.7153558	-0.9344278	-0.8330777	-0.9067711	-0.7929412	-1.0000000	-0.7134137
2007	-0.7236364	-0.1376147	-0.8293040	0.0337079	-0.7273582	-0.5346025	-0.7751513	-0.0917647	-1.0000000	-0.2738088
2008	-0.5927273	-1.0000000	-0.8291152	-0.5580524	-0.4797662	-0.2006677	-0.6296481	-0.8447059	-1.0000000	0.0722197
2009	-0.4763636	-0.7981651	-0.8561139	-0.8576779	-0.618131	-0.1992240	-0.3228683	-0.9200000	-1.0000000	0.4796838
2010	0.5927273	-0.2110092	-0.6642720	-1.0000000	-0.2669875	0.2303528	-0.0795303	-0.6517647	-0.6497890	0.6104003
2011	0.7309091	1.0000000	0.5865611	0.1243446	0.6933972	0.6881711	0.1398868	0.8917647	-0.6497890	0.6657719
2012	0.8618182	0.4862385	0.9295390	-0.6044944	0.8459508	0.8930795	0.5288366	0.0400000	-0.6497890	0.8925258
2013	1.0000000	0.1009174	1.0000000	-0.9520599	1.0000000	1.0000000	1.0000000	1.0000000	1.0000000	1.0000000

指标 年份	X11	X12	X13	X14	X15	X16	X17	X18	X19
2005	-1.0000000	0.3928571	-1.0000000	-0.3577078	-1.0000000	-0.6891138	-1.0000000	-0.9664237	-1.0000000
2006	-1.0000000	-0.1785714	0.5910637	0.3580063	-0.3610911	0.3524919	-0.0502793	-1.0000000	-0.9518120
2007	-1.0000000	0.2500000	0.2724024	1.0000000	-0.0296061	1.0000000	0.4469274	-0.8331787	-0.762027
2008	1.0000000	0.2500000	0.5038800	-1.0000000	0.4559316	0.5132335	0.8491620	-0.7443782	-0.4470851
2009	-0.4000000	0.2500000	1.0000000	-0.6281152	-0.2340373	0.2383228	0.0558659	-0.5575878	-0.4809874
2010	-0.4000000	0.7500000	0.5252707	0.1437099	-0.8186212	-0.5867154	-0.5418994	-0.3600177	-0.0734769
2011	-0.4000000	0.8571429	0.7114016	0.7648112	-0.8514002	-0.6881272	-0.5474860	0.3172520	0.4200368
2012	-0.4000000	1.0000000	0.7450816	-0.0884943	-0.6764695	-1.0000000	-0.3016760	1.0000000	1.0000000
2013	-1.0000000	-1.0000000	0.7015595	0.5114162	1.0000000	-0.7875319	1.0000000	0.6876519	0.9447978

注：归一化结果由 matlab 6.5 中运用"[pn, minp, maxp, tn, mint, maxt] = premnmx(p, t)"计算而得。

B 样条曲线的定义是，已知 $n+1$ 个控制点 p_i $i=0$，1，2，…，n 为特征多边形的顶点，则 n 次参数曲线段为 B 样条曲线段。一般情况下，由空间的 $n+1$ 个控制点生成的 k 阶 B 样条曲线是由 L 段 B 样条曲线逼近形成的，每个曲线段的形状由点列中 k 个顺序排列的点所控制，如下式所描述。

$$P(t) = \sum_{i=0}^{n} P_l F_{l,n}(t) \tag{6.1}$$

$$F_{l,n}(t) = \frac{1}{n!} \sum_{j=0}^{n-1} (-1)^j C_{n+1}^j (t+n-l-j)^n \tag{6.2}$$

$$C_{n+1}^j = \frac{(n+1)!}{j!(n+1-j)!} \tag{6.3}$$

k 阶 B 样条曲线段之间能够达到 $k-2$ 次的连续性，因为不同节点向量构成的均匀 B 样本函数所描绘的形状相同，可以看成是同一个 B 样条函数的简单平移。同时，B 样条曲线的导数可用其低阶 B 样条基函数和顶点向量差商的线性组合求出。为了提高插值精度，本书将利用三次 B 样条函数对离散的历史数据点进行插值，将其变成一条平滑的插值曲线，并利用这条曲线上充足的插值点和实际节点一起作为 BP 模型构建的训练样本，其插值原理叙述如下：

将 $n=3$ 代入公式（6.1）中，整理可得：

$$P(t) = \frac{1}{6}[(-P_0+3P_1-3P_2+P_3)t^3 + (3P_0-6P_1+3P_2)t^2 + (-3P_0+3P_1)t + (P_0+4P_1-P_2)] \tag{6.4}$$

将其写成矩阵的形式：

$$P(t) = \frac{1}{6}[t^3 \quad t^2 \quad t \quad 1] \begin{bmatrix} -1 & 3 & -3 & 1 \\ 3 & -6 & 3 & 0 \\ -3 & 0 & 3 & 0 \\ 1 & 4 & 1 & 0 \end{bmatrix} \begin{bmatrix} P_0 \\ P_1 \\ \check{P}_2 \\ P_3 \end{bmatrix} \tag{6.5}$$

将公式（6.4）对 t 一次求导，得：

$$P'(t) = \frac{1}{6}[3(-P_0+3P_1-3P_2+P_3)t^2 + 2(3P_0-6P_1+3P_2)t + (-3P_0+3P_1)] \tag{6.6}$$

当 $t=0$ 时，$P'(0) = \frac{1}{2}(P_2-P_0)$ \tag{6.7}

当 $t=1$ 时，$P'(1) = \frac{1}{2}(P_3-P_1)$ \tag{6.8}

将公式（6.4）对 t 二次求导，得：

$$P''(t) = \frac{1}{6}\big[6(-P_0 + 3P_1 - 3P_2 + P_3)t$$
$$+ 2(3P_0 - 6P_1 + 3P_2)\big] \tag{6.9}$$

当 $t = 0$ 时，$P''(0) = P_0 - 2P_1 + P_2$ $\qquad$ (6.10)

当 $t = 1$ 时，$P''(1) = P_1 - 2P_2 + P_3$ $\qquad$ (6.11)

对原始数据归一化后的数值矩阵 PN 进行 B - 样条插值处理，具体程序如下，插值结果见附录 1。

* *

```
years = [1: 9]';
chayears = linspace(1, 9, 36)';
preddata = zeros(length(chayears), size(PN, 2));
for j = 1: size(PN, 2)
Bsp(j) = spapi(3, years, PN(:, j));
preddata(:, j) = spval(Bsp(j), chayears);
figure(j); plot(years, PN(:, j), 'ro'); hold on;
plot(chayears, preddata(:, j), 'b - '); end;
```

* *

6.3　网络训练与模型验证

6.3.1　网络训练

运用 B 样条插值后的数据对网络进行训练：2005 ~ 2013 年期间第 1 至第 35 个数据作为网络输入 p，第 2 至第 36 个数据作为网络输出 t，组成训练样本集训练网络。通过多次测试比较，发现层数为 2 层、隐含层神经元个数为 11 个的 BP 网络收敛速度最快，网络拟合效果最好，测试结果见图 6 - 7 ~ 图 6 - 26。具体程序如下：

* *

```
net = newff(p, t, 11, {'tan sig', 'purelin'}, 'trainlm')
```

* *

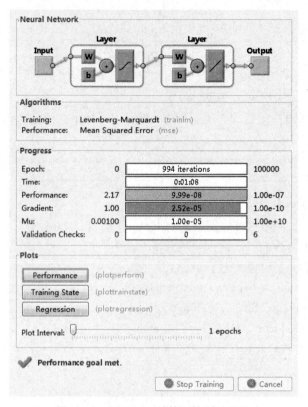

图 6 - 7　BP 2 - 11 结构网络训练记录

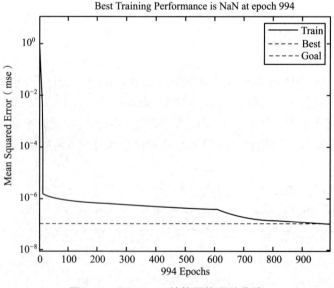

图 6 - 8　BP 2 - 11 结构网络误差曲线

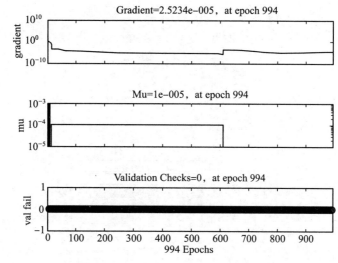

图 6 - 9　**BP 2 - 11 结构网络误差记录**

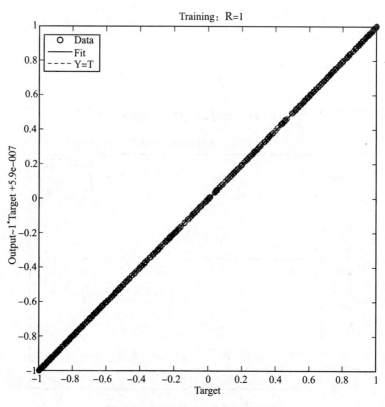

图 6 - 10　**BP 2 - 11 结构网络拟合**

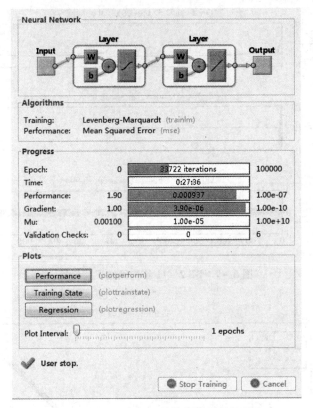

图 6-11　BP 2-7 结构网络训练记录

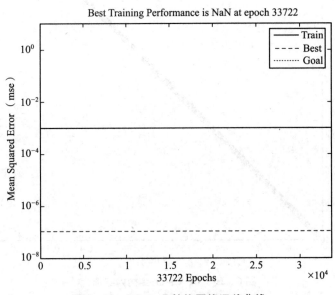

图 6-12　BP 2-7 结构网络误差曲线

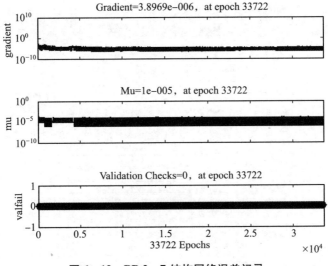

图 6 – 13　BP 2 – 7 结构网络误差记录

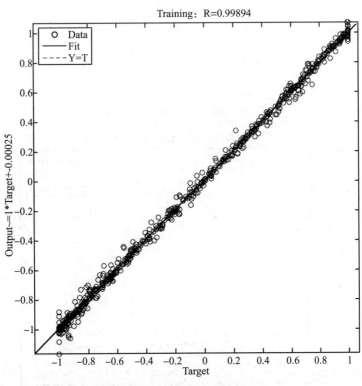

图 6 – 14　BP 2 – 7 结构网络拟合

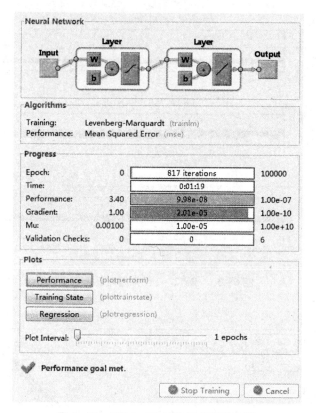

图 6 – 15 BP 2 – 13 结构网络训练记录

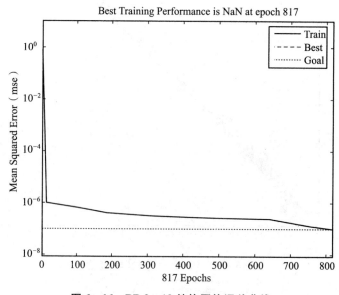

图 6 – 16 BP 2 – 13 结构网络误差曲线

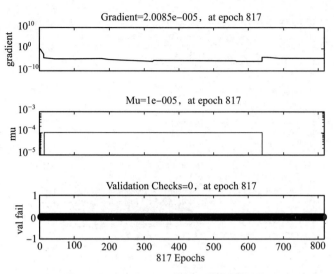

图 6 - 17　**BP 2 - 13 结构网络误差记录**

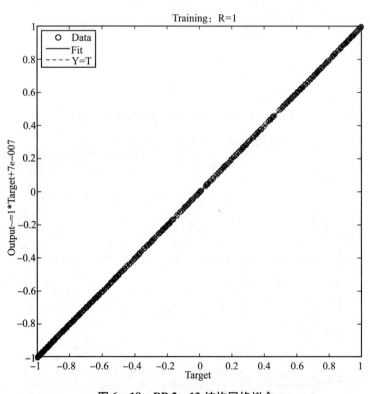

图 6 - 18　**BP 2 - 13 结构网络拟合**

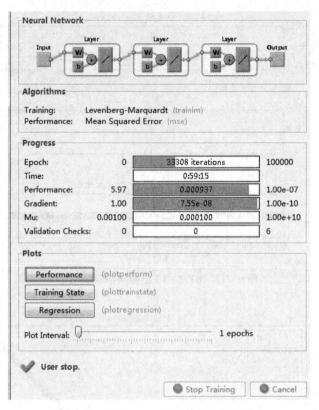

图 6 - 19　BP 3 - 7 - 13 结构网络训练记录

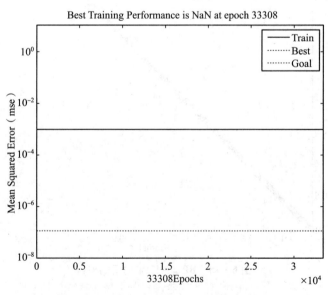

图 6 - 20　BP 3 - 7 - 13 结构网络误差曲线

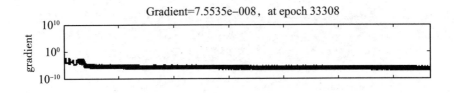

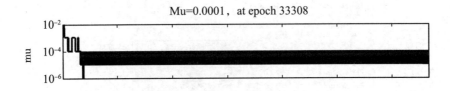

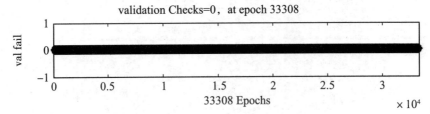

图 6 – 21　BP 3 – 7 – 13 结构网络误差记录

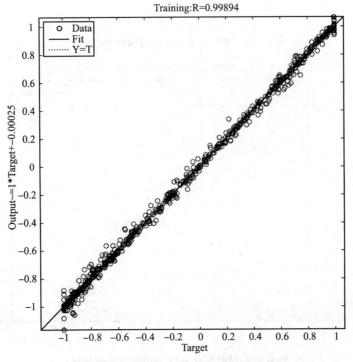

图 6 – 22　BP 3 – 7 – 13 结构网络拟合

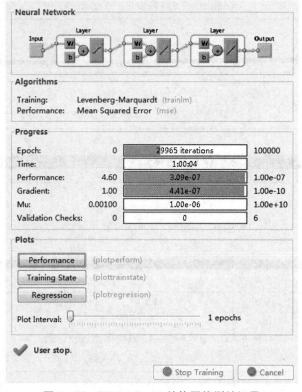

图 6 – 23 BP 3 – 8 – 11 结构网络训练记录

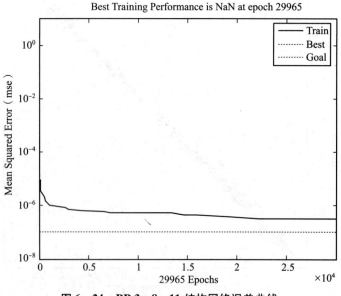

图 6 – 24 BP 3 – 8 – 11 结构网络误差曲线

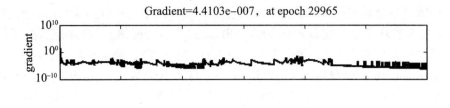

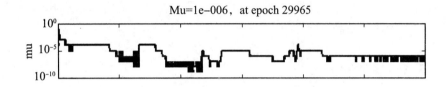

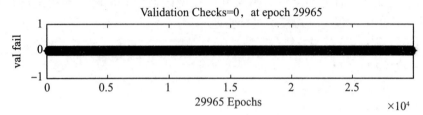

图 6 – 25 BP 3 – 8 – 11 结构网络误差记录

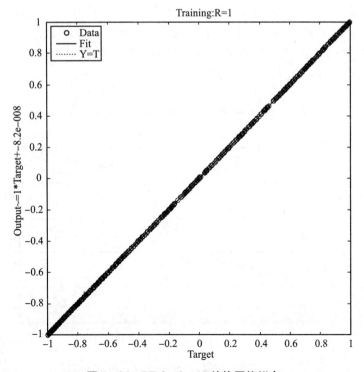

图 6 – 26 BP 3 – 8 – 11 结构网络拟合

摘取其中比较有代表性的四个寻优过程如下，网络结构分别为：隐含层数为2层、隐含层神经元个数为7个（记为 BP 2 – 11 结构网络）；隐含层数为2层、隐含层神经元个数为13个（记为 BP 2 – 13 结构网络）；隐含层数为3层、隐含层神经元个数为8个和11个（记为 BP 3 – 8 – 11 结构网络）；层数为3层、隐含层神经元个数为7个和13个（记为 BP 3 – 7 – 13 结构网络）。从这四种网络结构的训练记录图、误差曲线图、误差记录图及拟合图可以看出，目前选定的 BP 2 – 11 结构各方面综合评价最高。

6.3.2 模型验证

为了验证训练后的网络，提高煤炭依赖型区域生态风险预测的准确性和精度，本书运用以下程序，对模型进行验证：

* *

$A = sim(net, p)$;
$E = t - A$;
$MSE = mse(E)$;

* *

以样本数据，对山西省生态风险预警19个指标值进行预测。具体方法是将 B 样条插值后形成的矩阵 P 作为网络输入，代入并运行上述程序，计算预测值 A，分析误差值大小。不同插值时点上，各指标预测值与真实值的对比状况，如图 6 – 27 ~ 图 6 – 45 所示。

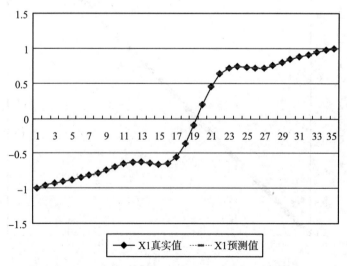

图 6 – 27　X1 社会压力总人口真实值与预测值对比图

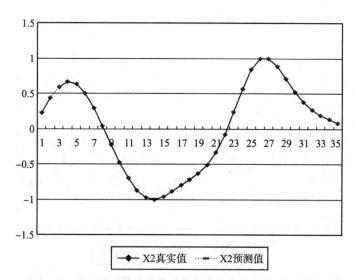

图 6-28　X2 社会压力居民消费指数真实值与预测值对比图

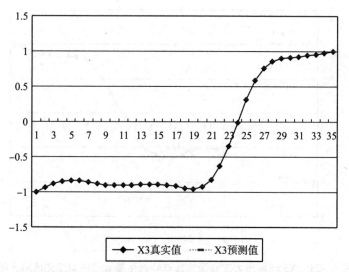

图 6-29　X3 环境压力废水排放总量真实值与预测值对比图

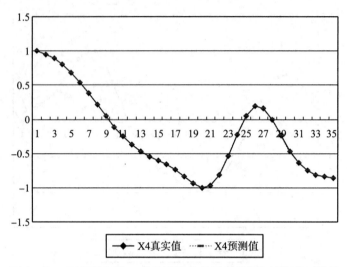

图6-30 X4环境压力二氧化硫排放总量真实值与预测值对比图

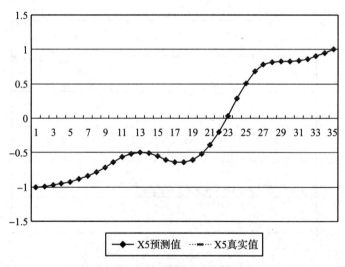

图6-31 X5环境压力工业固体废弃物产生量真实值与预测值对比图

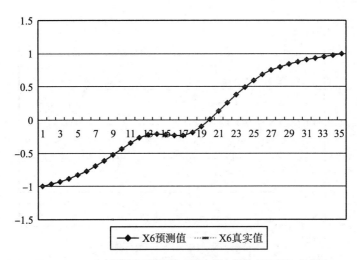

图 6－32 X6 经济压力人均 GDP 真实值与预测值对比图

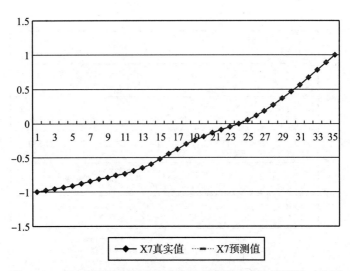

图 6－33 X7 经济压力固定资产投资总额真实值与预测值对比图

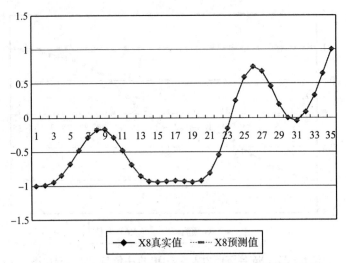

图 6-34　X8 资源支持水资源总量真实值与预测值对比图

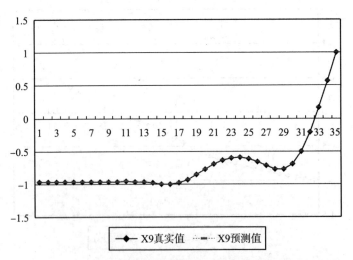

图 6-35　X9 资源支持森林覆盖率真实值与预测值对比图

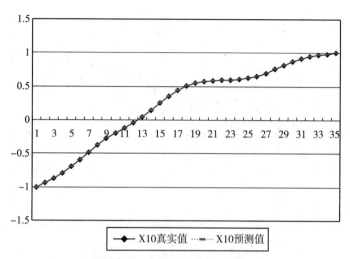

图 6-36　**X10** 环境支持矿山环境恢复面积增比真实值与预测值对比图

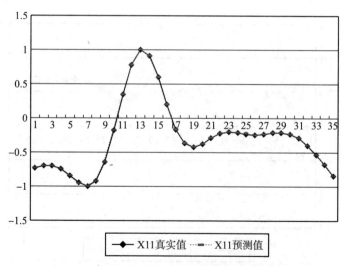

图 6-37　**X11** 环境支持除涝面积真实值与预测值对比图

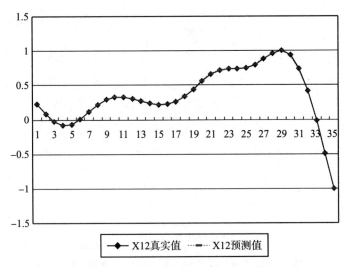

图 6 – 38　**X12 环境支持自然保护区面积真实值与预测值对比图**

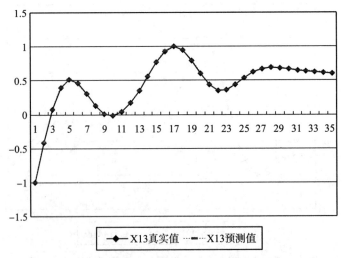

图 6 – 39　**X13 环境支持造林面积真实值与预测值对比图**

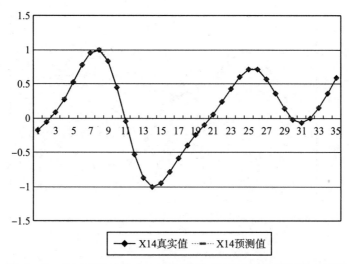

图 6 - 40　X14 环境支持水土流失治理面积真实值与预测值对比图

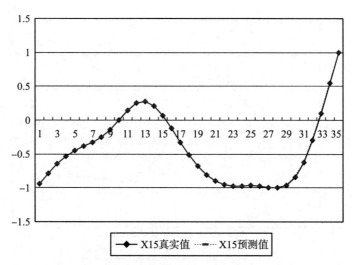

图 6 - 41　X15 环境支持废气治理投资真实值与预测值对比图

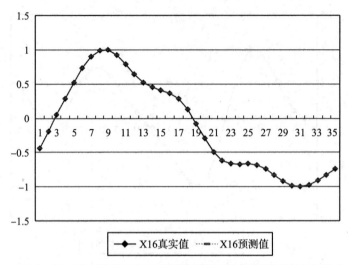

图 6－42　**X16 技术支持废水治理投资真实值与预测值对比图**

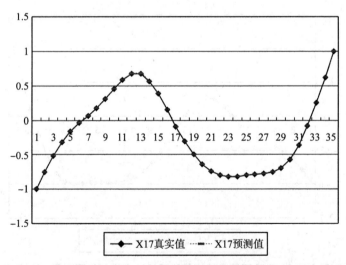

图 6－43　**X17 技术支持工业污染源治理投资真实值与预测值对比图**

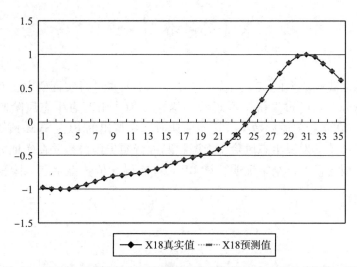

图 6 – 44 X18 技术支持城市环境基础设施建设投资真实值与预测值对比图

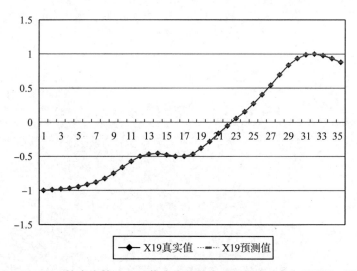

图 6 – 45 X19 技术支持工业固体废弃物综合利用量真实值与预测值对比图

从上述指标对比图中可以看出，训练后的网络具有相当高的运行精度。19个指标中除了 X19 实际值与预测值略存在微小差异外，其余指标生态风险预警的预测值几乎和实际值一致，预测值与实际值两条曲线几乎重合，网络训练成功通过验证。

6.4 本章小结

本章选取我国典型的煤炭依赖型区域——山西省进行实证研究，对其生态风险状况进行分析。通过经济资源现状的描述，构建山西省生态风险监控指标体系，根据近 10 年相关原始数据，运用前述研究中得出的 BP – SVM 预警模型，对山西省未来可持续发展生态风险压力源状况进行初步预警。并在实证分析的过程中，验证了前述模型，结果证明，该 BP – SVM 煤炭依赖型生态风险预警网络成功通过验证。

第 7 章

分析与结果

从前述 BP – SVM 煤炭依赖型区域生态风险监控分析中可以看出，作为整个风险监控输出模块的重要组成部分，制定预警信号识别系统能够综合反映被监控对象的状况，并能形象、直观地将监控结果展现给决策者，其识别程度的高低直接关系到整个预警系统功能的实现。就本书而言，煤炭依赖型区域生态风险预警信号的识别，需要构建综合评价指标体系，反映生态现象，以此实现科学的风险识别，从而确保生态风险监控功能。

> **本章主要内容：**
> ❖ 风险识别分析
> ❖ 风险监控分析
> ❖ 结果及讨论
> ❖ 本章小结

7.1 风险识别分析

7.1.1 甄别体系构建

1. 甄别要素设计

生态风险监控系统是一个复杂系统，其风险识别体系构建需要满足预警系统的设计要求，并充分考虑我国煤炭约束型区域的生态环境现状和数据收集的可操作性。于是，在充分借鉴《2012年中国可持续发展战略研究报告》指标体系基础上，从总体层、状态层、变量层三个等级入手，确定本书的生态风险表征识别指标体系。

具体而言，从自然灾害、环境灾害、地质灾害发生状况三方面入手，来探讨煤炭依赖型区域生态风险状况，如图7-1所示。当该区域自然灾害受灾面积大、受灾人口众多、直接经济损失严重，环境灾害事故次数多、森林受灾面积大、省会空气质量二级以下天数少，地质灾害起数多、直接经济损失巨大、人员伤亡数多的情形下，认定煤炭依赖型区域生态风险状况不容乐观。特别是当这些指标数值都呈现扩大趋势时此表征体系表明，煤炭依赖型区域生态风险升级。

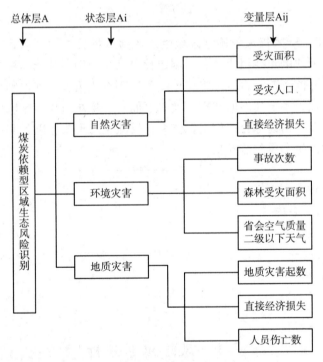

图7-1 生态风险表征识别体系

2. 甄别权重确定

综合前述生态风险预警信号指标体系构建的相关内容，在对煤炭依赖型区域生态风险状况进行监控预警时，先需要确定预警信号识别系统中各信号的权重。鉴于生态风险监控这一多目标综合系统的复杂性和特殊性，各指标间存在着各种各样的相互关联和相互制约，本书将运用层次分析法（AHP）方法进行定性与定量研究，从而确定预警信号识别系统中各影响因素的相对重要程度。

　　层次分析法（the analytic hierarchy process）是由美国匹兹堡大学教授萨提（T. L. Saaty），在 20 世纪 70 年代中期提出的一种多目标、多准则的决策方法。作为将人们的主观判断、定性评价用数量形式定量化表达和处理的数学模型，层次分析法特别适用于处理那些难以完全用定量方法来解决的复杂社会经济系统问题。它使人们可以通过两两因素对比，减少将若干因素放在一起比较的困难与不确定性，减少主观因素对分析的影响，同时还降低了人们对由相互关联、相互制约众多因素构成复杂系统分析时的难度，通过对若干因素同时作出较为精确的判断，使对众多因素快速作出决策成为现实。层次分析法在实际中的应用，一般大致需要以下四个步骤。

　　第一，建立层次分析模型。将一个复杂问题分解为各个组成因素，并将这些因素按支配关系分组，从而形成一个有序的递阶层次结构。

　　第二，构造判断矩阵。根据层次结构引入适当的比率，将决策者对 n 个元素优劣的整体判断转变为对这 n 个元素的两两比较，从而确定层次中诸因素的相对重要性，建立各要素的判断矩阵。

　　第三，计算特征值和特征向量。对单一准则下元素相对重要性进行计算，得出判断矩阵最大特征值以及对应特征向量，然后将所得特征向量归一化后得出某一层各指标对上一层相关指标的相对重要性权重向量。并运用随机一致性比率（如式 7－1 所示）进行一致性检验，保证前后一致性，将检验合格的结果保留，不合格的重新计算。

$$\begin{cases} CI = \dfrac{\lambda_{\max} - n}{n - 1} \\ [n,\ RI] = [1,\ 0;\ 2,\ 0;\ \cdots] \\ CR = \dfrac{CI}{RI} \end{cases} \qquad (7.1)$$

　　式中，CI 表示一致性指标（consistency index），$\lambda_{\max}$ 表示最大特征根，RI 是平均随机一致性指标（random index），CR 是随机一致性比率，当 $CR < 0.1$ 时，判断矩阵具有满意的一致性。

　　第四，计算组合权重。在通过检验的特征值和特征向量基础上，计算研究对象包含各要素综合权重，从而得出这 n 个元素的整体相对重要性排序判断及其权重。

　　基于煤炭依赖型区域生态风险识别指标体系，按照有关专家对各层次元素间重要性的判断（判断标准见表 7－1），以其判断值众数作为判断矩阵元素值，构造各层次判断矩阵（见表 7－2～表 7－5）。并对各判断矩阵最大特征值及其对应特征向量进行科学计算，并应用 CR 对计算出的各元素总权重进行一致性检验，计算结果见表 7－6～表 7－10。

表 7 - 1 AHP 判断标准表

数值	含义
1	i 因素与 j 因素同样重要
3	i 因素比 j 因素稍微重要
5	i 因素比 j 因素明显重要
7	i 因素比 j 因素强烈重要
9	i 因素比 j 因素极端重要
2，4，6，8	i、j 两因素重要性相比程度处于以上结果之间
倒数	j、i 两因素重要性相比值 = i、j 两因素重要性相比值的倒数

表 7 - 2 A – Ai 判断矩阵

A – Ai	A1	A2	A3
A1	1	1/3	1/2
A2	3	1	2
A3	2	1/2	1

表 7 - 3 A1 – A1j 判断矩阵

A1 – A1i	A11	A12	A13
A11	1	3	2
A12	1/3	1	1/2
A13	1/2	2	1

表 7 - 4 A2 – A2j 判断矩阵

A – Ai	A1	A2	A3
A1	1	3	2
A2	1/3	1	1/2
A3	1/2	2	1

表 7 - 5 A3 – A3j 判断矩阵

A – Ai	A1	A2	A3
A1	1	3	4
A2	1/3	1	2
A3	1/4	2	1

表 7 – 6   **AHP 计算结果 A – Ai**

A – Ai	自然灾害	环境灾害	地质灾害	权重
自然灾害	1.0000	0.3333	0.5000	0.1634
环境灾害	3.0000	1.0000	2.0000	0.5396
地质灾害	2.0000	0.5000	1.0000	0.2970

注：判断矩阵一致性比例：0.0088，对总目标的权重：1。

表 7 – 7   **AHP 计算结果 A1 – A1j**

A1 – A1i	受灾面积	受灾人口	直接经济损失	权重
受灾面积	1.0000	3.0000	2.0000	0.5396
受灾人口	0.3333	1.0000	0.5000	0.1634
直接经济损失	0.5000	2.0000	1.0000	0.2970

注：判断矩阵一致性比例：0.0088，对总目标的权重：0.1634。

表 7 – 8   **AHP 计算结果 A2 – A2j**

A2 – A2i	事故次数	森林受灾面积	省会空气二级以上天数	权重
事故次数	1.0000	3.0000	2.0000	0.5396
森林受灾面积	0.3333	1.0000	0.5000	0.1634
省会空气二级以上天数	0.5000	2.0000	1.0000	0.2970

注：判断矩阵一致性比例：0.0088，对总目标的权重：0.5396。

表 7 – 9   **AHP 计算结果 A3 – A3j**

A3 – A3i	灾害发生起数	直接经济损失	伤亡人数	权重
灾害发生起数	1.0000	3.0000	4.0000	0.6250
直接经济损失	0.3333	1.0000	2.0000	0.2385
伤亡人数	0.2500	0.5000	1.0000	0.1365

注：判断矩阵一致性比例：0.0176，对总目标的权重：0.2970。

表 7 – 10   **权重计算及检验**

层次	权重	一致性检验
A – Ai	0.1634；0.5396；0.2970	0.008
A1 – A1j	0.1634；0.5396；0.2970	0.008
A2 – A2j	0.1634；0.5396；0.2970	0.008
A3 – A3j	0.6250；0.2385；0.1365	0.017
总权重	0.0882；0.0267；0.0485；0.2912；0.0882；0.1602；0.1856；0.0708；0.0405	0.014

根据中国统计年鉴（2006~2014）、中国环境统计年鉴（2006~2014）、山西统计年鉴（2006~2014）、中国地质环境公报及相关网站数据，得出山西省生态风险识别指标体系 y1~y9 的原始值，并对原始指标值进行归一化运算，得到处理值 Y1~Y9，具体见表 7-11、表 7-12。

表 7-11　　　　　　　生态风险识别指标体系原始数据

指标 年份	自然灾害			环境灾害			地质灾害		
	y1 （万公顷）	y2 （万人次）	y3 （亿元）	y4 （次）	y5 （万公顷）	y6 （天）	y7 （次）	y8 （万元）	y9 （人）
2005	176.5	1323.3	39.4	4	30.11	120	3	3000	26
2006	104.03	904.5	75.7	2	37.91	104	30	1098.6	19
2007	240.4	1659.6	114.7	2	34.29	96	26	1422	30
2008	216.35	686.3	80.07	5	30.8	62	18	1352	40
2009	178.65	1351.4	80.9	4	28.32	69	16	491	24
2010	1395.7	1330.1	123	9	23.59	61	8	817	4
2011	1015	1273.6	74.2	11	24.85	57	14	1472	23
2012	931	546.7	64.9	15	23.97	41	18	345	14
2013	1592.4	1465.9	146.9	13	24.19	203	38	769	29

表 7-12　　　　　　生态风险识别指标体系归一化数据

指标 年份	自然灾害			环境灾害			地质灾害		
	Y1	Y2	Y3	Y4	Y5	Y6	Y7	Y8	Y9
2005	-0.90262	0.39563	-1.00000	-0.69231	-0.08939	-0.02469	-1.00000	1.00000	0.22222
2006	-1.00000	-0.35700	-0.32465	-1.00000	1.00000	-0.22222	0.54286	-0.43232	-0.16667
2007	-0.81675	1.00000	0.40093	-1.00000	0.49441	-0.32099	0.31429	-0.18870	0.44444
2008	-0.84907	-0.74912	-0.24335	-0.53846	0.00698	-0.74074	-0.14286	-0.24143	1.00000
2009	-0.89973	0.44613	-0.22791	-0.69231	-0.33939	-0.65432	-0.25714	-0.89002	0.11111
2010	0.73568	0.40785	0.55535	0.07692	-1.00000	-0.75309	-0.71429	-0.64444	-1.00000
2011	0.22412	0.30632	-0.35256	0.38462	-0.82402	-0.80247	-0.37143	-0.15104	0.05556
2012	0.11124	-1.00000	-0.52558	1.00000	-0.94693	-1.00000	-0.14286	-1.00000	-0.44444
2013	1.00000	0.65190	1.00000	0.69231	-0.91620	1.00000	1.00000	-0.68060	0.38889

注：归一化结果由 matlab 6.5 中运用"[pn, minp, maxp, tn, mint, maxt] = premnmx(p, t)"计算而得。

7.1.2　风险等级确立

考虑到"生态风险识别指标体系"与"生态风险预警指标体系"结合起

来，方能有效实现煤炭依赖型区域的生态风险科学监控。故对应于"生态风险预警指标体系"的插值归一化思路，对"生态风险识别指标体系"原始指标值也进行插值处理。并对插值后的原始数据 y1，y2，…，y9，运用层次分析法确定其与总指标"生态风险识别（y）"之间的权重关系，AHP 计算结果，见表7-10 所示（权重系数分别为 0.0882，0.0267，0.0485，0.2912，0.0882，0.1602，0.1856，0.0708，0.0405）。进一步运用 MATLAB 相关程序，计算插值后不同节点的生态风险综合归一化数据 Y，具体运算结果见表 7-13。具体程序如下：

* *

$$[pn, \ minp, \ maxp, \ tn, \ mint, \ maxt] = premnmx(p, \ t)$$

* *

初步拟定以 0.5 的等间隔距离对 Y 值进行试分类，即：第一类（-1，-0.5）、第二类（-0.5，0）、第三类（0，0.5）、第四类（0.5，1），并将分类结果同原始数据真实值 y 进行对照验证。验证结果发现，等间隔分类结果与真实数据反映情况并不具有一致性。比如，对比 2007 年与 2008 年生态状况，尽管其生态风险识别综合归一化值分别为 0.00149 与 -0.50231，差距不是很大，按照试分类结果，基本都可归为第二类。但从实际情形来看，相邻两年内环境灾害起数，突然从 2007 年的 2 起增加到 2008 年的 5 起，其生态风险是明显递增的。尤其是考虑到民众的生态需求感知时，这一分类结果的误差更大。因为人们对生态恶化的心理敏感程度是远高于生态改善的心理感知程度，因此，实际调研时，人们对 2008 年的生态风险评级总是高于 2007 年的生态风险评级。考虑到上述因素，故调整试分类标准，最后的生态风险识别分类结果如下：

第一类：（以"1"为标记，记为绿色预警）

　绿色预警：[-1，-0.35]

第二类：（以"2"为标记，记为黄色预警）

黄色预警：(-0.35，0.02]

第三类：（以"3"为标记，记为橘色预警）

桔色预警：(-0.02，0.5]

第四类：（以"4"为标记，记为红色预警）

红色预警：(0.5，1]

表7-13　Y指标插值归一

	y1	y2	y3	y4	y5	y6	y7	y8	y9	y值	归一化Y
Data1	176.50000	1323.30000	39.40000	4.00000	30.11000	120.00000	3.00000	0.00000	26.00000	77.46461	-1.00000
Data2	146.90868	1122.50252	46.41215	3.67858	32.57917	115.22222	10.97006	298.02296	23.39779	91.66612	-0.87832
Data3	121.67096	956.98440	53.89670	3.30907	34.82291	110.80931	18.35580	581.19492	21.12912	106.09465	-0.75470
Data4	105.14046	862.02501	62.32606	2.84341	36.61578	107.12614	24.57292	834.66486	19.52752	120.97726	-0.62718
Data5	101.67079	872.90370	72.17263	2.23349	37.73235	104.53757	29.03711	1043.58177	18.92652	136.54097	-0.49383
Data6	115.06112	1018.38522	83.77080	1.44637	37.97354	103.32495	31.22688	1194.74093	19.62498	152.90344	-0.35364
Data7	142.96772	1255.05216	95.92584	0.61658	37.43214	102.84415	31.31682	1293.17832	21.53761	168.97045	-0.21598
Data8	179.22257	1494.55035	106.49106	-0.01703	36.38268	101.87492	29.91486	1355.28568	24.33993	182.89329	-0.09669
Data9	217.59988	1647.84669	113.30536	-0.21405	35.10243	99.18830	27.63549	1397.62628	27.70387	192.81189	-0.01170
Data10	251.86836	1627.41579	114.24385	0.26100	33.86631	93.58058	25.08945	1436.45587	31.30049	196.88759	0.02322
Data11	275.52285	1420.98915	108.98740	1.39792	32.83229	85.10936	22.70171	1472.67882	34.75932	194.35167	0.00149
Data12	281.66278	1124.95424	99.82403	2.83175	31.98947	75.65334	20.62896	1485.03527	37.64980	185.98019	-0.07024
Data13	263.35672	844.16976	89.24506	4.16988	31.31377	67.23316	19.00698	1450.53732	39.53671	172.66965	-0.18428
Data14	213.67382	683.49246	79.74175	5.01970	30.78114	61.86944	17.97154	1346.19779	39.98485	155.31658	-0.33296
Data15	135.39341	713.16042	73.39739	5.13016	30.35036	60.85405	17.55549	1161.92243	38.67963	135.55141	-0.50231
Data16	65.75075	880.56981	70.84750	4.75245	29.91941	62.89288	17.42642	933.36653	35.73458	117.60872	-0.65604
Data17	49.62017	1105.88211	72.40663	4.24913	29.37277	66.11855	17.17095	706.32828	31.35810	106.30046	-0.75293
Data18	131.87600	1309.25877	78.38931	3.98275	28.59495	68.66365	16.37570	526.60591	25.75863	106.43858	-0.75175
Data19	349.73827	1418.40823	88.88418	4.28307	27.49276	68.85666	14.69186	436.33998	19.20868	122.12986	-0.61731

续表

	y1	y2	y3	y4	y5	y6	y7	y8	y9	y值	归一化Y
Data20	666.69399	1433.73796	101.80363	5.16401	26.18816	66.91291	12.39268	442.43747	12.59822	150.68857	-0.37262
Data21	1005.02403	1396.28381	113.84387	6.46294	24.92331	64.10220	10.09905	532.11482	7.16231	185.63293	-0.07321
Data22	1286.55904	1347.52547	121.68779	8.01534	23.94171	61.70587	8.43565	692.37336	4.13977	220.43965	0.22501
Data23	1434.55567	1328.09893	122.08694	9.65444	23.48163	60.97190	8.01415	909.73805	4.73524	248.64808	0.46670
Data24	1427.70494	1345.84152	114.46108	11.12651	23.57870	61.85237	8.93963	1152.21537	8.82548	266.23081	0.61735
Data25	1316.70908	1365.98394	101.69605	12.06490	24.00531	62.61588	10.65915	1363.75566	14.56221	272.32141	0.66954
Data26	1157.08299	1350.90939	86.90935	12.09543	24.51625	61.41852	12.57577	1486.70150	19.98189	266.26467	0.61764
Data27	1004.33654	1263.00958	73.21826	10.84399	24.86634	56.41696	14.09267	1463.40781	23.12126	247.40619	0.45606
Data28	901.73486	1085.49714	63.20224	8.20719	24.88954	47.18221	14.85809	1266.45143	22.77015	217.06949	0.19614
Data29	853.95751	867.19543	57.74598	4.93453	24.66915	37.74213	15.29258	963.64422	20.09143	182.81091	-0.09739
Data30	858.10262	669.81915	57.40120	1.94313	24.33745	33.00024	15.96842	641.51007	16.71423	153.41140	-0.34929
Data31	911.26836	555.08305	62.71960	0.15011	24.02675	37.86009	17.45788	386.57287	14.26769	137.65193	-0.48431
Data32	1009.99592	577.49102	74.10504	0.36593	23.85651	56.60088	20.26558	276.07113	14.21177	143.25561	-0.43630
Data33	1146.13729	730.83684	90.71647	2.50309	23.83835	88.24525	24.32644	309.06685	16.58218	169.03923	-0.21539
Data34	1309.19561	978.50351	111.08927	6.02430	23.92983	129.18274	29.28996	445.46203	20.70121	209.35822	0.13007
Data35	1488.65643	1283.64694	133.75414	10.38893	24.08813	175.78322	34.80355	644.86625	25.88579	258.53469	0.55141
Data36	1674.00533	1609.42306	157.24182	15.05631	24.27042	224.41656	40.51460	866.88910	31.45289	310.89078	1.00000

7.2 风险监控分析

7.2.1 生态风险预测

运用通过验证的网络及样本数据，对山西省生态风险状况进行预测，其过程为：将样本中第 i 个数据作为网络输入，预测第 $i+1$ 个指标输出；接着将刚得到的第 $i+1$ 个指标数据再作为网络输入，预测第 $i+2$ 个指标输出……依次类推，便可以得到需要预测年份生态风险相关指标数据。相关程序及预测结果如下所示：

* *

$$T1 = purelin(w2 \times tansig(w1 \times T, \ b1), \ b2);$$
$$T2 = purelin(w2 \times tansig(w1 \times T1, \ b1), \ b2);$$
$$\vdots \qquad\qquad\qquad\qquad \vdots$$
$$T27 = purelin(w2 \times tansig(w1 \times T26, \ b1), \ b2);$$

* *

具体 MTALAB 预测计算过程见附录 2。从 27 次预测过程中，抽取出需要预测的 2014 年、2015 年、2016 年、2017 年、2018 年、2019 年、2020 年生态风险预警插值节点指标（x1~x19）数值，如表 7-14 所示。进一步描述不同插值节点上 x1~x19 指标预测状况，为其分别绘制 surf 图，详见图 7-2~图 7-28。为了下一步计算的科学性，对 x1~x19 进行归一化处理，得出 X1~X19 数值，具体结果如表 7-15 所示。

7.2.2 生态风险评级

根据前述研究构建的煤炭依赖型区域生态风险甄别体系，在生态风险预测结果基础上，进一步开展评级预警，实现煤炭依赖型区域生态风险识别。先将 2005~2013 年的生态风险作用力监测数据以及该年份区间内生态风险表征识别要素数据组成综合样本数据，运用支持向量机对该样本进行回归分析，回归过程及结果如表 7-16~表 7-18 所示。

表 7－14

预测指标数据

	x1	x2	x3	x4	x5	x6	x7	x8	x9	x10
Data1	1.105501	0.350724	1.208535	-0.525234	1.247764	1.117573	0.944657	1.316568	1.181267	0.857986
Data2	0.315274	2.119465	2.060043	1.372143	1.544195	0.893228	0.625299	3.079500	0.326790	0.641761
Data3	1.734696	0.114873	0.136822	-1.646153	0.298491	0.809599	0.489017	-1.197812	-0.430284	0.698381
Data4	0.830505	3.270782	1.804312	1.923161	1.346535	0.767353	0.042022	2.234431	-0.313478	0.014359
Data5	1.447089	3.053517	0.854738	1.093693	0.671997	0.523111	-0.085132	1.366928	-0.075689	-0.210648
Data6	-0.079097	6.238255	2.601774	4.684097	1.455502	0.223707	-0.473908	3.874973	-0.185816	-0.836488
Data7	-1.353854	3.112075	2.049732	3.224291	1.123517	0.059949	-0.392684	3.901573	-1.022239	-0.131433
Data8	-1.387804	-0.432769	-0.333926	-0.888593	-0.966754	-0.566754	-0.041942	-1.447540	-2.089150	0.826228
Data9	0.631879	-0.742232	-1.861040	-2.381679	-1.474019	-0.252228	-0.279579	-6.250305	-0.726649	0.265992
Data10	-0.479535	-1.745181	-1.626632	-1.183746	-1.071407	-0.432469	-0.472117	-2.227142	-1.275781	0.370729
Data11	-0.998039	-2.545641	-1.413176	-1.052941	-0.725110	-0.257245	-0.795830	-3.908471	-1.500508	0.086202
Data12	-0.230799	-1.876313	-1.356009	-1.335650	-0.640859	-0.049317	-0.806520	-4.144655	-1.248939	-0.080941
Data13	-1.144133	0.978584	0.639300	1.461660	0.393827	-0.006331	-0.714383	-0.426709	-1.187509	-0.234101
Data14	-1.584530	1.974053	1.170823	2.184602	0.423365	-0.244123	-0.495020	2.014484	-1.098548	-0.116868
Data15	-1.800041	0.498966	0.096867	0.466289	-0.601017	-0.636078	-0.378949	-0.583797	-1.498740	0.220547
Data16	-0.246173	-1.758601	-1.587437	-2.044785	-1.145689	-0.288468	-0.459368	-3.880879	-1.112862	0.292688
Data17	-1.351183	0.220434	0.228110	0.776379	0.051439	-0.107496	-0.532707	-0.846625	-1.331750	0.221513
Data18	0.131020	-0.778541	-0.908030	-1.129606	-0.498971	0.009164	-0.419823	-2.052243	-0.799294	0.152709
Data19	-1.280386	2.172050	1.742687	2.603628	1.139613	0.276314	-0.514343	1.141532	-1.018947	-0.148571
Data20	-1.591421	2.492437	2.183946	2.705170	1.127424	0.131965	-0.076907	3.519285	-1.192215	0.310987
Data21	1.204695	0.155607	1.077963	-0.745449	1.189632	1.127994	0.976855	1.203704	1.271987	0.889597
Data22	0.769395	2.426687	2.246216	1.630123	1.899366	1.111887	0.641716	3.625835	1.149287	0.353741
Data23	0.414175	2.052843	1.838292	1.088559	1.304184	0.789503	0.548231	2.550817	0.035298	0.575106
Data24	0.381704	1.585962	1.459204	0.473306	0.935691	0.669423	0.544677	1.210306	-0.258261	0.669174
Data25	0.500978	1.670056	1.410036	0.513673	0.951067	0.700213	0.462356	0.904419	-0.243965	0.568109
Data26	0.568686	2.029472	1.571508	0.896454	1.116275	0.748720	0.377804	1.492567	-0.260850	0.459501
Data27	0.521267	2.066400	1.537746	0.892711	1.042269	0.692322	0.360651	1.514160	-0.390047	0.469269

续表

	x11	x12	x13	x14	x15	x16	x17	x18	x19
Data1	-0.186224	-1.212201	0.579009	0.507605	1.364800	-0.769091	1.374539	0.525472	0.933569
Data2	-1.737941	-0.722606	1.294151	2.151501	0.325588	0.030605	0.411609	0.825624	0.603891
Data3	-0.598882	1.343091	-0.432637	0.581083	-1.150727	-1.332826	-0.730987	0.812978	1.075719
Data4	-0.636503	0.103548	1.308953	2.199756	-0.559649	-0.325215	-0.240194	0.481324	0.523181
Data5	-1.197423	0.273624	0.541579	3.003941	-0.900245	-0.446830	-0.521280	-0.005273	0.305135
Data6	-1.195310	-1.514140	3.840689	3.334700	-0.161514	0.528209	0.040583	-0.276859	-0.374206
Data7	-2.225176	-0.325774	2.070038	2.972957	-0.105146	1.784593	0.318457	0.388763	-0.328776
Data8	-3.177476	-1.033016	2.245134	0.004380	-1.700922	0.806844	-1.273922	0.657179	-0.300986
Data9	3.869585	-0.808995	4.143371	-5.627151	0.067025	-2.194115	0.137719	-1.252229	-0.188357
Data10	0.157715	1.009762	-0.397629	-1.845687	-1.308301	-0.943762	-1.392122	-0.632806	-0.570712
Data11	4.712014	0.363809	0.854647	-5.977105	0.358062	-1.365536	0.373319	-0.888836	-0.302471
Data12	5.218954	0.256973	1.281376	-5.331502	0.729065	-1.162195	1.061074	-0.989195	-0.055185
Data13	2.811037	-0.643137	2.960772	-2.472728	0.899370	0.269454	1.253053	-0.463923	-0.248747
Data14	-1.285772	-0.627696	2.616500	1.236922	0.273675	1.627799	0.689588	-0.025041	-0.536509
Data15	-1.489996	-0.446283	3.272649	-0.468058	-0.128901	1.271304	0.265485	-0.062667	-0.646017
Data16	2.275328	0.116381	1.799017	-3.387108	0.264466	-0.425096	0.666658	-0.783970	-0.234745
Data17	2.068827	-0.514319	3.177129	-2.780040	0.501599	0.197444	0.713152	-0.408764	-0.383765
Data18	1.696944	0.240687	0.945276	-1.636707	0.204907	-0.256916	0.624936	-0.605101	-0.075662
Data19	2.430909	-1.065647	3.741458	-1.792873	1.108258	0.460732	1.404689	-0.082139	-0.073582
Data20	-2.663668	-0.205829	2.395778	2.304622	-0.261118	1.628967	0.092586	0.857447	-0.117912
Data21	-0.194234	-1.214292	0.398753	0.513975	1.404314	-0.818594	1.405349	0.486203	0.944458
Data22	-0.745849	-1.515918	0.994152	2.319262	1.380031	-0.046356	1.445537	0.477167	0.694893
Data23	-2.036918	-0.253441	1.050657	2.315753	-0.123736	0.019426	0.075839	0.909496	0.634530
Data24	-1.616675	-0.086694	1.523574	1.188028	-0.363062	-0.325213	-0.159326	0.909553	0.654604
Data25	-0.904643	-0.153024	1.676745	0.732392	-0.242752	-0.515872	-0.033778	0.769710	0.669194
Data26	-1.023943	-0.003590	1.367956	1.344386	-0.341073	-0.376799	-0.092015	0.769237	0.659617
Data27	-1.399834	0.168698	1.305398	1.598481	-0.574825	-0.295190	-0.302759	0.826053	0.627323

表 7－15

预测指标归一化数据

	X1	X2	X3	X4	X5	X6	X7	X8	X9	X10
Data1	0.5841932	-0.4010244	0.2821029	-0.5695114	0.4667597	0.8548557	0.9999438	0.4283961	0.8380982	1.0000000
Data2	0.6439933	-0.3405285	0.3756233	-0.4745249	0.6136805	0.9881856	0.9387301	0.4907336	0.9460183	0.8452128
Data3	0.1968726	0.0621952	0.7572243	0.0625363	0.7894275	0.7338365	0.5851684	0.8380450	0.4375732	0.6097524
Data4	1.0000000	-0.3942291	-0.1046626	-0.7918061	0.0508790	0.6390227	0.4342899	-0.0046192	-0.0129134	0.6714093
Data5	0.4883968	0.3243378	0.6426190	0.2185046	0.6722394	0.5911259	-0.0605789	0.6715598	0.0565902	-0.0734618
Data6	0.8372683	0.2748689	0.2170699	-0.0162802	0.2723222	0.3142191	-0.2013506	0.5006548	0.1980832	-0.3184858
Data7	-0.0262674	1.0000000	1.0000000	1.0000000	0.7368434	-0.0252277	-0.6317645	0.9947596	0.1325539	-1.0000000
Data8	-0.7475412	0.2882020	0.7526037	0.5867953	0.5400174	-0.2108868	-0.5418417	1.0000000	-0.3651485	-0.2322242
Data9	-0.7667509	-0.5189215	-0.3156270	-0.5773752	-0.6992736	-0.9214048	-0.1535349	-0.0538174	-1.0000000	0.8106296
Data10	0.3760118	-0.5893830	-1.0000000	-1.0000000	-1.0000000	-0.5648143	-0.4166228	-1.0000000	-0.1892614	0.2005559
Data11	-0.2528404	-0.8177439	-0.8949507	-0.6609197	-0.7613010	-0.7691604	-0.6297822	-0.2074052	-0.5160152	0.3146096
Data12	-0.5462166	-1.0000000	-0.7992906	-0.6238947	-0.5559898	-0.5705020	-0.9881655	-0.5386402	-0.6497361	0.0047717
Data13	-0.1121026	-0.8476012	-0.7736713	-0.7039168	-0.5060393	-0.3347660	-1.0000000	-0.5851703	-0.5000433	-0.1772397
Data14	-0.6288784	-0.1975714	0.1205218	0.0878745	0.1074014	-0.2860305	-0.8979947	0.1472942	-0.4634903	-0.3440252
Data15	-0.8780610	0.0290864	0.3587226	0.2925065	0.1249137	-0.5556253	-0.6551384	0.6282286	-0.4105555	-0.2163633
Data16	-1.0000000	-0.3067754	-0.1225684	-0.1938698	-0.4824180	-1.0000000	-0.5266359	0.1163467	-0.6486843	0.1510679
Data17	-0.1208011	-0.8207994	-0.8773854	-0.9046405	-0.8053407	-0.6059005	-0.6156674	-0.5332044	-0.4190724	0.2296265
Data18	-0.7460301	-0.3701942	-0.0637523	-0.1060974	-0.0955921	-0.4007257	-0.6968609	0.0645675	-0.5493191	0.1521194
Data19	0.0926195	-0.5976501	-0.5729104	-0.6455951	-0.4219171	-0.2684637	-0.5718873	-0.1729487	-0.2324881	0.0771951
Data20	-0.7059724	0.0741683	0.6150023	0.4111138	0.5495607	0.0344156	-0.6765305	0.4562501	-0.3631897	-0.2508861
Data21	-0.8819601	0.1471170	0.8127514	0.4398558	0.5423336	-0.1292393	-0.1922449	0.9246863	-0.4662906	0.2495533
Data22	0.7001186	-0.3849544	0.3171077	-0.5368577	0.5792156	1.0000000	0.9743760	0.4684984	1.0000000	0.8796359
Data23	0.4538200	0.1321464	0.8406573	0.1355587	1.0000000	0.9817388	0.6033433	0.9456775	0.9269890	0.2961111
Data24	0.2528322	0.0470261	0.6578475	-0.0177335	0.6471305	0.6162386	0.4998462	0.7338904	0.2641246	0.5371678
Data25	0.2344594	-0.0592779	0.4879600	-0.1918837	0.4286600	0.4800997	0.4959120	0.4697992	0.0894464	0.6396048
Data26	0.3019463	-0.0401306	0.4659251	-0.1804576	0.4377760	0.5150069	0.4047739	0.4095370	0.0979529	0.5295483
Data27	0.3402564	0.0417048	0.5382888	-0.0721096	0.5357240	0.5700019	0.3111662	0.5254068	0.0879058	0.4112789

续表

	X11	X12	X13	X14	X15	X16	X17	X18	X19
Data1	-0.4431550	-0.6390634	-0.5489246	0.4088360	0.7395632	-0.2690025	0.6859129	0.6637246	0.7699962
Data2	-0.2874943	-0.7875370	-0.5578476	0.3927934	0.9745498	-0.2836751	0.9499599	0.5786146	0.8348760
Data3	-0.6571079	-0.4450440	-0.2452861	0.7458713	0.3052207	0.1183129	0.2712809	0.8451528	0.4519159
Data4	-0.3857881	1.0000000	-1.0000000	0.4085751	-0.6456344	-0.5670509	-0.5340278	0.8339227	1.0000000
Data5	-0.3947492	0.1328864	-0.2388166	0.7562356	-0.2649368	-0.0605493	-0.1881142	0.5394108	0.3581618
Data6	-0.5283584	0.2518615	-0.5742069	0.9289593	-0.4843055	-0.1216825	-0.3862247	0.1073083	0.1048747
Data7	-0.5278551	-0.9987561	0.8677093	1.0000000	-0.0085084	0.3684460	0.0097793	-0.1338623	-0.6842598
Data8	-0.7731656	-0.1674432	0.0938246	0.9223044	0.0277968	1.0000000	0.2056267	0.4572160	-0.6314875
Data9	-1.0000000	0.7830887	0.1703526	0.2847102	-1.0000000	0.5085094	-0.9166916	0.6955721	-0.5992057
Data10	0.6785850	-0.5054769	1.0000000	-0.9248364	0.1386877	-1.0000000	0.0782414	-1.0000000	-0.4683742
Data11	-0.2055692	0.7668220	-0.9846992	-0.1126493	-0.7471232	-0.3714779	-1.0000000	-0.4499465	-0.9125252
Data12	0.8792487	0.3149499	-0.4373767	-1.0000000	0.3261369	-0.5834935	0.2442939	-0.6773036	-0.6009315
Data13	1.0000000	0.2402138	-0.2508694	-0.8613366	0.5650896	-0.4812791	0.7290277	-0.7664238	-0.3136795
Data14	-0.4264428	-0.3894517	0.4831306	-0.2473259	0.6747790	0.2383764	0.8643360	-0.2999771	-0.5385246
Data15	-0.5494027	-0.3786505	0.3326624	0.5494370	0.2717852	0.9211832	0.4672021	0.0897542	-0.8727937
Data16	-0.5980481	-0.2517443	0.6194405	0.1832395	0.0124968	0.7419818	0.1682919	0.0563419	-1.0000000
Data17	0.2988388	0.1418635	-0.0246283	-0.4437174	0.2658543	-0.1107571	0.4510409	-0.5841817	-0.5222596
Data18	0.2496509	-0.2993382	0.5776923	-0.3133307	0.4185852	0.2021787	0.4838107	-0.2509958	-0.6953641
Data19	0.1610698	0.2288206	-0.3977661	-0.0677643	0.2274933	-0.0262173	0.4216351	-0.4253443	-0.3374661
Data20	0.3358975	-0.6850160	0.8243393	-0.1013058	0.8093177	0.3345273	0.9712101	0.0390507	-0.3350495
Data21	-0.8776126	-0.0835361	0.2361934	0.7787588	-0.0726608	0.9217705	0.0464313	0.8734120	-0.3865437
Data22	-0.2894022	-0.7889992	-0.6366307	0.3941616	1.0000000	-0.3085589	0.9716754	0.5437433	0.8475248
Data23	-0.4207949	-1.0000000	-0.3764044	0.7819032	0.9843594	0.0796261	1.0000000	0.5357192	0.5576254
Data24	-0.7283230	-0.1168431	-0.3517084	0.7811495	0.0158234	0.1126933	0.0346281	0.9196820	0.4875059
Data25	-0.6282227	-0.0001965	-0.1450141	0.5389354	-0.1383201	-0.0605486	-0.1311179	0.9196820	0.5108248
Data26	-0.4586192	-0.0465970	-0.0780689	0.4410734	-0.0608319	-0.1563882	-0.0426306	0.7955000	0.5277730
Data27	-0.4870361	0.0579386	-0.2130287	0.5725181	-0.1241579	-0.0864795	-0.0836764	0.7950807	0.5166477

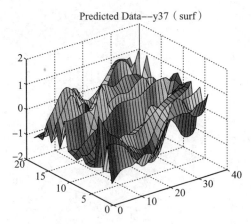

图 7 - 2 插值节点 Data1 预测数据 surf 图

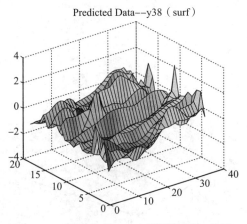

图 7 - 3 插值节点 Data2 预测数据 surf 图

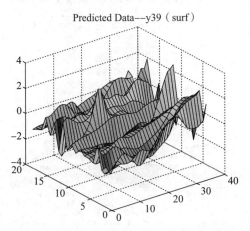

图 7 - 4 插值节点 Data3 预测数据 surf 图

Predicted Data--y40（surf）

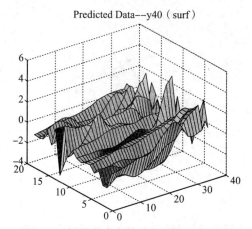

图 7-5　插值节点 **Data4** 预测数据 **surf** 图

Predicted Data--y41（surf）

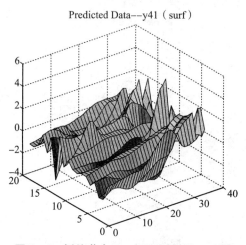

图 7-6　插值节点 **Data5** 预测数据 **surf** 图

Predicted Data--y42（surf）

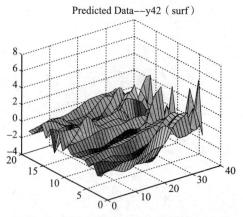

图 7-7　插值节点 **Data6** 预测数据 **surf** 图

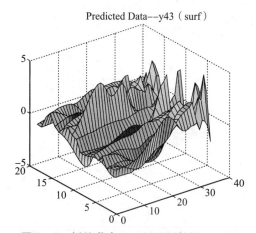

图 7 - 8 插值节点 Data7 预测数据 surf 图

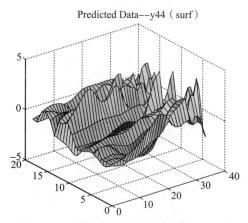

图 7 - 9 插值节点 Data8 预测数据 surf 图

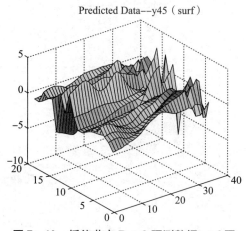

图 7 - 10 插值节点 Data9 预测数据 surf 图

Predicted Data--y46（surf）

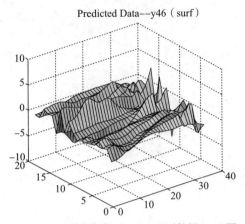

图 7 - 11　插值节点 Data10 预测数据 surf 图

Predicted Data--y47（surf）

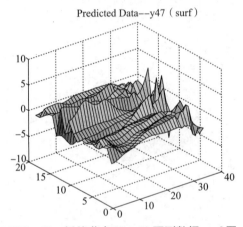

图 7 - 12　插值节点 Data11 预测数据 surf 图

Predicted Data--y48（surf）

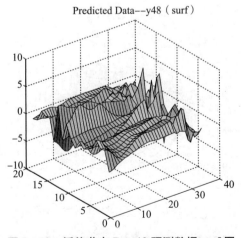

图 7 - 13　插值节点 Data12 预测数据 surf 图

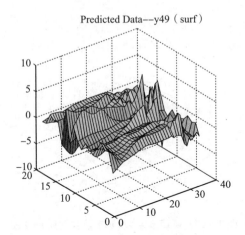

图 7 - 14 插值节点 **Data13** 预测数据 **surf** 图

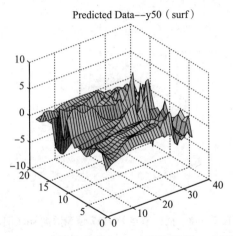

图 7 - 15 插值节点 **Data14** 预测数据 **surf** 图

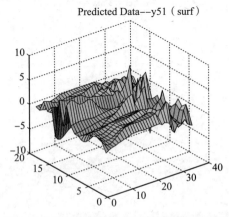

图 7 - 16 插值节点 **Data15** 预测数据 **surf** 图

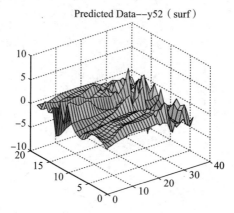

图 7 - 17 插值节点 **Data16** 预测数据 **surf** 图

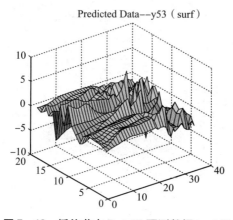

图 7 - 18 插值节点 **Data17** 预测数据 **surf** 图

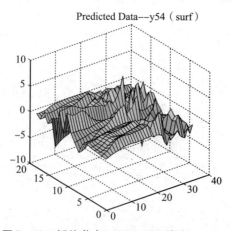

图 7 - 19 插值节点 **Data18** 预测数据 **surf** 图

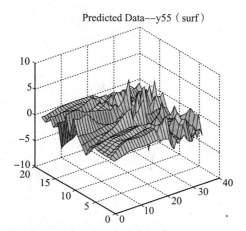

图 7 - 20   插值节点 Data19 预测数据 surf 图

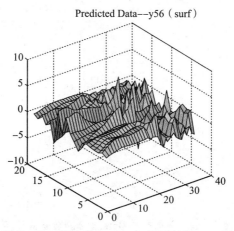

图 7 - 21   插值节点 Data20 预测数据 surf 图

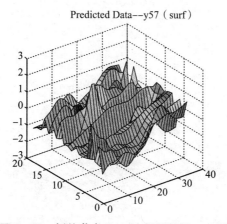

图 7 - 22   插值节点 Data21 预测数据 surf 图

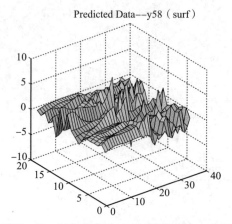

图 7 – 23　插值节点 **Data22** 预测数据 **surf** 图

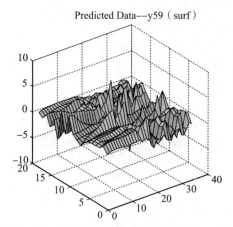

图 7 – 24　插值节点 **Data23** 预测数据 **surf** 图

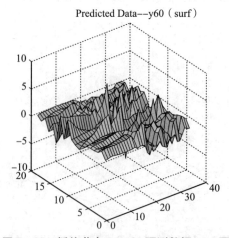

图 7 – 25　插值节点 **Data24** 预测数据 **surf** 图

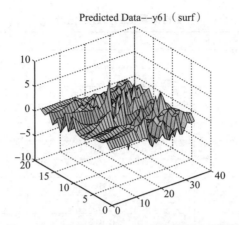

图 7 - 26 插值节点 **Data25** 预测数据 **surf** 图

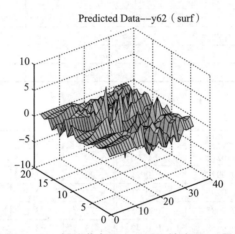

图 7 - 27 插值节点 **Data26** 预测数据 **surf** 图

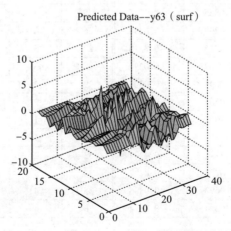

图 7 - 28 插值节点 **Data27** 预测数据 **surf** 图

表7-16 支持向量机回归过程记录

支持向量机类型：EPSILON-SVR

核函数类型：RBF

参数设置		
Degree =	3	
Gamma =	0.5	
Coef0 =	0.001	
Eps =	0.001	
C =	1	
nu =	0.5	
shrinking =	1	
p =	0.01	
probability =	1	

支持向量机系数

项目	rho	Prob.
Const	-0.417438	0.1374172

表7-17 支持向量机回归拟合记录

样本	观察值	拟合值	拟合误差	样本	观察值	拟合值	拟合误差
1	1	1.0293	-0.0293	19	1	0.9705	0.0295
2	1	0.9979	0.0021	20	1	1.1490	-0.1490
3	1	1.0296	-0.0291	21	2	2.0029	-0.0029
4	1	0.9695	0.0305	22	3	2.8601	0.1398
5	1	0.9858	0.0142	23	3	3.2283	-0.2283
6	1	1.2462	-0.2462	24	4	3.7855	0.2144
7	2	1.6865	0.3135	25	4	4.0307	-0.0307
8	2	2.0298	-0.0298	26	4	3.6369	0.3630
9	2	2.3816	-0.3816	27	3	3.1624	-0.1624
10	3	2.9709	0.0290	28	3	2.8044	0.1955
11	3	2.9691	0.0308	29	2	2.3027	-0.3027
12	2	2.0567	-0.0567	30	2	1.6113	0.3886
13	2	1.9695	0.0304	31	1	1.0289	-0.0289
14	2	1.9352	0.0648	32	1	1.0752	-0.0752
15	1	1.4792	-0.4792	33	2	1.9689	0.0310
16	1	1.0298	-0.0297	34	3	3.0312	-0.0312
17	1	0.9693	0.0306	35	4	3.9701	0.0298
18	1	1.0314	-0.0314	36	4	3.9710	0.0289

相关指数 R = 0.98631

决定系数 = 0.97281

表 7 – 18　　　　　　　　　　　　　　支持向量机回归结果

α_1 \ SV_i	SV_1	SV_2	SV_3	SV_4	SV_5	SV_6	SV_7	SV_8	SV_9	SV_{10}
-0.3554	-1	-0.0188	-1	1	-1	-1	-1	-0.9935	-0.9698	-0.5717
-0.1021	-0.9293	0.43258	-0.8668	0.9112	-0.9792	-0.9318	-0.9623	-0.98	-0.9691	-0.644
0.03181	-0.8958	0.58918	-0.8149	0.8482	-0.9641	-0.8933	-0.9412	-0.9442	-0.9691	-0.6349
-1	-0.8365	0.62878	-0.7693	0.6484	-0.914	-0.798	-0.8899	-0.6859	-0.9705	-0.4366
1	-0.80	0.49501	-0.7775	0.5081	-0.8778	-0.7390	-0.8598	-0.4857	-0.971	-0.2535
-0.0409	-0.7815	0.28973	-0.7968	0.3511	-0.8308	-0.6706	-0.8287	-0.2988	-0.9721	-0.0648
-1	-0.7493	0.04149	-0.818	0.1867	-0.7732	-0.592	-0.7985	-0.1772	-0.9713	0.08583
0.67813	-0.7103	-0.221	-0.8345	0.0240	-0.704	-0.5037	-0.770	-0.1722	-0.9686	0.15569
0.71664	-0.6666	-0.4736	-0.8406	-0.129	-0.6281	-0.4088	-0.7452	-0.2923	-0.9645	0.14216
-1	-0.6267	-0.6960	-0.839	-0.268	-0.5576	-0.3191	-0.7173	-0.4846	-0.9616	0.10081
0.48084	-0.5999	-0.8693	-0.8349	-0.388	-0.5057	-0.2467	-0.6824	-0.6916	-0.9626	0.09177
1	-0.5955	-0.9744	-0.8296	-0.483	-0.485	-0.2035	-0.6363	-0.8556	-0.9703	0.17516
-1	-0.6146	-1	-0.8266	-0.55	-0.5039	-0.1956	-0.576	-0.9358	-0.9848	0.38320
-0.5819	-0.630	-0.9634	-0.8280	-0.610	-0.5468	-0.2076	-0.5063	-0.9515	-0.9980	0.64916
0.80851	-0.6104	-0.8884	-0.8355	-0.667	-0.5954	-0.2196	-0.4319	-0.9353	-1	0.88432
-0.8894	-0.5213	-0.7985	-0.85	-0.740	-0.6309	-0.2116	-0.3586	-0.9197	-0.9805	1
0.80539	-0.3353	-0.7144	-0.8737	-0.838	-0.6351	-0.16	-0.2914	-0.9322	-0.9310	0.91746
-1	-0.0752	-0.6268	-0.8861	-0.940	-0.59	-0.0826	-0.2315	-0.950	-0.8578	0.6539
1	0.46414	-0.338	-0.7659	-0.974	-0.3819	0.14880	-0.1288	-0.8089	-0.6966	-0.135
-1	0.64229	-0.0873	-0.5774	-0.821	-0.192	0.27399	-0.0839	-0.5503	-0.6372	-0.5110
1	0.72690	0.23224	-0.2988	-0.550	0.0412	0.3936	-0.0405	-0.1656	-0.6046	-0.8036
-0.406	0.7468	0.56074	0.02289	-0.240	0.28768	0.50430	0.00506	0.24792	-0.5984	-0.9769
1	0.73398	0.83578	0.3382	0.0287	0.51353	0.60277	0.05662	0.58781	-0.6180	-1
-1	0.7201	0.99497	0.59750	0.173	0.68564	0.68590	0.11799	0.7514	-0.6623	-0.8417
1	0.7288	1	0.76658	0.1413	0.78291	0.7518	0.1916	0.68053	-0.7238	-0.500
-1	0.75726	0.88842	0.8602	-0.020	0.82227	0.80336	0.27613	0.45705	-0.7722	-0.063
1	0.79720	0.71273	0.90291	-0.248	0.82813	0.84379	0.36899	0.19029	-0.7735	0.36227
-0.5108	0.84064	0.52541	0.91895	-0.476	0.82491	0.87664	0.46790	-0.0103	-0.6931	0.6704
-1	0.88021	0.37417	0.93091	-0.64	0.83487	0.9052	0.57062	-0.0470	-0.5015	0.76696
0.9333	0.91444	0.26682	0.94580	-0.753	0.86222	0.93104	0.67591	0.08213	-0.2077	0.65854
-0.3961	0.94480	0.19114	0.96283	-0.812	0.90213	0.9549	0.78305	0.33082	0.15957	0.40248
0.5122	0.97282	0.13474	0.98118	-0.843	0.94969	0.97769	0.89132	0.65234	0.57174	0.05644
0.31642	1	0.08528	1	-0.863	1	1	1	1	1	-0.3218

续表

α_1 \ SV_i	SV_{11}	SV_{12}	SV_{13}	SV_{14}	SV_{15}	SV_{16}	SV_{17}	SV_{18}	SV_{19}
-0.3554	-0.7703	0.3949	-1	-0.2905	-1	-0.6806	-1	-0.955065	-1
-0.1021	-0.7008	0.08153	-0.0675	-0.0647	-0.6942	-0.1924	-0.546568	-0.992579	-0.984661
0.03181	-0.7016	-0.0288	0.29824	0.08364	-0.5609	0.04866	-0.343558	-1	-0.973682
-1	-0.8409	-0.0669	0.63329	0.5175	-0.3707	0.51770	-0.031015	-0.970149	-0.938374
1	-0.9495	0.00913	0.59007	0.76969	-0.3117	0.72807	0.0771803	-0.932362	-0.909991
-0.0409	-1	0.11502	0.4721	0.95579	-0.255	0.89405	0.1716809	-0.888332	-0.870212
-1	-0.9213	0.22078	0.33834	1	-0.1842	0.99231	0.268719	-0.846002	-0.81566
0.67813	-0.6439	0.29682	0.24693	0.82802	-0.0796	1	0.3841606	-0.813202	-0.743101
0.71664	-0.1799	0.3296	0.22864	0.441	0.05554	0.91863	0.5156135	-0.792048	-0.65648
-1	0.34118	0.32897	0.27434	-0.0504	0.18948	0.78491	0.6343239	-0.776404	-0.570111
0.48084	0.78074	0.30631	0.37185	-0.5279	0.28790	0.63828	0.709483	-0.759492	-0.499115
1	1	0.27321	0.50895	-0.8724	0.31657	0.51819	0.7102824	-0.734535	-0.458611
-1	0.91032	0.2410	0.6698	-1	0.25315	0.45025	0.617531	-0.697193	-0.456819
-0.5819	0.60091	0.22053	0.82620	-0.9502	0.1174	0.41112	0.4532605	-0.651779	-0.47746
0.80851	0.20038	0.22244	0.94665	-0.7902	-0.0614	0.36656	0.2486417	-0.604526	-0.498826
-0.8894	-0.1626	0.25742	1	-0.5869	-0.2544	0.28235	0.0348456	-0.561664	-0.49921
0.80539	-0.3713	0.33404	0.95974	-0.4020	-0.4338	0.12893	-0.158773	-0.528309	-0.459118
-1	-0.4218	0.44079	0.84524	-0.2459	-0.58	-0.0783	-0.320355	-0.498803	-0.380403
1	-0.2861	0.65360	0.57412	0.05269	-0.8001	-0.4923	-0.539188	-0.404586	-0.162359
-1	-0.2191	0.71441	0.50724	0.23158	-0.8519	-0.6183	-0.592635	-0.316587	-0.05062
1	-0.1987	0.73480	0.51497	0.428	-0.8700	-0.6680	-0.612019	-0.193396	0.0538152
-0.406	-0.208	0.73786	0.57113	0.60152	-0.8686	-0.6727	-0.608585	-0.040624	0.1582332
1	-0.2287	0.74843	0.64724	0.70789	-0.8625	-0.6663	-0.594075	0.1354698	0.2707139
-1	-0.2402	0.79131	0.71465	0.70393	-0.8665	-0.6826	-0.580226	0.3286233	0.3993351
1	-0.2313	0.87575	0.75256	0.56947	-0.8856	-0.7431	-0.571808	0.5293699	0.5466288
-1	-0.2147	0.96182	0.76482	0.35768	-0.8938	-0.8302	-0.551628	0.7181397	0.6976537
1	-0.2081	1	0.76016	0.13614	-0.8588	-0.918	-0.498182	0.8733775	0.8340347
-0.5108	-0.2290	0.94071	0.74726	-0.0275	-0.7485	-0.9826	-0.389962	0.9735284	0.9373972
-1	-0.2928	0.74074	0.73415	-0.0732	-0.5351	-1	-0.208417	1	0.9916556
0.9333	-0.3971	0.41001	0.72312	-0.0024	-0.227	-0.9715	0.0401478	0.9591432	1
-0.3961	-0.5307	-0.0148	0.71362	0.15232	0.14927	-0.9101	0.3369736	0.8698034	0.9752757
0.5122	-0.6820	-0.4971	0.70503	0.35820	0.56717	-0.8287	0.6632083	0.7509192	0.9304001
0.31642	-0.8397	-1	0.69678	0.58244	1	-0.7400	1	0.6214293	0.8782907

煤炭依赖型区域生态风险监控回归方程为:

$$f(x) = \text{sgn}\left\{\sum_{i=1}^{33} y_i \alpha_i^1 K(sv_i,\ x) + b\right\}$$

其中，

$[\alpha_i^1]^T = (\alpha_1^1 \quad \alpha_2^1,\ \cdots,\ \alpha_{33}^1) = (-0.3554,\ -0.1021,\ 0.03181,\ \cdots,\ 0.31642)$；

$b = -0.417438$；

径向（RFB）基核函数 $K(sv_i,\ x) = \exp\left(\dfrac{\|x - sv_i\|^2}{2\sigma^2}\right)$，$i = 1,\ 2,\ \cdots,\ 33$；

$\sigma = 0.5$；

$\|x - sv_1\|^2 = \left(\sqrt{(x^1 - sv_1^1)^2 + \cdots + (x^{19} - sv_1^{19})^2}\right)^2$

构建好样本回归方程后，进一步借助支持向量机，运用回归结果，实现生态风险作用力预测数据的生态风险识别，分类过程与结果见表 7 - 19 ~ 表 7 - 21。

表 7 - 19　　　　　　　　　　支持向量机分类过程

支持向量机类型：C - SVC			
核函数类型：RBF			
参数设置			
Degree =	3		
Gamma =	0.5		
Coef0 =	0.001		
Eps =	0.001		
C =	1		
nu =	0.5		
shrinking =	1		
probability =	1		
项目	rho	probA	probB
P（1，2）	-0.023169	-0.636379	-0.139698
P（1，3）	-0.136762	-1.699148	0.1264365
P（1，4）	-0.291451	-3.203031	0.4823101
P（2，3）	-0.186129	0.0702072	-0.37517
P（2，4）	-0.365171	-3.095568	0.1882971
P（3，4）	-0.343222	-1.395684	0.0216875

表 7 - 20　　　　　　　　　　样本数据分类结果

预测指标值	分类结果	预测指标值	分类结果	预测指标值	分类结果
data1	1	data13	2	data25	4
data2	1	data14	2	data26	4
data3	1	data15	1	data27	3

预测指标值	分类结果	预测指标值	分类结果	预测指标值	分类结果
data4	1	data16	1	data28	3
data5	1	data17	1	data29	2
data6	1	data18	1	data30	2
data7	2	data19	1	data31	1
data8	2	data20	1	data32	1
data9	2	data21	2	data33	2
data10	3	data22	3	data34	3
data11	3	data23	3	data35	4
data12	2	data24	4	data36	4

表 7 - 21 支持向量机分类结果

拟合列联表列联表	F1	F2	F3	F4	合计
Y1	14	0	0	0	14
Y2	1	9	0	0	10
Y3	0	1	6	0	7
Y4	0	0	0	5	5
合计	15	10	6	5	
拟合度 C = 94.4444%					

7.3 结果及讨论

7.3.1 相关结果

将煤炭依赖型区域生态风险预测的结果与生态风险评级标准相结合，不难得出结论，2014～2020 年，以山西省为典型案例的煤炭依赖型区域生态风险呈现逐渐好转但仍有反复的状态（如表 7 - 22 和表 7 - 23 所示）。究其原因，一则可能是生态制度滞后以及相关政策执行不彻底，二则与生态技术难以满足目前该区域生态需求密切相关，三则可能归结于该类型区域经济转型难以找到有效突破口。以 2015 年以及 2016 年山西省天气状况（PM2.5 污染程度）进行对比，有助于阐释这一生态风险恶性反复的背后原因。据统计，2015 年 10 月，山西省省会太原市重度空气污染天数为 1 天，中度空气污染天数为 2 天，其余均为优或良，PM2.5 最高值 161。但是到了 2016 年 10 月，中重度空气污染天数已经上升至 7

天，轻度污染 11 天，优质天气仅有 1 天，这一空气污染退化程度令人咂舌。

表 7 – 22　　　　　　　　　　　　预测指标值分类结果

预测指标值	分类结果	预测指标值	分类结果	预测指标值	分类结果
Data1	4	Data10	2	Data19	1
Data2	1	Data11	1	Data20	1
Data3	1	Data12	1	Data21	4
Data4	3	Data13	2	Data22	1
Data5	2	Data14	1	Data23	2
Data6	1	Data15	1	Data24	2
Data7	1	Data16	1	Data25	2
Data8	2	Data17	1	Data26	2
Data9	3	Data18	1	Data27	2

表 7 – 23　　　　　　　　　　　　预测年份分类结果

年份	2014	2015	2016	2017	2018	2019	2020
生态风险级别	4	2	3	2	1	2	2

7.3.2　进一步讨论

对于这样一种下降的同时又有反复的生态风险控制局面，如何抑制煤炭依赖型区域生态风险的反复，才是本书最为关心的话题。结合结果阐述中关于生态风险恶化反复的原因，进一步对生态技术、生态正义、生态文化等因素进行讨论。

首先，大力发展生态技术。与传统意义上技术创新相比，抑制生态风险所要求的技术创新，是效率增加型而非产出增加型创新。它在考虑当代人现实利益最大化之上，更多地考虑创新行为造成的外部性以及资源的持续利用。其动力来源于持续发展，目标是实现经济、资源、环境、生态和社会协调发展，解决有限资源供给如何保持当代人和后代人具有同等生存和发展能力的问题。在这个目标下，技术创新的主导方向不再是如何向自然索取更多资源，而是如何最有效地利用资源和通过技术创新实现对资源功能的替代。它不仅受自身利益目标的约束，还受对可持续发展带来影响的约束。如果一个技术创新对满足创新主体利益最大化有利，但对可持续发展不利时，这种行为将受到限制而不能实施。此外，由于资源可持续利用下的技术创新，有些是满足创新者利益目标要求的；而有些不满足，所以它要接受市场机制和外部的双重调节，需要相关法律形成强有力外部约束机制，用法律形式对资源可持续利用影响严重现象加以制止，需要发达的政府和社会指导服务体系，形成有效支持机制，为技术创新主体提供信息、政策、公共设施等技术基础服务，在政府科学的政策导向下才能得以顺利进行。

从科技创新入手，提高其对山西经济、社会可持续发展的贡献率，加速科技创新成果转化，核心是发展科研产业，将研究开发活动由政府投入为主转移到企业投入为主轨道上来，将单元技术突破转向集团技术（技术群）突破。主导方向是，提高煤炭资源开采效率创新，提高煤炭资源利用效率创新，提高煤炭资源替代效率创新，降低煤炭资源开发利用成本创新，促进煤炭资源循环利用技术创新等等。适当控制研发团队外延和规模，集中力量支持，注重其规模优势、人才优势和国际竞争优势培养。加快科技产业化进程，实现技术研发、产业实践、市场体现的单一性成功向系列化成功转移，形成有序列、有贮备、有后劲的战略体系。同时，逐步确立"可持续技术创新"意识，提高省内居民对可持续发展观念的认识程度。建立多渠道资金投入机制，逐步形成政府、企业、金融机构、民间等多种渠道相结合模式，以足够资金保障，推动山西省技术创新实现。此外，在自主创新基础上，适时引进国内外先进技术，并做好消化、吸收、创新工作。把真正有益于区域可持续发展的最新科技成果引进来，在学习应用基础上，提高山西省科技创新能力，尽快形成重点领域（煤矿、钢铁、环境）自主创新的科技产业化体系。

其次，完善生态制度，实现生态正义。制度是活动主体（个人或团体）有意识地、以成文和正式方式创造的一系列政策法规等规则及其实施机制的总称，经济和社会系统中的活动是与制度化规则（institutionalized rules）密不可分。剖析由"公地的悲剧"引出的可持续发展，可以看出，现实生活中存在的一切人与自然关系方面的危机，其本质都是人与人之间、人群与人群之间，涉及环境、资源和生态问题的利益之争，根源于一定社会利益分裂和利益矛盾，根源于一定生产方式和消费方式所产生的行为准则。要遏制山西省特殊经济结构导致的生态环境退化，实现可持续发展，就必须把制度建设作为根本切入口，通过制度创新实现制度均衡，为自身经济、社会可持续发展提供制度上的必要保障。

现代市场经济制度核心是产权制度。产权界定和明晰是市场交易前提，如果没有对产权本身的界定，就根本谈不上交易问题。提高资源管理效率制度创新的核心，就是要明晰资源产权，消除开放资源共享性。就山西省而言，应健全国有资产管理法律法规，建立完善煤炭资源资产评估体系及煤炭资源产权出让和交易市场，加快煤炭资源资产化管理。同时采取适当税收政策、交易许可证实践、科研技术补贴、押金返还制度等，对不能进行私有化的共享资源实行社区所有制，并通过对集体行为进行约束减少资源租值耗散。除此之外，还应进行与人有关的制度创新。打破科技人才专业领域思维格局，在学科、学历、职称、年龄等方面形成优化合理的结构，将老、中、青不同领域科技人才潜力发挥到极致，实现政府宏观调控下市场最优配置。并对与区域可持续发展相关人员的薪酬、绩效、晋升等激励制度进行创新，营造良好的人才环境，加大对有利于可持续发展行为的奖励力度，扩大人才"虚拟流动"，保证区域可持续发展需要人才的数量与质量并激发其创新能力。

最后，创造生态文化。山西省主要矿产资源大都分布在县及以下行政区域，不开展农村地区的环境保护和可持续发展系统教育活动，不提高和增强直接与资源接触人们的可持续意识，山西省可持续发展势必很难落实。因此，山西省可持续发展文化教育有秩序有步骤地在全民范围内全面展开，工作重点是广大农村地区。此外，通过可持续文化教育，形成省内居民的环境价值观念也很重要。要引导人们将生态环境要素作为消费主要考虑因素，以可持续消费导向反作用于市场，推动供给方可持续生产。与此同时，还应在幼儿及中小学教育中，增加人类社会与自然社会之间依存关系的教育；经常开展社区资源节约、环境保护公益讲座；有组织地向群众及企业发放资源环境相关法律法规的科普宣传页；效仿日本"大学技术转移促进法"的相关内容，引导区域内高等院校比如山西大学、山西财经大学、太原理工大学积极开展山西煤炭资源、环境可持续发展的课题研究；加强资源环保部门的实地调研力度；培养公众的绿色消费倾向，并使其成为主导潮流，在全社会形成庞大的绿色市场，构建可持续发展文化氛围，推动企业实行清洁生产。最终达到区域各方共同协作发展，走出一条科技含量高、经济效益好、资源消耗低、环境污染少、人力资源优势得到充分发挥的可持续发展道路。

7.4 本章小结

本章基于前述 BP–SVM 山西省生态风险监控实践，进一步构建煤炭依赖型区域生态风险甄别体系，通过选取甄别要素、确定甄别权重，对山西省未来生态风险状况进行预测，并最终形象、直观地将监控结果展现给决策者，实现生态风险监控的预警功能。通过风险识别，发现对于山西省这样的老牌资源依赖型区域，未来区域生态风险将呈现下降的同时又有反复的生态风险控制局面。如何防患于未然，如何抑制煤炭依赖型区域生态风险的反复，显得意义重大。于是，本章中进一步对该类型区域生态风险恶化反复的原因进行了剖析，并进一步对生态技术、生态正义、生态文化等因素进行了讨论，为后续规避路径研究铺垫思路。

第 8 章

煤炭依赖型区域生态风险压力源识别

作为特殊的一类区域，煤炭依赖型区域从其形成到发展的每个阶段，煤炭资源都始终在其经济、社会活动中占据着最为重要的地位。正所谓"成也萧何，败也萧何"，煤炭依赖型区域的经济发展、区域居民的社会生活，很大程度上取决于区域内煤炭资源型产业的状况。与其他区域相比，煤炭依赖型区域的生态压力更为沉重。特别是近几年，在生态文明建设的紧要关头，若要合理监控该区域生态风险，科学规避生态风险，唯有明晰洞察其生态风险压力源，有针对性地采取措施。本章将从煤炭依赖型区域承载力分析入手，运用界面分析理论，构架界面管理框架，准确识别生态风险压力源，详细阐述该区域生态约束这一主线的相关问题。

> **本章主要内容：**
> ❖ 煤炭依赖型区域的承载力辨析
> ❖ 压力源识别界面分析理论框架
> ❖ 识别验证及结果分析
> ❖ 本章小结

8.1 煤炭依赖型区域的承载力辨析

8.1.1 承载力的理论基础

"承载力"是一个起源于古希腊时代的古代概念，它所包含的极限思想与

"公地"（the commons）及其潜在的过度利用联系在一起，最早出现在亚里士多德的一些著作中。承载力概念正式应运而生专指在某一环境条件下，某种生物个体可存活的最大数量，在特定条件下，它是一个恒定的界限（阈值）。承载力概念自提出后，不断在各个领域得到了广泛应用，其演化与发展是人类对自然界改造和发展的必然结果。"承载力"早期主要应用于生态领域，比较经典的例证是其在畜牧业中的应用——北美、南美及亚洲草原地区，由于草地开垦，过度放牧等原因，土地开始退化，为有效管理草原取得最大经济效益，一些学者将承载力理论引入草原管理用于指导牧业生产，并取得了相当的成效。随着人口增长和经济发展，资源短缺、生态环境恶化等问题日趋严重，承载力概念不断得以发展并被应用到社会——经济——自然复合系统中。

承载力的理论渊源主要来自马尔萨斯的学说。马尔萨斯人口论的核心是三个假设：食物是人类生存的主要限制因素；人口以几何级数增长；食物以算数级数增长。他认为人类种群的增长受可用食物的限制，马尔萨斯的这种关于食物对人类种群增长的限制理论便为日后承载力的提出奠定了基础。最早将马尔萨斯的思想纳入到数学解析式的是比利时数学家菲尔哈斯（Pierre F. Verhulst），他提出了逻辑斯谛方程（logistic equation）：

$$\frac{\mathrm{d}N}{\mathrm{d}t} = rN\left(\frac{K-N}{K}\right) \tag{8.1}$$

式中，$\frac{\mathrm{d}N}{\mathrm{d}t}$ 表示 t 时刻种群的增长量，r 为种群的瞬时增长率，K 代表种群增长最高水平，即超过此水平种群不再增长，该最大值称为负载量或承载量，是一个环境所允许的最大种群值，即环境容纳量（carrying capacity）。逻辑斯谛模型表示当种群生长繁殖到上限 K 值时，种群的瞬时生产率 r 将变为零，则 $\frac{\mathrm{d}N}{\mathrm{d}t}=0$，种群不再增长而进入平衡状态。用图形表示，逻辑斯谛方程为一条"S"形曲线，表示资源有限情况下，种群呈"S"形增长，如图 8 – 1 所示。

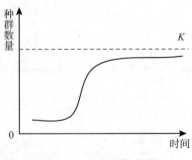

图 8 – 1　S 形增长曲线

从逻辑斯谛方程的解析中可以看出，当物种生长的空间、食物和其他有机体等都没有限制性影响时，即环境对物种无限制时，物种的唯一限制因子为其自身的繁殖率与生长率，此时物种的增长率称为自然增长率（intrinsic rate of natural increase），用数学公式表示为：

$$\frac{\mathrm{d}N}{\mathrm{d}t} = r_u N \tag{8.2}$$

式中，r_u 为种群在无限制环境（unlimited environment）下的增长系数，r_u 在种群稳定后达最大值——生物潜能（biotic potential），种群的增长曲线呈 J 形，如图 8-2 所示。

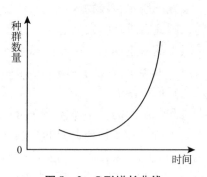

图 8-2　J 形增长曲线

相对而言，"J" 形曲线是不可能实现或只有在实验室中才可能出现的曲线，"S" 形曲线则是现实中绝大多数物种增长的真实写照。因为现实中任何种群的存在都有环境阻力制约，不可能按 "J" 形曲线无限制增长。通常情况是在环境阻力下，种群开始缓慢增长，然后加快，但增长速度逐渐降低，最后达到平衡水平并持续下去，呈现 "S" 形曲线。

由于环境阻力的存在，任何一个物种在达到承载容量后就不再持续增长，一旦种群数量大范围的超过其承载容量后，种群会大批死亡而导致种群数量骤然下降，重新回到新的平衡（人类除外）。总之，无论如何变化，种群最后的变化结果总是回到 K 值（承载力阈值）所允许的范围。

8.1.2　可持续发展与承载力

自 20 世纪 80 年代被提出后，作为全球发展的目标和人类今后的发展方向，可持续发展一直是全世界人们关注的焦点。作为与人类发展相伴相随的 "承载力"，也随之成为可持续发展研究的前沿和热点。在可持续发展理论中，承载力被用来讨论生态系统能够承受人类的最大影响和压力，更大程度上表现为作为资源承载力和环境承载力扩展和延伸的生态承载力。对于自然资源枯竭对经济的影响以及承载力的极限问题，生态经济学家否认主流经济学家关于自然对经济增长是不设限的，承载力只不过是人为的产物，人类完全有能力以自己的知识和技术进步打破各种自然的限制的观点，而是主张承认这种生态承载边界的存在，并认为在有限的环境资源基础下，资源系统管理的改善、技术的提高以及经济结构向着资源守恒方向转变，可能使得经济得以增长（戴利，1985、1993）。生态经济学对生态阈值的这一认识，越来越多地得到了世界不同国家人们的认同。

在可持续发展研究视角下，人与其生存环境共同构成一个不可分割的整体——生态系统。在这个系统中，人类子系统通过消耗资源来维持社会经济的正常运转和发展，同时又以废气、废水、废物等形式向环境输入大量的熵。然而资源和环境容量都是有限的，因此在可持续发展这个大系统中，人类子系统的发展受到资源承载力和环境承载力的双重约束。由于生态系统具有整体性的特征，故从生态系统的整体角度来看，人类子系统的活动必须限制在综合反映生态系统各因素承载能力的生态承载力阈值范围内。

除此之外，可持续发展和承载力的关系还体现在可持续发展和传统发展的区别中。相对于传统发展观，可持续发展强调资源的永续利用和环境保护，强调不超出维持生态系统承载能力的情况下改善人类的生活品质，强调环境和自然资源的长期承载能力对发展进程的重要性以及发展对改善生态质量的重要性（张坤民，1997a）。总之，可持续发展从理论上结束了长期以来把经济同保护环境与资源相互对立起来的错误观点，明确它们之间是相互联系、互为因果的。

由上述分析可以看出，可持续发展和承载力关系密切，从某种意义上看，二者是一个事件的两个方面，具有一致性。可持续发展研究的是人类经济社会活动与资源、环境之间的博弈，承载力要解决的核心问题也是资源、环境、人口与发展。所不同的是，在研究资源、环境与人类经济社会活动关系时，承载力是由下而上根据自然资源与环境的实际承载能力，确定人类子系统经济社会发展的速度、方式和程度，而可持续发展则是从上出发，首先确定经济、社会发展的基调。可以说，承载力是可持续发展的基础，可持续发展是承载力的目标，可持续发展必须建立在生态承载力基础之上，二者是相辅相成、不可分割的。

8.1.3　生态承载力和自然资源约束

生态承载力的出现是承载力理论在实践中不断应用的结果。它在草原管理中的应用，草地承载力、最大载畜量等概念被随之提出；人口增加、耕地减少、粮食危机的出现，将"土地承载力"及其相关概念（区域人口承载容量、地域容量、地域潜力等）推到了世人面前；工业化国家经济迅速发展，能源需求不断增加，全球资源存储量的不断减少，环境污染严重使与此相联系的环境自净能力、环境容量、环境承载力等概念相继被提出，并成为人们关注的热点。20 世纪 80 年代初，联合国教科文组织（UNESCO）提出了资源承载力概念——一个国家或地区的资源承载力是指在可以预见到的期间内，利用本地能源以及自然资源和智力、技术等条件，在保证符合其社会文化准则的物质生活水平条件下，该国家或地区能持续供养的人口数量。与资源短缺和环境污染不可分割的另一问题是生态破坏，草原的退化、水土的流失、生物多样性的丧失……这些变化使人们更加强烈地感受到生态系统完整性的重要性，于是作为资源和环境承载力概念的扩展与完善，生态承载力概念也诞生了。

生态承载力是生态系统对人类的承载能力，地球上不同等级生态系统的自我维持、自我调节能力和承载能力各有不同。高吉喜（2001）将生态承载力定义为：生态系统的自我维持、自我调节能力，资源与环境子系统的供容能力及其可维持的社会经济活动强度和具有一定生活水平的人口数量。岳东霞（2005）将其定义为：生态系统在自我调节能力的基础上提供给具有一定技术条件的人类的自然资产的再生产能力和吸纳人类产生的废弃物的能力。生态承载力强调的是生态系统的整体调节和承载能力，是资源承载力、环境承载力和生态弹性力的综合效应，并非其简单相加。在人与自然环境构成的生态系统中，由于只有人类是能动的，资源与环境的变化在很大程度上受人左右，所以人类对生态承载力的影响巨大。

自然资源概念有狭义和广义之分。狭义的自然资源是生态系统的一个组成部分，对人类社会经济生产活动具有硬性约束。自然资源承载力作为描述这一约束的指标，与环境承载力指标、生态弹性力指标一起综合构成生态承载力。广义的自然资源是与人类系统相对立的自然系统，包括人类系统之外的一切自然资源、自然环境等子系统。在生态系统中，广义的自然资源是人类子系统之外的其他子系统，生态承载力与广义自然资源约束的范畴相同。本书自然资源特指广义的自然资源，书中的生态承载力等同于自然资源约束。

8.2 压力源识别界面分析理论框架

8.2.1 界面及界面管理

1. 界面定义及特征

"界面（interface）"是从工程技术领域延伸至管理领域的交叉学科概念。应用界面知识对管理领域若干问题进行分析,能够更好地研究交互作用、关系及状态,更有效地处理各组织界面效率低等问题。本节将对界面分析相关理论,界面定义、分类、特征及界面管理产生原因、基本原理等进行阐述。

"界面"一词含义丰富,在汉语中指两个以上物体之间的接触面;在英语中既是物体之间的交界面,又是两个独立物间的接口或边界,还是两事物间相互关系与作用。作为一种对于交互的描述,界面概念最早出现在工程技术领域。主要用于描述各种仪器、设备、部件及其他组件(这些仪器、设备、部件具有一定功能,传递特定的能源和信息,但外形并不限定)之间的接口,以及机械设备在加工和装配过程中自然形成的接触表面。也就是说,当各类组件结合在一起时,它们之间的结合部分(结合的形式包括点、面、体三种状态,不失一般性,可以统一用"面"来表述)就称为界面。

后来,"界面"一词被引入人机工程领域和计算机技术领域,其含义被扩展为人与机器间交互面板、程序与过程。随着学科间不断交叉、融合,由于具有对不同单元联结状态描述的良好特性,"界面"一词逐渐受到了管理领域的青睐,并在管理领域中得到了内涵、外延本质性的突破。管理角度的界面突破了实体之间的界限或边界,更多地代表了一种交互的关系、过程和状态,其实质是对界面双方实行联结,将重要的界面关系纳入管理状态,以实现控制、协作和沟通,提高组织绩效。它既可以是有形的也可以是抽象的,既可以是状态也可以是过程,既可以是平级之间的也可以是上下级之间的,既可以是人与人之间的也可以是人与物之间、组织与组织之间、领域与领域之间的。

从内涵来看,尽管管理界面仍是一种接口描述,但它已经超出了工程领域所指的那种物体结合部位,具体的、有形的物质表征束缚。它不仅指不同职能部门之间联系状况,也反映不同工序、流程之间衔接状态,还可描述人与物之间关系,如人机交互界面等。从本质上看,管理界面已经抽象到包容社会和物质双重属性的范畴,它更多体现为一种属性概念,定义的是事物间既可以是有形的,也可以是无形的相互联系状态。

含义得以扩展的界面,还突破了以往线性特征的交界面融合,更多地表现为非线性特征的整合。从外延来看,扩展后的界面所包含内容大大拓宽,其涉及范围种类不仅有实物与实物之间的,也有虚体与虚体之间的,还有实物与虚体之间的。一般来说,界面之间有三种作用关系:串联界面关系——A 将结果输出给 B 后,B 才开始运作(如图 8-3-a 所示);联营界面关系——A、B 在相同资源范畴内工作(如图 8-3-b 所示);交互作用关系——A、B 为同一目标平行工作,并在程序和内容上交互作用,A、B 代表不同组织(如图 8-3-c 所示)。

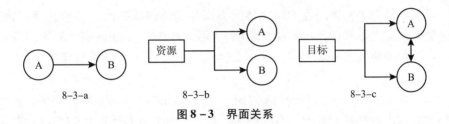

图 8 - 3 界面关系

管理意义上的界面就其基本含义而言，代表了一种状态或过程，既可以由有形事物来体现，又可以由人们抽象能力来感知。界面的这种多重属性使得对其定义比较困难，目前学术界对界面有代表性定义有如下几种。

长城企业战略研究所（1997）认为，界面是主要用来描述为完成同一任务或解决某一问题，企业之间、企业内部各组织部门之间、各有关成员之间在信息、物资、财务等要素交流方面的相互作用关系。官建成和张华胜（2000）定义界面为存在于至少两个不同的通过组织规范及准则区分开来的子部门之间，在其职权范围内，这些子部门均具有独立行为。刁兆峰和余东方（2001）界定管理中界面为，为完成某一任务或解决某一问题，所涉及地企业之间、各组织部门之间、各有关成员之间或各种机械设备、硬件软件、工序流程之间在信息、物资、资金等要素交流、联系方面的交互作用状况。吴涛、海峰、李必强（2003）将界面理解为集成单元间接触方式和机制总和。

（1）界面分类。界面在现实世界中具有普适性，既是物质、实体、系统和过程按照一定特征形成的分界面，也是不同部分和不同过程的结合面。管理领域中的界面突破了物与物之间接触面或机器设备与操作者间交互规则、方式及状态的技术领域范畴，更多地代表了一种交互关系、过程和状态。内涵与外延拓展后的界面，不同角度下具有不同分类（如图 8 - 4 所示）。按照组成界面的集成单元性

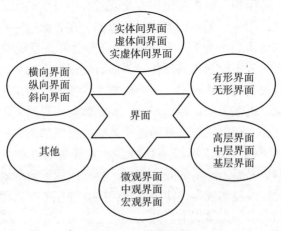

图 8 - 4 界面分类

状，可将其划分为实体间界面、虚体间界面和实虚体间界面；按照其存在状态，可分为有形和无形界面；按其涉及范围，可分为微观、中观和宏观界面；按界面双方在组织内所处层次和地位，又可分为高层、中层、基层界面和横向、纵向、斜向界面。

（2）界面特征。虽然界面具有上述多种不同分类，但从不同分类中，我们可以归纳总结出各种界面共同具有的性质。首先，界面具有环境依赖性。它存在于交互各方的关系中，在不同环境下常呈现出不同状态特性。其次，界面具有交互性。它必然是存在于两个或两个以上独立个体发生交流或接触过程中，单个个体无法形成现实的界面。最后，界面具有动态性。集成单元是界面存在的内在根源，其特征和行为以及各集成单元间关系都是一直处于变化之中的。界面交流主体间关系的变化，必然影响主体间接触状况，也就随即影响界面性状，使其处于动态变化过程中。界面特征的剖析表明，界面是存在于交互集成单元之间，且不能脱离于其独立存在动态变化的状态或过程。

2. 界面管理及其基本原理

由上述分析可知，外延和内涵扩展后的界面，有一大部分描述的是虚体与虚体之间无形的连接状况，是看不见摸不着的。界面的这种无形性给管理工作带来了相当大难度，人们往往难以认识把握界面的根源及实质。于是如何对各种有形、无形界面进行科学管理，高效率地解决界面中存在的问题，就使得界面管理逐渐成为人们关注的核心。

（1）界面管理产生的原因。人类生产力发展是以分工经济为主要特征的。劳动分工能大幅度提高劳动生产率，使劳动者技巧因业专而日进，还可以免除工作转化导致的损失。分工导致了界面，界面是人类劳动分工的必然产物。在分工过程中，人与人、人与组织、组织与组织在交互过程中自然产生了界面。作为系统矛盾集中点、秩序和新奇、无序和有序的碰撞面，在界面这一系统间相互作用最活跃、最不稳定的区域，一丝有利的正向改变都会带来系统整体绩效的显著提升。但是随着社会化分工的深化与泛化，界面有逐渐增多趋势，并连带导致系统内关系数或界面数按几何级数递增。在界面数非线性增长情况下，原有制度、手段与方式明显落后于现实需求，界面矛盾、界面障碍等界面问题频频发生。

界面问题的存在，在以系统观点为立论基础的新经济增长模式——集成经济下，使得分工效率下降、分工不经济性增强。尤其是随着利益冲突、资源有限性、文化差异加剧，界面上产生的效率损耗，界面问题导致的资源浪费和情感挫折，迫使人们支付较大协调成本，使原本艰巨的管理任务变得更加复杂。在某种情况下，界面问题带来的交易成本，甚至超出了系统存在的意义。为扭转这种局面，必须对界面进行管理，最大程度减少界面效率损耗。综上所述可以看出，劳动分工产生了界面，集成经济造成了界面数突增，而信息沟通等带来的界面问题及其造成效率损耗，成为界面管理产生的直接原因。

（2）界面管理的定义。界面管理（interface management），意指对交互作用的管理。自被提出并进入管理科学研究领域以来，就以科研管理一个分支地位展现出重要性，且这个基调一直保持到现在。尤其是其在企业中的应用，逐渐成为企业创新管理新趋势。企业界面管理很好地描述了为完成某一任务、解决界面双方在专业分工与协作需要之间的矛盾，企业间、企业内部各组织部门之间，各有关成员之间在信息、物质、财务等要素方面相互作用，提高管理的整体功能，实现企业绩效的最优化过程。尤其强调了市场、R&D、制造部门间的控制、协作和沟通，把影响企业绩效的重要界面关系纳入到了跨职能整合管理活动中。

从大角度看，界面管理在经济、管理、社会和生物等领域的应用，是对复杂系统物理抽象后界面行为的讨论及完善。作为系统内部与环境的隔离带，系统边界面充分体现了系统与环境之间相互作用，是系统与环境间物质、能量、信息抛射与吸纳的场所。宏观意义的界面管理，突破了企业界面管理的局限，表现为协调两个以上主体之间感觉、动机、意图、知识、能量、信息交流与沟通的组织模式及管理方式。其实质就是对界面双方实行联结，将重要的界面关系纳入管理状态，以实现控制、协调和沟通，提高管理活动绩效。

从集成角度出发，有学者将界面管理视为集成管理重要内容之一。所谓集成是具有某种公共属性要素的集合，诸如兼并、虚拟、集团化等企业管理实践以及企业集聚、产业集群等都属于集成范围。实践证明，集成可以增效，但并不一定能够增效，它依赖于对集成活动及过程的有效管理。集成视角下的界面管理正是这一管理过程的重要方面，它是对要素集成活动以及集成体形成、发展变化，进行能动计划、组织、指挥、协调、控制，以达到整合增效目的的过程。

（3）界面管理的基本原理。界面管理的本质在于整合，表现为直接隶属关系界面上的结合要素呈一体化发展，以及界面博弈双方具有相对独立利益取向或支付函数结合要素交融更紧密，界面渐趋模糊。对于前者来说，纵向上的联系常常导致等级出现，对其管理应该采用无等级协调原理，打破等级界限，消除层次隔阂，实施一体化管理。而后者则形成平行作用关系下的水平方向上接口，对其管理则要最大程度减少或消除横向联系中的摩擦损耗，采取自组织性的跨职能整合方式进行界面控制。具体而言，体现为以下二个原理。

第一，无等级协调原理。无等级协调原理，并非无须重视传统的等级协调，而是使等级更为泛化的一种协调方式，它是等级中性、充实等级、代替等级三者组合。其中等级中性协调方式是指对所涉及等级的每种形式都产生相同影响，不因等级不同而影响不同。充实等级协调方式是将协调形式引入某个现存等级，实施组织或组织者附加的职能。充实等级的协调形式，给某个等级的每个组成部分定义了新附加职能，并共同由具体支配地位的主管机构进行合并指挥，以改善其信息状况。代替等级协调方式是指通过界面管理的协调，淡化现存等级的部分职能，将协调问题转化为非人为的机制状况，特别适于求解资源冲突问题。在这三种组合方式中，等级中性突出对个体行为的影响，通过运用各种明确或隐含方法影响个体行为，从而达到协调目的。充实等级和代替等级则是通过影响群体行为而达到协调目的，二者的区别在于前者采用的是带个性的方法协调而后者则采用无个性的方法。

第二，跨职能整合原理。跨职能整合原理是在界面管理中运用系统整体性原理，在系统目标指导下实现管理中各组织之间、各部门之间、各项目之间以及各成员之间有效的沟通与协作。它能最大程度减少不同部门间的交互作用，通过跨职能整合充分利用资源，提高管理绩效。一般来说，横向界面的产生，常常源于多种不同部门职能之间的交互作用，为了最大程度地减少或消除横向联系中的摩擦损耗，以跨职能整合的方式进行界面控制，如淡化传统意义中严格岗位职责划分、培养具有多种职能管理知识的通才型领导等，是其有效的界面管理方法。跨职能整合原理强调界面管理的整合职能，从整体高度探究界面问题产生的根源，并以系统整体目标为条件，实现系统内不同部门、不同目标职能的有效协作和整合，使界面管理技术更具有灵活性。

第三，自组织协作原理。系统科学的自组织理论表明，任何组织或系统的形成和演化过程都不是按系统外部指令完成，而是在一组事物与变量之间自动发生。在非线性作用下，各子系统及其要素间的相互作用才是系统有序演化的根本机制。界面管理的自组织协作原理正是借鉴这一理论精髓，将界面管理对象看作一个必须不断通过与外界物质、能量、信息交换，达到内部平衡的完整、开放、交互式动态系统。并提倡在解决界面问题时，根据不同系统各自内在规律和特定条件，给予适当外力或创造一定外部条件，构造"互嵌式"相互关系，强化自组织作用，提高集成单元间的交融度，减少协调成本，使界面问题在系统自组织过程中，通过各子系统（人和机构）间协商合作逐渐自行解决。

总之，界面管理独特的操作原理，使其从另一个角度对管理全过程进行审视。有助于管理决策者和执行者将注意力集中在界面——这一系统矛盾的集中地上，从而发现以往忽视的矛盾根源所在，继而在现有管理方法和手段基础上进行针对性的创新，进一步满足管理理论和实践的需要。

8.2.2 煤炭依赖型区域生态风险压力源界面模型

1. SD 与煤炭依赖型区域生态系统

系统动力学（system dynamics）作为系统科学的一个重要分支，是 20 世纪

50 年代中期由美国麻省理工学院福雷斯特教授首创的一门学科。简单地说，它是现代反馈控制系统的原理方法在管理、组织和社会经济问题中的应用，是传统的一些科学（如系统论、控制论、信息论、仿真、决策理论以及非线性理论）与经济学的综合、交叉学科。系统动力学强调系统性，强调用联系、发展、运动的视角研究问题，倾向于在系统内部寻找问题发生的真正根源。它定义复杂系统是由单元、单元运动和信息组成的，具有高阶次、多回路和非线性反馈结构的功能统一体，认为系统存在的现实基础是单元，单元的运动形成了系统统一的行为和功能。

在系统动力学视角下，系统的基本单元是反馈回路（feedback loop），任何复杂系统都是由相互作用的反馈回路构成。正反馈能够产生自我强化的作用机制，而负反馈则产生自我抑制的作用机制，正负反馈回路的交叉作用决定着系统动态行为。就社会经济系统而言，反馈回路联结了关键变量（决策的杠杆作用点）与其周围其他变量的关系，形成系统相互联系相互制约的结构，且反馈回路之间相互作用、相互辐射决定了系统的总体功能。用系统动力学解决问题，就是运用该思维，把一个大系统分成若干子系统，通过找出系统中的反馈回路，即因果回路，来描述系统动态行为。它是一种以定性分析为先导、定量分析为支持，二者相辅相成，螺旋上升并逐步深化的过程，是研究诸如社会、经济、环境、人口、生态平衡、产业发展等复杂系统的有效工具。

系统动力学主要奠基于信息回馈控制理论、决策制定过程、系统分析实验方法和计算机仿真技术这四方面理论基础。其中信息回馈控制理论是系统动力学观察事物的起点，也是其理论核心所在。信息反馈系统的结构、时间递延及放大三个特性解释了机械系统、生物系统及社会系统的所有行为特性，描述了环境影响决策——决策采取行动——行动影响环境——环境又影响未来决策的运作过程。这四个理论环环相扣，共同支撑起了系统动力学体系。事实证明，对由若干反馈回路组成的复杂系统甚至特大系统而言，即使诸多单独回路所隐含的动态特性均简单明了，但其整体特性分析却往往使直观形象解释与分析方法束手无策。此时系统动力学的理论、构模原理与方法就为此类问题的解决，提供了分析研究并寻找对策的强有力工具。

系统动力学对事物的研究机理，一般有以下定义：

定义 8-1　在系统中，若 t 时刻，要素变量 $v_j(t)$ 随要素变量 $v_i(t)$ 而变化，则称 $v_i(t)$ 至 $v_j(t)$ 存在因果链 $v_i(t) \rightarrow v_j(t)$。

定义 8-2　设存在因果链 $v_i(t) \rightarrow v_j(t)$，$t \in T$。若任意 $t \in T$，当 $v_i(t)$ 相对增加 $\Delta v_i(t)(\Delta v_i(t) > 0)$ 时，$v_j(t)$ 也相对增加，存在对应 $\Delta v_j(t) > 0$，则称在时间区间 T 内，$v_i(t)$ 至 $v_j(t)$ 的因果链为正因果链，记为 $v_i(t) \overset{+}{\rightarrow} v_j(t)$；反之称为负因果链，记为 $v_i(t) \overset{-}{\rightarrow} v_j(t)$。

定义 8-3 在一个系统中，n 个不同要素变量的闭合因果链序列 $v_1(t) \to v_2(t) \to \cdots \to v_i(t) \to v_{i+1}(t) \to \cdots \to v_{n-1}(t) \to v_n(t) \to v_1(t)$，称为此系统的一条反馈环。

定义 8-4 设反馈环中任一变量 $v_i(t)$，若在给定的时间区间内的任意时刻 $v_i(t)$ 量相对增加，且由它开始经过一个反馈后导致 $v_i(t)$ 量相对再增加，则称这条反馈环在给定时间区间内为正反馈环；相对减少则称之为负反馈环。

定理 8-1 若反馈环由正负因果链构成，反馈环的极性等于因果链极性的乘积。

从系统动力学的概述分析中可以看出，SD 运用信息反馈系统的结构、时间递延及放大特性，很好地揭示了系统的信息反馈特征，清楚地显示了组织结构、放大作用的延迟效应等影响系统行为模式的机制。能对若干反馈回路构成的复杂系统，及其内外因素相互关系予以明确认识和体现。应用系统动力学分析资源型区域可持续发展系统，能清晰展现这一复杂巨系统众多内外因素间的联系，并能合理确定其交互关系，通过对主反馈回路及调控途径的解析，能为其可持续发展界面——事物交互关系、状态和过程的研究奠定科学的基础，从而达到各种资源的合理配置，以及组织、管理过程中不断提高系统的有序程度。Vensim 是美国 ventata 公司推出的，在 windows 操作平台下运行的系统动力学专用软件。运用 vensim 软件，煤炭依赖型区域生态风险系统进行系统动力学的结构流程分析，其反馈回路及系统结构流程图如图 8-5 所示。

图 8-5 共描述了煤炭依赖型区域生态风险安全涉及的四个子系统——人口子系统、自然资源子系统、环境子系统和经济子系统。人口子系统用净出生人口（PB）和区域迁入人口描述（PIM）；自然资源子系统用资源承载力（NC）、自然资源增加量（NRI）和自然资源减少量（NRD）描述，这两者分别和新增能源（NE）、资源开采量（ENR）、废弃物治理相关（DH）；环境子系统用废弃物增加量（DI）和废弃物治理量（DH）描述，废弃物的增加和生活排污（LER）、生产排污（PER）相联系；经济子系统用三大产业固定资产投资（IAI）和三大产业固定资产投资增加量（IAII）描述。这四个子系统通过向经济活动提供劳动力人数（LFE）、经济促进因子（EF）、生活排污系数（LER）、科学技术（ST）、生产排污系数（PER）、国内生产总值（GDP）和资源开采量（ENR）等辅助变量相互联系在一起。其中，自然资源约束（EC）是四个子系统的核心，它取决于资源子系统和环境子系统的存量，限制着人口子系统和经济子系统的运转和发展。

在人口子系统中，主要反馈环有四条，它们分别反映了人口发展与经济子系统和资源与环境子系统之间的复杂相互作用关系。分别是：

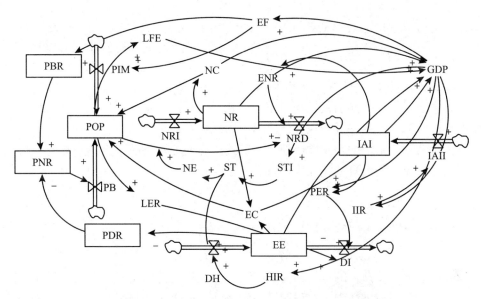

图 8-5　煤炭依赖型区域生态风险系统结构流程

指标名称：DI：废弃物增加量　　　　　　　　　DH：废弃物治理量
　　　　　EF：经济促进因子　　　　　　　　　ENR：资源开采量
　　　　　EE：生态环境　　　　　　　　　　　EC：自然资源约束
　　　　　GDP：国内生产总值　　　　　　　　HIR：治理投资比例
　　　　　IAI：三大产业固定资产投资　　　　　IAII：三大产业固定资产投资增加量
　　　　　IIR：三大产业固定资产投资率　　　　LFE：向经济系统提供劳动力
　　　　　LER：生活排污系数　　　　　　　　 NR：资源存量
　　　　　NC：资源承载力　　　　　　　　　　NE：新增能源
　　　　　NRI：自然资源增加量　　　　　　　 NRD：自然资源减少量
　　　　　PER：生产排污系数　　　　　　　　 POP：人口
　　　　　PB：人口净出生人数　　　　　　　　PIM：人口迁入人数
　　　　　PBR：人口出生率　　　PDR：人口死亡率　　　PNR：人口自然增长率
　　　　　STI：科学技术投资　　　　　　　　　ST：科学技术水平

a. $POP \xrightarrow{+} LFE \xrightarrow{+} GDP \xrightarrow{+} EF \xrightarrow{+} PBR \xrightarrow{+} PNR \xrightarrow{+} PB \rightarrow POP$；

b. $POP \xrightarrow{+} LFE \xrightarrow{+} GDP \xrightarrow{+} EF \xrightarrow{+} PIM \rightarrow POP$；

c. $POP \xrightarrow{+} LFE \xrightarrow{+} GDP \xrightarrow{+} PER \xrightarrow{+} DI \xrightarrow{-} EE \xrightarrow{+} PDR \xrightarrow{-} PB \rightarrow POP$；

d. $POP \xrightarrow{+} LER \xrightarrow{+} DI \rightarrow EE \xrightarrow{+} PDR \xrightarrow{-} PB \rightarrow POP$。

其中，前两条反馈环极性均为正，决定了人口数量的基本增长规律，而后两条反馈环极性为负，决定了人口数量的基本减少规律。

在经济子系统中，主要反馈环有四条，这四大反馈关系促进或制约着经济的基本发展规律，依次是：

a. $GDP \xrightarrow{+} EF \xrightarrow{+} PIM$ 和 $PB \xrightarrow{+} POP \xrightarrow{+} LFE \xrightarrow{+} GDP$

b. $GDP \xrightarrow{+} STI \xrightarrow{+} ST \xrightarrow{+} NE \xrightarrow{+} NRI \xrightarrow{+} NR \xrightarrow{+} GDP$

c. $GDP \xrightarrow{+} HIR \xrightarrow{+} DH \xrightarrow{+} EE \xrightarrow{+} GDP$

d. $GDP \xrightarrow{+} IIR \xrightarrow{+} IAI \xrightarrow{+} PER$ 和 $ENR \xrightarrow{+} (EE$ 和 $NR) \xrightarrow{+} GDP$

其中前三个反馈环的极性均为正，反映了促进经济增长的因果关系，后一条反馈环极性为负，反映了造成经济衰退的因果关系。

在自然资源系统中，主要反馈环有三条，它们分别反映了自然资源与人类生活、经济活动之间的复杂相互作用关系。依次是：

a. $NR \xrightarrow{+} RC \xrightarrow{+} POP \xrightarrow{+} NRD \xrightarrow{-} NR$

b. $NR \xrightarrow{+} RC \xrightarrow{+} GDP \xrightarrow{+} IAI \xrightarrow{+} NRD \xrightarrow{-} NR$

c. $NR \xrightarrow{+} RC \xrightarrow{+} GDP \xrightarrow{+} STI \xrightarrow{+} ST \xrightarrow{+} NE \xrightarrow{+} NRI \xrightarrow{+} NR$

其中前两个反馈环的极性均为负，反映了人类经济活动对自然资源系统的破坏。后一条反馈环极性为正，说明了一定经济发展水平和技术水平下，人们对资源存量的再造。

在环境系统中，主要反馈环有三条。分别描述了一定生态环境承载力下，人类生活、经济活动对生态环境造成的影响，具体如下：

a. $EE \xrightarrow{+} EC \xrightarrow{+} POP \xrightarrow{+} LER \xrightarrow{+} DI \xrightarrow{-} EE$

b. $EE \xrightarrow{+} EC \xrightarrow{+} GDP \xrightarrow{+} PER \xrightarrow{+} DI \xrightarrow{-} EE$

c. $EE \xrightarrow{+} EC \xrightarrow{+} GDP \xrightarrow{+} HIR \xrightarrow{+} DH \xrightarrow{+} EE$

其中前两个反馈环的极性均为负，反映了人类自身生产和经济活动源源不断的熵增对生态环境的破坏。后一条反馈环极性为正，说明了人类运用先进技术、投入大量资金对周围自然资源约束的弥补。

2. 压力源界面框架

作为由相互独立又相互联结的不同部分、不同元素构成复杂大系统的界面，煤炭资源型区域生态可持续发展界面是这一复杂巨系统内各子系统相交作用形成的动态界面。它是系统间相互作用最活跃最不稳定的区域，是秩序和新奇、无序和有序的碰撞面，是系统矛盾的集中点。这一动态的界面蕴含着影响系统间相互作用方向和趋势的各种因素。资源型区域发展能否可持续进行，就取决于系统内各个界面上进行这些交换的方式和程度。

运用系统动力学对煤炭资源型区域生态可持续发展系统全面、彻底、深入的剖析结果，根据不同分类方法，可以在由人口、资源、环境、经济、科学技术等组成的复杂巨系统中分割出既可以是实体间分界面，也可以是不同过程结合面各

态位描述了为可持续发展、突破性技术创新所建立的避免和主流竞争的保护空间，包括一定时间、空间下环境所提供的各种可利用资源集合。它能够有效揭示技术与"准演化"微观技术环境的共生存在关系，阐述技术之间的竞争、共生、寄生等生态状态。

以生态位为研究视角，设计煤炭依赖型区域生态风险规避的技术驱动模式，是技术生态位理论与煤炭依赖型区域生态风险规避实践相结合的过程。通过将技术驱动过程，置身于煤炭依赖型区域的人、财、物等生态因子和一定技术水平、环境容量、与其他企业技术关系等生态关系，能够更好地揭示煤炭依赖型区域不同技术之间、技术生态因子和生境因子间在生态风险规避过程中复杂的作用关系。进而从技术政体氛围探讨规则、法规、方法、系统、结构等要素，对生态技术创新、技术生态化演变的影响，最终实现主流技术缝隙中的利基（niche）技术在特定生态位保护下的涌现，带动整个生态风险规避技术进化，完成煤炭资源型区域生态风险规避的技术驱动。

2. 技术驱动的生态位进化模式

以生态位为视角，选择煤炭依赖型区域生态风险规避技术驱动的模式，荷兰学者构建的技术生态位战略管理（SNM）理论架构成为解决该问题的重要理论基础。SNM 利用技术生态位分析技术演化，建立技术范式变迁微观模型和宏观分析方法，实现了技术创新及技术进化研究的实用性和创新性突破。本书在该理论构架微观分析基础上，结合煤炭依赖型区域生态风险规避技术驱动的特质，提出生态风险规避生态位技术驱动进化理论模式，如图 10-1 所示。旨在从煤炭依赖型区域技术生态位主体出发，设置示范性技术生态位通过市场生态位进行渗透的可供选择路径，提出由技术生态位到市场生态位再到技术范式的生态风险规避技术驱动演变阶段。

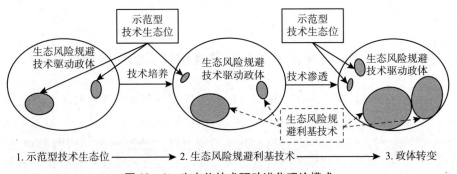

图 10-1　生态位技术驱动进化理论模式

从模型中可以看出，煤炭依赖型区域生态风险规避技术驱动的实现过程，需要经历三个阶段。第一阶段——技术生态位阶段，在技术驱动政体作用下，将有利于煤炭依赖型区域生态风险规避的突破性技术创新纳入特殊保护环境，远离主流竞争并进行实验，形成"示范型技术生态位"。通过技术培育，进入第二阶段——市场生态位阶段，将利基技术的原始市场雏形与煤炭资源型区域生态需求连接，形成具有商业价值和生态价值的市场生态位。最终经过市场渗透，进入第三阶段——政体转变阶段，拉大新技术对旧技术的优势，实现生态风险规避旧的技术范式向新的技术范式政体转变。

3. 煤炭依赖型区域的技术驱动模式检验

将技术生态位战略管理（SNM）理论架构微观分析基础上，形成的生态位进化模式，再次置身于煤炭依赖型区域生态风险规避实践，探讨其对技术驱动能力增长的有效性，分析该理论模型的合理性。可以发现，当技术驱动生态位进化模式与煤炭资源型区域生态风险规避实践相结合时，一方面，适于生态风险规避的新技术，通过规则限制、方法选择、结构优化等政体保护，在特定的生态位中得以涌现与成长，生成有助于煤炭依赖型区域生态风险规避的利基技术；另一方面，通过示范性技术生态位向市场生态位的演变，实现了煤炭依赖型区域生态风险规避新旧生态技术间的交替与演变，确保了不同范式下技术生命周期的完整性，使煤炭依赖型区域生态风险规避技术驱动力得以延展与提升。

具体而言，基于SNM的技术驱动生态位进化模式，具有独特的保护试验阶段。在该阶段，技术生态位向市场生态位转移，通过市场需求检验、技术生态监督等手段，有利于人们准确把握技术发展和使用的生态性，及时在实验阶段取缔不利于生态风险规避的技术，并完善技术创新的生态化导向。同时，生态位技术驱动进化模式在市场生态位向政体转变过程中，凸显了规则、结构、方法等对生态技术的监督和影响能力，给煤炭依赖型区域行政管理留下了作为空间，使技术驱动拥有制度约束的协整动力。

10.1.3　煤炭依赖型区域生态风险规避技术驱动的制度实现

技术的外部性特征，决定了在煤炭依赖型区域生态风险规避技术驱动的物化实践过程中，制度的规范和约束是必不可少的协整动力。作为处理人与人之间社会关系的最有效工具，合理的制度安排能够确保生态风险技术驱动的生态导向，保证技术驱动生态位进化模式的有效应用，使区域生态风险规避的科技创新和科技利用能够有章可循、有法可依。

1. 促进政府推动的制度实现

人类的"趋利性"和生态技术的公共物品特性，使煤炭依赖型区域生态风险规避缺乏强有力的技术驱动力。从长远看，致力于生态风险规避的生态化技术带来的社会收益远大于私人收益，这一公共物品属性呼唤法制建设规范、引导人的经济行为，以制度化的政府推动实现技术驱动。

首先，完善生态技术创新的法律制度体系，以法律护航，实现技术创新的生态化导向。在一部效力和影响力具有纲领性的生态领域基本大法之上，修改其他相关法律法规，形成相互配合的生态法律体系。以科技立法，有效控制技术创新过程中经济至上的唯利原则。将社会生态效益作为科学技术发明、应用、推广的重要标准，强调生态环境保护的优先地位。

其次，制定技术创新生态化发展战略，以制度安排，鼓励先进生态技术的开发和应用。比如，建立相关生态化技术标准，以技术体系实现产业生态化发展；实行财政、税收制度优惠，通过减免、调整税收以及低息信贷等制度措施，对核心生态技术研发给予扶持；完善技术转让、吸收、推广的制度建设，确保生态技术创新研发成本的回收和创新成果的有序扩散。

最后，设定技术评估制度，一方面以需求评估制度确定研发供给，减少生态技术供给的误差；另一方面以环境技术评估制度，对技术使用过程中的生态影响进行监控和指导，确保生态技术从涌现到成长的生态属性。通过政府的力量，以制度为媒介，在生态技术创新过程中，最大程度地减少市场失灵的负面影响。

2. 形成市场拉动的制度实现

自然资源和生态环境的稀缺性决定了技术创新的生态化市场前景。以市场拉动的制度建设实现煤炭依赖型区域生态风险规避的技术驱动，一方面需要从生产制度入手，完善生态环境与自然资源成本内部化的价格机制，将技术对生态环境可能造成的"外部不经济性"内部化，以生态生产拉动生态风险规避技术驱动力。比如，通过资源与环境的产权制度、资源与环境的有偿使用和补偿制度、生态环境成本核算制度、排污权交易制度、环境资源税制度等，真实全面地反映资源和环境的价值，使生态生产在市场运行中占有优势，从而给予生态技术创新强大的市场拉力。同时，辅以生态生产过程中规划、准入、退出制度形成的约束系统，以制度约束非生态化生产行为，进一步保证生态技术创新的科学决策。

另一方面，要从消费制度入手，为生态技术创新提供公平公正的市场运行环境。比如，对于使用生态化技术进行生产的企业，给予补贴及税收优惠制度，修正生态化技术产品的市场价格，提高其市场适销性，以消费市场的价格拉动作用形成生态技术创新的良性循环；完善政府绿色采购制度，强化政府在生态化技术培养过程中的主体地位，以政府财政支出带来生态技术创新强大的市场拉动力；积极推进技术创新生态化的公众参与制度，通过公示监督制度、群众举报制度、大众媒体的舆论监督制度，使公众对技术使用的生态化过程、技术产品的生态属性都能够实施监督，促进技术创新生态化发展。

总而言之，煤炭资源开采利用引发的经济社会成本不断增加，使得煤依赖型区域生态风险不断升级，迫切需要科学技术为生态风险规避提供工具，以技术驱动实现区域生态风险控制。从煤炭依赖型区域现有技术驱动力不足的成因分析中可以看出，区域生态风险规避技术驱动的成功与否，取决于科学技术创新的生态适应性。

一方面，需要对技术驱动进行生态价值重构，以正确的价值观指导人类的技术研发及技术使用实践行为；另一方面，要摆脱传统技术创新的路径依赖，以生态导向打破基于生存竞争基础上的利益分配和经济博弈，在技术生态位战略管理指导下，开展生态位技术驱动进化理论模式构造，开始绿色生态之旅。同时，在煤炭依赖型区域生态风险规避技术驱动的物化实践过程中，还要实现制度规范和约束的协整动力，以法律为导航，辅之以经济制度的鞭策，最终以政府推动和市场拉动共同实现煤炭依赖型区域生态风险规避的技术驱动。

10.2 基于公众参与的规避路径选择

——扎根理论视角

生态问题作为人与自然相互影响的一种形式一直存在。近年来，随着人们生态意识的觉醒和生态需求的勃兴，对区域生态状况提出了更高的要求。但现实情况却是"生态事件"愈演愈烈，逐渐危及社会安全以及人类的生存和发展。特别是近几年"霾"的到来，使区域生态风险问题成为摆在我国政府和人民面前无法回避、厄待解决的重要议题。

我国十八届三中全会通过的《中共中央关于全面深化改革若干重大问题的决定》将区域生态风险治理的重要性提升到了一个前所未有的高度，要以"最严格的源头保护制度、损害赔偿制度、责任追究制度，完善环境治理和生态修复制度，用制度保护生态环境"。然而无论从宏观视之，还是从微观探之，建设区域生态风险治理所需的这些制度建构，无不与"公众参与"密切关联。发达国家生态治理的经验证明，环保事业的最初推动力都是来自于公众。因此，有必要从公众参与视角出发，深入探究区域生态风险防范公众参与模式的内外部影响因素，制定有针对性的管制政策，帮助政府引导普通公众向生态公民转变，实现区域生态风险的有效规避。

10.2.1　公众参与区域生态风险防范的研究方法

对于公众参与区域生态风险防范模式来说，目前尚无界定清晰的成熟变量范畴以及相应的理论假设，应用定量分析方法对该模式的影响因素进行描述不太可行。并且不同分类人群对公众参与区域生态风险防范模式的理解不尽相同，大样本量化研究有效性不高。鉴于此，笔者拟通过深度访谈的方式，采用开放式问卷，运用扎根理论（ground theory）的质化研究方法，对该模式的影响因素及政策干预路径进行探索性研究。

扎根理论是由格拉斯特（Glaser）和思庄思（Strauss）于 1967 年率先提出，在经验资料基础上，自下而上建构实质理论的一种实证研究方法。该方法主要适用于研究个体对真实世界的解释或看法，强调研究对象可以是"解释性真实"。这种真实也许并不完全客观，但对于理解人类行为、形成新的理论具有重要意义。它有助于研究者通过搜集现实资料，提出一个自然呈现的、相互结合的、概念化的、由范畴及其特征所组成的行为模式。

运用扎根理论对本书进行探索性分析时，主要运用第一手访谈资料进行开放式编码、轴心编码、选择式编码三个程序，构建区域生态风险防范公众参与模式影响因素模型。并采用持续比较（constant comparison）分析，使数据收集与分析同步，不断将新收集到的数据与已有数据形成的范畴进行比较，以新的范畴修正现有理论。反复进行比较、修正过程，直至不再出现新的范畴，达到理论饱和。

在数据采集过程中，本书依照目前现有理论框架，采用理论抽样（theoretical sampling）方法，通过非结构化问卷对具有代表性的公众进行深度访谈。为了提高获取资料的质量（质化研究要求受访者对所研究问题具有先验理论认知），我们选择的受访对象多是大学或以上学历（只有两位为在校本科生），年龄段为 20～45 周岁，思维活跃、社会责任意识强的中青年公众个体。在理论饱和原则指导下，最终选择了 22 个受访个体，其信息如表 10－1 所示。

表 10－1　　　　　　　　　　受访对象统计资料

		人数（人）	百分比（%）
性别	男	10	45.5
	女	12	54.5
年龄	20～25 岁	3	13.6
	26～30 岁	5	22.7
	31～35 岁	5	22.7
	35～40 岁	7	31.8
	41～45 岁	2	9.1

		人数（人）	百分比（%）
学历	大专	2	9.1
	本科	11	50
	研究生	9	40.9
职业	在校学生	3	13.6
	教育工作者	4	18.2
	公务员	6	27.3
	企事业单位职员	9	40.9

访谈过程从理论抽样到选定被访对象、设计访谈大纲、确定访谈时间、进行访谈、整理访谈资料先后历时近 5 个月时间。主要采用深度访谈和小组访谈相结合的方式，从每个年龄段选取两位受访对象，共进行了 10 次深度访谈；并以职业类型划分，进行了 4 次小组访谈。个人深度访谈过程，没有固定的访谈问题，鼓励受访对象全面表述自己对公众参与区域生态风险防范的看法和意见，尽可能深入了解不同个体对该问题持有的态度、思维方式、内在想法。小组访谈过程中，主持人按照采访提纲提出问题（如表 10 - 2 所示），并以追踪式提问，引导小组成员在发散思维状态下，相互启发、充分讨论。两种访谈方式结束后，研究者对现场资料进行整理，形成近四万字的访谈记录，作为本研究的原始数据。

表 10 - 2　　　　　　　小组讨论访谈提纲

类别	内容
第一类（判断类）	你觉得公众在区域生态风险防范中参与度如何？近几年有变化吗
	对你而言，你觉得参与区域生态风险防范难吗？你参与过吗？
第二类（陈述类）	你认为影响公众参与区域生态风险防范主要障碍是什么？
	政府如何做才能增加区域生态风险防范公众参与度？

10.2.2　公众参与区域生态风险防范的理论模型

1. 范畴提炼

利用开放式编码（open coding）进行范畴提炼，是扎根理论对社会研究的重要贡献。该过程是将原始访谈资料以其本身的状态，进行初始概念化呈现的过程。编码中要尽量悬置已有研究"定见"及研究者个人"既有思维"，以一种开放的心态，尽量使用受访者的原话作为编码原始资料。通过资料打散、赋予概念、重新组合等操作，研究团队共得到五百多条有用的原始信息。鉴于初始概念在一定程度上存在交叉相关性和低层次性，进一步提炼并筛选剔除重复频次不高（频次少于等于2次）的初始信息，构建煤炭依赖型区域公众参与区域生态风险规避路径研究的开放式编码范畴体系，如表10-3所示。（篇幅所限，表中仅节选3条原始语句及相应初始概念对相应范畴进行说明）

表 10-3　　　　　　　　　　开放式编码范畴化示意表

范畴	原始语句（初始概念）
生态危机意识	A01 我做一点环保的事，或者做一点不环保的事，对整个区域大环境没什么本质影响吧（生态事件认识）
	A11 说实话，区域的生态风险问题主要是企业行为造成的，和我们普通民众没有太大关系，我们只是受害者（生态风险认知）
	A20 我也知道生态问题是个重要的问题，可是保护环境是一个长久的、持续的行为，短时间没有什么成效，就会让人觉得保护环境不是那么很急迫的事情（危机意识）
公民生态责任	A04 很多人都比较自私，大家都是怎么方便怎么来，比如扔垃圾啊，扔废电池啊，排污水啊，或者随地大小便之类挺多的（社会责任感）
	A11 我就觉得咱们普通老百姓是区域生态风险的受害者，现在要让我们来对区域生态风险防范负责，这不公平（生态责任划分）
	A15 区域生态风险防范这是大家的事，所以多我一个不多，少我一个不少，跟我自己关系不是很密切（意识）
生态参与知识	A04 不知道在哪些方面哪些事情是不利于环保的，或者怎么做能减少生态风险（生态基本知识）
	A19 看到一些不生态的行为，不知道怎么通过法律去制止，当然更多时候也不敢去制止，多一事不如少一事吧，也犯不着因为这些事去得罪人吧（法律知识）
	A08 非常想参与到区域生态风险防范中来，但确实不知道具体怎么做，没人指导（行为指南）
行为效力感知	A01 对于整个区域而言，咱们这些小小的个人做一些事情有用吗（个人行为的社会感知）
	A08 有时候觉得自己挺环保的，但结果证明好多行为是不环保的（生态行为效果感知）
	A12 有类似的破窗效应，破罐破摔（负面行为感知）
生态行为经济利益	A01 一个字——钱。大家都知道有些行为不生态不环保，那为啥想方设法就不愿意改变？因为生态行为的经济成本太高了（经济成本）
	A05 我去监督不生态的行为可以，但是冒那么大风险，有什么好处呢？必须给大家一些经济激励，才能激发公众参与区域生态风险防范的积极性（经济利益）
	A17 说到底还是资金投入不高，现在的人都很现实，没有利益，干吗要改变现有的生活方式（利益驱动）

范畴	原始语句（初始概念）
行为实施便利程度	A02 太麻烦啦。比如垃圾分类，先不说咱们国家现在没有推行垃圾分类，就算真的推行了，我也不持乐观态度，大家每天上班那么忙，然后下班还得把垃圾挨个分类，反正我觉得我怕是做不到（太麻烦）
	A02 有时候我拿着一袋垃圾走好远都没有垃圾桶，最后只能随地乱扔（无法实施）
	A15 上班路上经常看到有些公交车车体老化得很，冒的黑烟那么浓，但是我不知道往哪打电话投诉啊，想真正参与生态风险防范挺不方便的（不方便）
生态行为相关风险	A04 前一阵听说山东打井排工业废水，当地民众早都知道了，为啥一直不揭露？还不是因为风险太大，大家都不敢啊（他人威胁）
	A06 有时候使用一些再回收再利用材料制造的产品，会不会有对身体呀什么的有风险啊（自身风险）
	A13 山西人都知道采煤给环境带来风险，但把煤矿都关了，我们靠什么生活啊（经济风险）
司法诉求完善程度	A03 很多人因为污染得了重病，但一没钱二没文化，真不知道去哪告（司法维权）
	A03 在中国告状非常难，要走很多程序，要花很多钱，要托很多人（司法程序）
	A20 其实看到大黑烟囱冒的浓烟，我特别想找部门举报，但又怕暴露自己身份，被人报复（法律保障）
生态法规政策	A09 相关生态法规政策太少，企业行为也好，公民个人行为也好，都无法做到有法可依（法律体系不健全）
	A09 相关法律知识的普及程度不高，人们有时候也并不是成心违法（法律普及程度）
	A20 就好像见义勇为一样，参与生态风险防范风险很大，而且没有基本法律保障（无法保障）
公众反馈机制	A15 有时候想投诉，想反映问题，没有渠道啊（渠道欠缺）
	A17 有些工程开工之前，作为普通公众并不知道对周围环境有没有影响，这些环评信息都是不公开的（信息公开）
	A20 有些情况反馈上去了，没有回音（信息反馈）
生态基础设施	A02 我所在的小区，这些生活方面的生态基础设施就很少（设施缺乏）
	A07 很多企业的废物再循环再处理设施徒有其表（非正常使用）
	A08 技术原因吧，很多生态风险防范的设备没有研发出来吧（技术滞后）
相关环保组织	A15 我周围没听说有什么民间的环保组织（组织匮乏）
	A15 就算有，这些民间环保组织的监督力度又能有多大呢（约束力欠缺）
	A20 给政府环保部门打电话反映情况，当时效果挺好，可没两个月就感觉又回到从前了（不彻底）
群体压力约束	A04 放鞭炮尽管污染空气，但是政府没有禁止，大家都放，自己不放显得寒酸（社会评价）
	A12 公众缺乏生态风险防范榜样，因为公众喜欢随大流。毛主席时代，各种榜样特别多，大家就有了行为标兵，群体压力也会迫使一些生态不积极分子变得积极起来（榜样缺失）
	A14 有些生态破坏严重的地方，因为有经济利益，所以单枪匹马地搞生态，会被群体攻击的（群体压力）

续表

范畴	原始语句（初始概念）
政府表率作用	A05 这个问题上必须采用上行下效，政府表率很重要（政府表率）
	A07 政府在区域生态风险防范上做得不够，一些项目明明对生态环境有影响，但依旧可以获批，在更多时候还是考虑 GDP 更多一些（政府态度）
	A17 对破坏生态环境的行为，政府必须拿出举措真实有效地治理（政府行动）
舆论宣传效果	A01 生态风险的舆论宣传不够警醒，很多人对区域生态风险给自身带来的危害不太了解，应该多在一些公益节目中播放这些内容，让大家意识到生态是和每个人息息相关的事（加强宣传力度）
	A09 舆论宣传的方式太单一，应该多样化一些，特别是粘贴海报、发放一些环保知识的传单，或者在社区开展生态知识及相关法律常识的讲座，对区域生态风险防范都很有好处（增加宣传方式）
	A19 加强学校教育，通过教育宣传，为公众树立正确的生态意识，学会正确的参与方法（加强学校教育）
政策执行力度	A03 有时候挺好的政策，执行起来就走样了（执行力）
	A09 生态问题随着 PM2.5 越来越受到关注，应该出台能解决问题的有效政策（有效政策）
	A11 相应的考核制度得改变，把生态指标放到政府考核中，有利于地方政府真正重视生态风险防范问题（配套机制）

2. 模型构建

在开放式编码得到的范畴基础上，对公众参与区域生态风险防范影响因素进行轴心编码（axial coding）。从各个独立分散的开放式范畴中挖掘彼此潜在的有机联系，找到类属轴心，区分主范畴与副范畴，完善范畴的逻辑性质，发展范畴的概念层次，进而以相互影响次序为标的，在 16 个开放式编码范畴基础上集结成四个主范畴轴心。各主范畴轴心及其对应的副范畴如表 10 - 4 所示。

表 10 - 4　　　　　　　　　　　轴心编码范畴示意表

主范畴轴心	对应副范畴	逻辑内涵
公众生态意识	生态危机意识	公众对区域生态环境状况的危机感、区域生态事件的敏感程度等意识认知影响其生态意识
	公民生态责任	公众对区域生态风险防范的社会责任感以及对个体与整体责任联系的认识影响公众生态意识
	生态参与知识	公众是否具有参与区域生态风险防范的相关知识影响公众生态意识
	行为效力感知	公众对个体生态行为所带来的社会效力、影响程度、重要性的认识影响其生态意识

续表

主范畴轴心	对应副范畴	逻辑内涵
生态行为成本	生态行为经济利益	公众参与区域生态风险防范生态行为所支付的经济成本及产生的经济收益影响其实施成本
	行为实施便利程度	公众开展生态行为便利程度影响其生态行为成本
	生态行为相关风险	公众参与区域生态风险防范生态行为可能带来的生理或心理风险影响其生态行为成本
	司法诉求完善程度	当发生生态恶性事件，司法诉求的完善程度影响公众采取生态行为的成本
生态参与平台	生态法规政策	政府制定的生态法规政策是公众生态参与平台的法律保障
	公众反馈机制	公众通过反馈机制有效地反馈自身生态需求，并对区域生态事件进行监督，是公众生态参与平台的技术支撑
	生态基础设施	相应的生态基础设施是公众生态参与平台的物质基础
	相关环保组织	政府的生态机构以及大量民间环保组织都是公众生态参与平台的组织模式
社会参照氛围	群体压力约束	群体压力、社会评价影响公众参与区域生态风险防范社会参照氛围的形成
	政府表率作用	政府举措、生态表率、官员生态行为影响公众参与区域生态风险防范社会参照氛围的形成
	舆论宣传效果	舆论导向、宣传力度、教育模式影响公众参与区域生态风险防范社会参照氛围的形成
	政策执行力度	政策从上而下的执行力度、执行效果影响公众参与区域生态风险防范社会参照氛围的形成

进一步分析轴心编码得出的轴心内涵，运用选择式编码（selective coding）对不同主范畴轴心间的逻辑类属关系进行系统分析。并基于核心类属挖掘，寻找主范畴间的联结方式，构建脉络清晰的"故事线"。本书中主范畴间的脉络结构及脉络条件如表 10 - 5 所示。

表 10 - 5 主范畴脉络示意表

脉络结构	脉络条件
公众生态意识——区域生态风险防范公众参与意识	生态危机意识、公民生态自然、生态参与知识、行为效力感知等公众生态意识，影响了公众参与区域生态风险防范的意识强度，是意识——行为之间关系的内在动力
生态行为成本——区域生态风险防范公众参与行为	生态行为经济利益、相关风险，行为实施便利程度及司法诉求完善程度等生态行为成本，影响了公众参与区域生态风险防范行为发生的可能性，是意识——行为之间关系的内在约束力

续表

脉络结构	脉络条件
生态参与平台—— 区域生态风险防范公众参与行为	生态法规政策、公众反馈机制、生态基础设施、相关环保组织等生态参与平台的形成,影响了公众参与区域生态风险防范行为发生的结果,是意识——行为之间关系的外在动力
社会参照氛围—— 区域生态风险防范公众参与意识	群体压力、政府表率、舆论宣传、政策力度等社会参照氛围的形成,影响了公众参与区域生态风险防范的意识方向,是意识——行为之间关系的外在约束力

通过一系列的开放式编码、轴心编码及选择式编码得出的脉络结构,最终确定本研究"公众参与区域生态风险防范的影响因素及作用机制"这一核心范畴。并以此为基础,构建公众参与区域生态风险防范模式理论构架,即"公众参与生态风险防范意识——行为整合模型",如图 10 - 2 所示。同时,运用留置的访谈记录对模型中的范畴进行理论饱和度检验,未发现形成新的重要范畴和结构关系。由此认为,上述模型在理论上是饱和的。即就是说,可以运用"公众参与生态风险防范意识——行为整合模型"对本书的核心范畴进行阐释,并得出相关结论和政策建议。

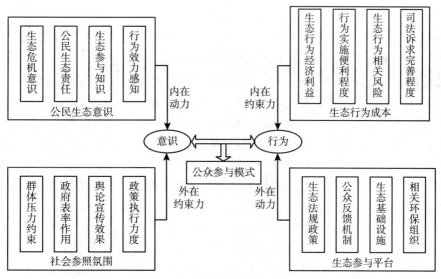

图 10 - 2 公众参与区域生态风险防范意识——行为整合模型

10.2.3 公众参与区域生态风险防范的实践路径

从上述公众参与区域生态风险防范的意识——行为整合模型构建过程中可以

看出，影响区域生态风险防范公众参与模式的主要因素集中体现为公众生态意识、生态行为成本、生态参与平台、社会参照氛围四个主范畴。这四个范畴以"意识——行为"故事线展开，依次调节着公众的生态意识与生态行为联结关系，最终影响区域生态风险防范公众参与模式的成效。其中公众生态意识和生态行为成本是公众参与区域生态风险防范的启动因素，是参与过程的内在动力和内在约束力；生态参与平台和社会参照氛围是公众参与区域生态风险防范的强化因素，是公众参与模式的外在动力和外在约束力。四个主范畴对区域生态风险防范公众参与模式具有不同的作用方向，为政府设计有针对性的干预政策路径提供了思路，下面具体阐述。

第一，政策制定者着手强化公众生态意识，增加区域生态风险防范公众参与模式"意识——行为"整合的内在动力。对于区域生态风险防范而言，尽管意识与行为之间并不表现出显著的一致性，甚至更多时候表现为"知强行弱"，但意识是行为的先导，没有先进的生态意识，公众生态行为将失去心理诱因。结合调查采访的内容，大多数受访者都认为自己具有一定生态意识，之所以没有产生有效的生态行为，笔者认为还是公众的认知强度不够。要改变意识——行为间的弱联结，需要政策制定者设计更为精细的干预政策。

具体而言，首先可以通过更为真实的体验认知，深化公众的生态危机意识，切实感受区域生态风险对每个公民生活的影响，增加生态认知强度，确保区域内的每个公民都能真正感受到区域生态风险状况的严重性。其次，以法律规定和经济措施明晰公众生态责任，提高个体对区域生态风险防范的责任感，变"区域生态风险防范公众自愿参与"为"带有经济奖惩措施的半强制或强制行为"。再次，以科学的宣传方式进行生态参与知识教育，普及区域生态风险防范公众参与行为指南（具体做什么、怎么做），减少公众因为欠缺相关知识而放弃参与区域生态风险防范的可能性。最后，及时地、积极地、正面反馈公众参与生态风险防范行为可能给区域生态治理带来的效果，提高公众个体行为效果感知，重点强调公众个体参与区域生态风险防范行为的正面效果，改变生态治理"时滞"给公众参与度带来的挫伤。

第二，政策制定者注重降低生态行为成本，减少区域生态风险防范公众参与模式"意识——行为"整合的内在约束力。区域生态风险的防范，需要变经济理性的经济行为人为生态理性的生态行为人，在这一过程中，如何降低生态行为产生的相关成本至关重要。一方面需要政策制定者采取多层面管制政策措施，从配套设施、产品条件、技术支撑、行政约束等各个角度出发，使公众生态参与模式简单便利、低成本。同时，对积极采取生态行为的企业或个人给予相应经济奖励，比如给予排污治理做得比较好的企业相应税收优惠，通过阶梯式收费标准鼓励更注重生态环保的低碳家庭，使公众参与区域生态风险防范不光具有社会效益，更具有经济效益。

　　另一方面，要尽可能减少公众参与区域生态风险防范生态行为对公民个人生命安全等产生的社会风险。正如调查中 A04 提到，"前一阵听说山东打井排工业废水，当地民众早都知道了，为啥一直不揭露？还不是因为风险太大，大家都不敢啊（他人威胁）。"很多公民对区域生态风险也非常关注，对生态事件非常痛恨，但因为害怕报复，不敢向有关部门进行监督举报。政策制定者应不断完善司法公益诉求程序，既要保障生态事件受害者能够便捷、低成本维权，更要维护积极参与生态风险防范公众的合法权益。同时，还应注重降低区域生态风险防范公众参与的心理成本。加大舆论宣传，有效引导公众生活方式和消费观念向非物质因素转移，尽量削弱"唯物质化"生活方式对绿色生态家庭造成的心理负面影响。

　　第三，政策制定者加强建设生态参与平台，增加区域生态风险防范公众参与模式"意识——行为"整合的外在动力。根据深度访谈研究的结果，是否为公众构建了完善的生态法规政策体系，是否实现了有效的生态信息公众反馈网络，是否提供了便利成熟的生态基础设施，是否组建了理念先进、运营成熟的相关环保组织等等生态参与平台相关子因素，在很大程度上影响了公众参与区域生态风险防范的积极性和有效性。由此，政策制定者有必要从生态参与平台构建要素入手，创造必要的制度、技术、组织条件，以实现公众参与区域生态风险防范。

　　其中，"公民组织"和"信息公开"是需要政策制定者重点关注的方面，这二者被认为是公众参与的两大基础性制度。面对区域生态风险，普通公众个体力量薄弱，要想真正参与区域生态风险防范中，必须依附于相应的组织，通过组织诉求解决问题。如果组织缺失，仅依靠个人力量通过听证、上访、民事诉讼等途径，只能在一定程度上发挥一定作用。正如乔舒亚·科恩所说，任何运转良好的、满足参与和共同利益原则的民主秩序都需要一个社会基础。有效组织的缺失使得公民个人在处理生态问题时，往往将事件闹大，引起社会轰动，从而引起关注来解决问题，而这通常造成事件恶性发展，带来诸多负面效应。信息不能有效公开亦是如此。必须完善生态信息公开制度，确保区域生态风险的公众知情权，强化舆论监督，及时反馈，完善公众对区域生态环境的意见表达机制，使得区域生态风险防范公众参与成为真正的权利。

　　第四，政策制定者努力构建社会参照良性氛围，减少区域生态风险防范公众参与模式"意识——行为"整合的外在约束力。在中国的文化背景下，"面子"意识对行为具有很强的约束力。轴心编码范畴解析结果表明，群体压力、政府表率、舆论宣传以及政策执行力度等社会参照氛围与区域生态风险防范公众参与度之间，存在非常显著的外在约束与调节作用。分散的公众个体面对区域生态风险防范过程中的利益竞争，往往在"搭便车"心理支配下陷入"群体无意识"，

"从众"心态逐渐演变为"不必承担责任的群氓心理"。是否需要通过行政法规政策的强制约束力，限制区域生态风险防范过程中的"群氓心理"，从而构建良性社会参照氛围是值得政策制定者认真考虑的一个现实问题。

但有一点毋庸置疑，以正确的舆论导向为媒介，突出政府行为的表率作用，对于构建区域生态风险防范公众参与良性社会参照氛围具有巨大的推动力。前述质化研究调查过程中，大多数被访对象都认为，地方政府对区域生态风险防范重视不够是区域生态风险事件频发的重要因素。只要地方政府将生态放到头等重要的位置上，政府部门和政府官员带头做好示范作用，加大环保政策执行力度，将会极大促成全社会形成绿色生态的文化风气和社会氛围。如此一来，在榜样的激励下、政策的约束下、生态需求的呼唤下，区域生态风险防范公众参与度就会得以极大提高。

对于煤炭依赖型区域生态风险规避的路径研究，本书通过扎根理论，运用质化研究方法，对区域生态风险防范公众参与模式进行了探索。与以往研究相比，在全面梳理影响公众参与度相关变量范畴方面做出了一些贡献。比如，行为效力感知、司法诉求完善程度、群体压力约束等变量范畴，在以往相关研究中很少被提及。并在范畴提炼的过程中，凝练了公众参与区域生态风险防范的"意识——行为"整合模型，更为系统地阐述了各主范畴与公众参与模式之间的作用机制，最大限度剖析变量协整的内因与驱动力，为政府政策干预路径的确立提供更为翔实的理论依据。

10.3　基于地方政府协同作用的规避路径探析

——演化博弈视角

面对新一轮区域性生态事件，生态规制跨区域联动成为各方共识。自 1979 年《环境保护法》颁布以来，国务院曾先后制定并实施了一系列改善生态环境的重大政策。然而，这些政策的执行状况在很大程度上取决于地方政府的生态规制行为。地方政府作为连接国家制度供给和公众制度需求的重要中介，其生态选择决定了我国生态治理的效果。特别是对跨域生态问题的处理，相邻地方政府间往往会受到经济成本以及生态外部性的左右，最终呈现生态规制策略博弈局面。如何有效引导博弈演化的方向？怎样避免非合作博弈困境，实现生态规制的跨区域联动？国外生态治理历程告诉我们，真实有效的公众参与是制胜法宝。通过分析相邻地方政府间的演变博弈行为，进而把握公众权益与跨域生态规制策略选择，能够从一个侧面揭示我国生态问题的本质，有助于提高跨域生态治理的效率。

10.3.1　生态风险地方政府协同治理的理论构架与情景假设

从理论层面探究跨区域生态规制问题，绕不开跨域生态问题的外部效应及公共物品特征。不论是科层治理，还是市场治理，抑或是自主治理，核心都在于采用什么样的政策组合，解决跨域生态问题的外部性效应。因此，本书理论构架的首要问题是明确跨区域生态规制过程中"外部性"的具体体现，即跨域生态规制涉及的各种利益关系。

一方面，为治理跨界生态问题，国家对某相邻两个区域部署联动生态规制。地方政府选择严格落实国家生态规制时，辖区内生态环境得以改善，但要为此付出高额的执行成本和经济成本；反之，形式落实国家生态规制时，辖区内生态环境持续恶化，但可以保持短期的经济增长，且无须支付成本。然而，生态资源的公共物品特性，使单一区域生态规制的边际收益与社会收益不相等，具有显著的外部效应。当同时严格落实国家生态规制时，双方获得相同的社会净收益；当只有一方严格落实时，不但需要付出高额成本，环境改善的净收益还会被对方环境恶化的负效应所弱化；形式落实国家生态规制时，政府则既无须付出落实成本，还能免费获取对方执行生态规制产生的生态正效应。

另一方面，面对跨域生态问题可能带来的"公地悲剧"，大多数公众希望通过区域联动生态规制改善区域生态状况，满足自身生态需求。在这一过程中，公众更多考虑的是区域环境生态效应而非经济效应。相较于地方政府，公众的生态意愿更强。但是，公众监督区域联动生态规制需要付出监督成本。在我国现行法律体制下，公众监督成本高，经济回报少，监督执行力有限，难以发挥真实效力，严重挫伤区域联动生态规制的公众参与度。这一点，正是与发达国家相比，我国生态规制效果不显著的主要因素。在解决这些问题的过程中，生态系统的一体化特征、生态事件的扩散性影响，使相邻区域地方政府、公众以及中央政府间呈现利益牵制下的演化博弈特质。

基于各种利益关系构架，结合我国跨区域生态规制的具体情形，设定本书演化博弈情景假设如下。

（1）参与者假设。跨区域生态规制演化博弈是公众权益成本下，有限理性的地方政府间重复博弈。本书中假定主要博弈参与者为实现跨区域生态规制的相邻区域地方政府，博弈成员间的策略选择，受公众权益影响，依照上一次博弈结果而改变。

（2）策略假设。由于存在生态规制与区域经济发展的现实矛盾，区域联动生态规制实施过程中，严格落实国家生态规制，需要付出短期内经济增长受阻的较大成本，而形式落实则几乎可以不付出成本。故本书中有限理性的博弈参与者——相邻地方政府区域联动生态规制的策略选择为：严格落实国家生态规制和形式落实国家生态规制，策略集为｛严格落实，形式落实｝。

10.3.2 生态风险地方政府协同治理的模型构建与博弈分析

1. 跨区域生态规制演化博弈理论模型

（1）支付矩阵设定。假设实行跨域联动生态规制的相邻地方政府分别为地方政府 A 和地方政府 B，C_1 为 A 严格落实国家生态规制政策的成本，C_2 为 B 严格落实国家生态规制政策的成本，C_3 为公众监督地方政府 A、B 联动落实国家生态规制政策的成本，D_1 为 A 严格落实国家生态规制政策时辖区生态状况改善量，D_2 为 B 严格落实国家生态规制政策时辖区生态状况改善量，I_1 为 A 形式落实国家生态规制政策时辖区生态恶化量，I_2 为 B 形式落实国家生态规制政策时辖区生态恶化量，θ 为地方政府 A 与 B 之间的外部生态效应系数 $0 < \theta < 1$，∂ 为辖区生态环境治理改变量对公众幸福感的效应系数（$0 < \partial < 1$）。在 2×2 非对称重复博弈中，其阶段博弈的支付矩阵如图 $10-3$ 所示。

		地方政府 B	
		严格落实	形式落实
地方政府 A	严格落实	$-C_1 - C_3 + (1+\partial)(\theta D_2 + D_1)$, $-C_2 - C_3 + (1+\partial)(\theta D_1 + D_2)$	$-C_1 - C_3 + (1+\partial)(D_1 - \theta I_2)$, $-C_3 + (1+\partial)(-I_2 + \theta D_1)$
	形式落实	$-C_3 + (1+\partial)(-I_1 + \theta D_2)$, $-C_2 - C_3 + (1+\partial)(D_2 - \theta I_1)$	$-C_3 + (1+\partial)(-I_1 - \theta I_2)$, $-C_3 + (1+\partial)(-I_2 - \theta I_1)$

图 $10-3$ 跨区域生态规制演化博弈支付矩阵

（2）演化稳定策略求解

令地方政府 A 选择严格落实国家生态规制的概率为 x，期望收益为 R_{A1}；形式落实国家生态规制的概率为 $1-x$，期望收益为 R_{A2}；平均收益为 R_{A12}。地方政府 B 选择严格落实国家生态规制的概率为 y，期望收益为 R_{B1}；形式落实国家生态规制的概率为 $1-y$，期望收益为 R_{B2}；平均收益为 R_{B12}。根据博弈模型假设及演化博弈求解适应度方法，计算复制动态方程如下所示。

地方政府 A 选择严格落实国家生态规制的复制动态方程为：

$$f(x) = \frac{\mathrm{d}x}{\mathrm{d}t} = x(R_{A1} - \overline{R}_{A12})$$

其中，

本研究中共访谈了 80 位利益相关者按照邻避冲突参与（利益相关者群体选取），得到 80 张认知图，其中有部分认知图因其所涉变量只作为个人的偏激认知不具代表性而将其剔除，然后得到 68 张有效的认知图，其中邻避项目的管理者 17 张，技术人员 15 张，工作人员 17 张，当地居民 19 张。在半结构访谈中可以发现，四类利益相关者都会对邻避项目对生态环境的影响情况、对经济生活的影响情况和对政策体制给予一定的关注度。

鉴于本章考察对象是垃圾焚烧处理厂，因此，在考虑邻避项目对生态环境的影响时，受访者更倾向于关注生活垃圾和一些有污染有危险的垃圾处理的影响，尤其是一些受访者有提到废旧电池的处理以及医疗废物焚烧处理的污染情况。污染物的渗透和直接排放是水污染的来源之一，而固体废弃物污染正为水污染酝酿了很多的条件，而汾阳市也属于缺水城市，因此，受访者对垃圾焚烧厂对水资源的污染情况也较为关注。同理，污染物的渗透同样会造成土地污染，有毒有害物质可能与土壤中植物生长必备的氮磷钾等化肥元素发生反应，使这些营养元素遭到破坏，从而影响植物的生长和土地的使用。而且，垃圾焚烧厂往往会为细菌的滋生和病毒的扩散带来便利，影响人们的身体健康。

当然，人们对于垃圾焚烧厂的最为直观的感受即为空气污染，难闻的气味往往伴随着有害气体和颗粒物，以及垃圾焚烧产生的烟气中也伴随有毒有害物质，随着越来越多环境污染事件的曝光以及 PM2.5 的广泛关注，人们环保健康意识不断提升，对空气质量的关注也越来越密切，因此，空气污染情况成为很多人的重点关注项。此外，植被破坏、地表水污染、空气污染等必然也会影响其他生物的生存，每种生物都有其特定的生存环境，一旦这些环境被破坏，很多生物难以继续生存，而这种影响将通过食物链扩大，造成生物量和生物多样性的减少。一些受访者关注到噪音方面的影响，垃圾焚烧厂所采用的是焚烧炉等设备，这些设备在将垃圾转化为电力进行发电时不可避免地会产生工业噪音，而噪音污染对人们生活的影响也渐渐被重视，成为生态环境问题中的重要考察项。

除了生态效益之外，访谈中发现，周遭居民同样担心该垃圾焚烧发电项目带来的经济负效应。一些有小孩的受访者提到，孩子上学会与居住地址有关，而出于健康等多方面的考虑，学校选址必然不会在邻避项目周围，因而人们在购房时，会出于对子女教育的考虑规避该项目周围地段，造成该地段房地产贬值。此外，垃圾焚烧厂势必会对周边居民的健康带来或多或少的影响，因此，人们在选择住址时也不太愿意居住带垃圾焚烧厂附近，长此以往，垃圾焚烧厂周边房地产房价势必缩水。与此同时，一些对环境水平要求高的企业发展也会受到限制，多位受访者提到之前垃圾焚烧厂附近有奶牛场建设计划，但是由于垃圾焚烧厂的建设，这一计划被迫搁置。

作为邻避项目的直接操控者，政府代表和项目施工方管理者在访谈过程中更多的会涉及对政治体制的考虑，比如山西经济绿色转型的大背景、国家环保要求的规定、基础设施规划和资源利用方面的相关方针政策，以及企业方的绿化标准和密闭作业方案等。

2. 不同利益相关者风险因子体系

根据半结构访谈所得的利益相关者提的变量，按照定性聚类方法，将其汇总为二级变量因子层，得到的风险因子体系如表9-1所示。

表9-1 邻避项目风险管理的风险因子体系

一级变量	二级变量	三级变量
生态环境	固体废弃物污染	生活垃圾、农业固体废物、建筑废料及危险废物（X1）
	水污染	地表水污染、地下水破坏（X2）
	空气污染	有害气体、颗粒物（X3）
	土地破坏及土壤污染	农作物减产、土地利用变更（X4）
	噪声污染	施工噪声和生产噪声（X5）
	生物多样性降低	植被破坏、生物多样性减少（X6）
经济生活	房地产价值	房地产贬值（X7）
	相关行业发展	对周围环境有客观要求的行业发展受限（X8）
	搬迁损失	居民被迫搬迁的损失（X9）
	身体健康	垃圾焚烧带来的环境负效应对健康的损害（X10）
	人身安全	交通运输、治安、房屋安全隐患（X11）
	幸福感	人们的焦虑、对不确定性的忧虑（X12）
	公众参与	邻避项目实施过程中，公众行为参与度（X13）
	基础设施建设	邻避区域市政建设度（X14）
政策体制	国家政策	国家制定的基础设施规划政策、资源利用政策（X15）
	企业治理	邻避项目区绿化程度、流程密闭程度（X16）
	相关政策	项目运行过程中的行政监督度（X17）

进一步对于认知图中被提及的变量进行分析，以归类统计方法观察各利益群体对不同变量的关注度，并将分析所得的群体间相似和差异性以表格的形式呈现，见表9-2。

表9-2　　　　　　　　　　　不同利益相关者的最多提及变量表

利益相关者	提及变量
所有人（68）	水污染、国家政策、空气污染、身体健康、企业治理、幸福感
管理者（17）	水污染、空气污染、国家政策、土地破坏及土壤污染、相关行业发展、基础设施建设
技术人员（15）	水污染、土地破坏及土壤污染、人身安全、身体健康、企业治理、相关行业发展
工作人员（17）	水污染、身体健康、国家政策、空气污染、企业治理、幸福感
当地居民（19）	水污染、身体健康、空气污染、房地产贬值、搬迁损失、人身安全

备注：图中提及变量按提及次数降次排列。

由表9-2可知，水污染是所有利益相关者提及变量最多的一项，同时在空气污染方面，虽然各利益相关者没有达到一致认识，但是综合其他因素考虑，空气污染是仅次于水污染的关注项，这表明水污染和空气污染是垃圾焚烧厂类邻避项目带来的风险中最受关注的部分。从这个角度，也可以较为欣慰地发现，经过这些年环保运动的不断开展，我国煤炭依赖型区域民众的生态意识不断觉醒。不同之处在于，垃圾焚烧厂的管理者更重视国家政策对基础设施建设和相关行业发展的影响；技术人员比较关注自身的身体情况和相关污染风险；负责邻避项目运营维护的工作人员和当地居民更多的关注是身体健康情况和人身安全。因此，决策者在制定减轻邻避项目风险影响策略时，首要的考虑目标就是减少水污染和空气污染以及减轻和避免邻避项目对人们身体健康造成的威胁。

进一步，本书利用方差来分析不同利益相关者对于相同变量的关联系数，以此来印证前文的分析结果的正确性。通过计算 P 值，可以发现，各利益相关者对于水污染和空气污染的认知基本没有偏差（$P > 0.05$），这说明垃圾焚烧厂带来的水污染和空气污染是公认的最为严重的影响项；而对于身体健康问题，$P < 0.05$，说明技术人员、工作人员和当地居民之间有显著的差异（技术人员和工作人员认为，项目实施有相关技术保障，不会对身体健康产生明显影响，但是当地居民则对身体健康因素项关注程度非常高）；对于国家政策，同样 $P < 0.05$，说明管理者对于国家政策的关注度明显区别于其他利益群体。由上述分析可知，方差分析与前文分析结果一致。因此，可以看出，解决邻避项目问题，减少邻避项目生态风险应先从解决水污染和减轻空气污染方面下手。政府相关部门和企业在引进邻避项目时，还应考虑如何减少垃圾焚烧厂等类似项目对于所涉人员的身体健康带来的影响，以及采取怎样的措施可以弥补邻避项目带来的损失，使其真正成为利国利民的项目。

9.2.3　社会简明认知图结论

将参与半结构访谈得到的68张利益相关者的模糊认知图进行整理融合。先对各利益相关者群体进行融合，计算该群体对各因素间因果关系认识的平均值。然后，将四类利益相关者的认知结果进行融合，融合过程中，因素间的关系程度由算术平均值确定，如：

$$土壤破坏及土壤污染对水污染的关联系数 = \frac{0.66 + 0.63 + 0.59 + 0.56}{4} = 0.61$$

$$企业治理对搬迁损失的关联系数 = \frac{-0.45 - 0.44 - 0.44 - 0.43}{4} = -0.44$$

$$水污染对噪音污染的关联系数 = \frac{0 + 0 + 0 + 0}{4} = 0$$

说明土壤破坏及土壤污染对水污染具有正向的促进作用，并且作用强度是0.61，即：土壤破坏程度会加剧水污染程度，并且之间将有0.61的正向作用度；企业治理对搬迁损失具有反向的抑制作用，且作用强度为0.44，即：企业生态治理程度会减少居民被迫搬迁的损失，其作用强度为负的0.44；水污染对噪音污染没有直接影响，即：水污染治理与噪音污染之间并无显著相关性。同理可得到其他因素间的关联强度，结果见表9-3。

最终将各因素间的关联系数绘制到认知图上，得到的社会简明认知图，如图9-4所示。

由图9-4可以看出，汾阳市垃圾焚烧厂生态风险管理各风险影响因子之间相互促进，相互制约。在所有变量的因果联系之中，有两组关系表现出具有最强正连接：身体健康程度对幸福感的正面影响，以及固体废弃物污染对土壤破坏及土壤污染的促进作用；最强负连接则表现在水污染对人们身体健康的损害作用。各变量中指出箭头最多的是"国家政策"，它与基础设施建设、企业治理、相关行业发展等12个因子有直接的关联，说明国家政策对大多数变量都有影响作用。此外国家政策与相关行业的发展关联最大，关联值达到0.67，说明国家政策的制定对于相关行业发展的导向性影响十分显著，因此，从国家层面制定较好的支持政策将有利于扶持邻避项目相关行业的发展。而各变量中被指入箭头最多的是水污染和身体健康，尤其是身体健康受到9个因子的影响，其中水污染、空气污染和噪声污染对身体健康的负面影响最大。在生态环境影响方面，水污染受到其余因子的影响程度最大，说明在山西汾阳这一垃圾焚烧发电邻避项目中，最受人们关注的核心影响因素是水污染。

表 9 - 3　融合后的各因素间的关联系数

序号	X_1	X_2	X_3	X_4	X_5	X_6	X_7	X_8	X_9	X_{10}	X_{11}	X_{12}	X_{13}	X_{14}	X_{15}	X_{16}	X_{17}
X_1	0	-0.37	0	0	0	0	0	0	0	0	0	0	0	0	0.24	0	0
X_2	-0.46	0	0	0.61	0	0	0	0.11	0	0	0	0	0	0	-0.23	0	0
X_3	0	0	0	0	0	0.3	0	0	0	0	0	0	0	0.05	0	-0.3	0
X_4	0.71	0	0	0	0	0	0	0	0	0	0	0	0	0	-0.32	-0.33	0
X_5	0	0	0	0	0	0	0	0	0	0	0	0	0	0	0.2	0	0
X_6	0.42	0	-0.41	0.52	0	0	0	0	0	0	0	0	0	0	0.17	0	0
X_7	0	0.56	0	0	0	0	0	0	0	0	0.34	0	0	0.32	0	0	0
X_8	0	0	0	0	0	0	0	0	0	0	0	0	0.23	0.45	0.67	0	0.2
X_9	0	0	0	0	0	0	0.13	0	0	0	0	0	0	0.52	0.44	-0.44	0.51
X_{10}	0	-0.8	-0.7	-0.57	-0.44	0	0	0	0	0	0	0.5	0.2	0	0.41	0	0.24
X_{11}	0	-0.35	-0.29	-0.42	-0.37	0	0.47	0.16	0.24	1	0	0	0	0	0	0	0
X_{12}	0.45	-0.51	-0.4	-0.49	0	0	0	0	0.64	0.3	0	0	0	0	0	0	0
X_{13}	0	0	0	0	0	0	0	0	0	0	0	0.2	0	0	0	0	0
X_{14}	0	0	0	0	0	0	0	0	0	0	0	0	0	0	0	0.42	0.3
X_{15}	-0.24	0	0	0	0	0	0	0	0	0	0	0	0	0	0	0	0
X_{16}	0	0	0	0	0	0	0	0	0	0	0	0	0	0	0	0	0
X_{17}	0	0	0	0	0	0	0	0	0	0	0	0	0	0.2	0.23	0.3	0

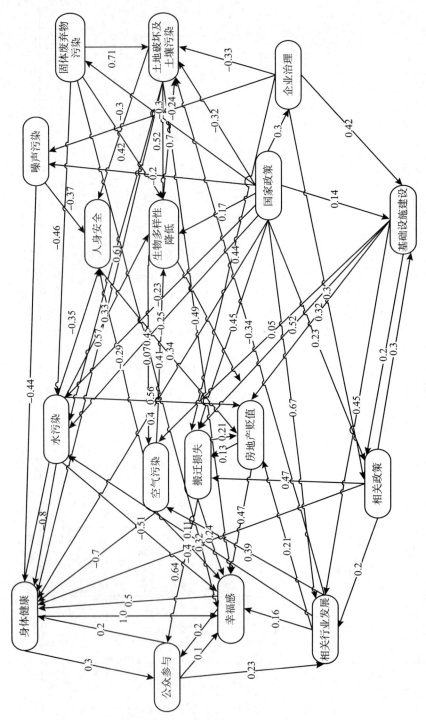

图9-4 社会简明认知

　　同时，人们对幸福感的感知也受到很多因子的制约。其中，幸福感和身体健康这两个因素关系最为密切，两者相互促进。国家政策、基础设施建设、企业管理、搬迁损失和生物多样性降低等多个风险因子都以直接或间接的方式造成了房地产贬值，这一经济负效应也直接降低了居民的幸福感。原本这一垃圾焚烧发电邻避项目的最初建设宗旨，是为了将具有污染倾向的垃圾资源转换为有效的电力资源，从而在社会层面和个人层面都造成积极的影响，本身是件一举两得的好事，为什么会招致强烈反对呢？特别是对于山西省这样的煤炭依赖型区域而言，原本生态风险等级已经很高，为什么这样有助于降低生态风险的项目，却被众多民众抗议抵制？社会简明认知图将这一复杂问题清晰地细化为各因子及其相互之间的影响关系，接下来，本章将继续对这一特例进行剖析，找到破解思路。

9.3　邻避危机生态信任重塑

　　为什么邻避事件往往会演变成恶性的邻避冲突呢？邻避区域内公众信任缺失是较为深层次的原因。何为信任？作为社会资本的重要元素，信任是一切合作活动的心理基础，是人们应对日益复杂社会的一种简化机制。公众的生态信任是公众应对各类生态事件的心理机制，是公众对社会生态治理网络、政府生态公信力的一种心理认可度。显然，在环境事件邻避冲突中，公众的生态信任度是严重缺失的。

　　从新闻媒体对邻避事件的跟进可以看出，目前我国大规模、高频率、非理性的邻避冲突，实则是"邻避居民"与项目责任单位及当地政府之间多次博弈的恶性结果。博弈之初，面对某一邻避设施的安置，民众因担忧其负面影响而集结，但由于缺乏对邻避项目施工单位生态安全的基本信任，民众与项目单位第一阶段的谈判通常不能达成一致性结果。加之一些项目负责人缺乏正确的危机处理方式，公众对邻避设施的负面影响更是深信不疑、甚至恶意夸大。逐渐地，邻避矛盾开始升级，极端冲突不断恶化。在媒体的介入下，事件负面影响力不断扩大，"以讹传讹"更是激化了其他区域"邻避居民"对恶性邻避冲突行为的效仿，许多大规模的暴力抗争，甚至在邻避项目尚未立项之前就发生了。这些行为进一步瓦解了社会生态信任，并形成生态信任缺失与邻避冲突之间的恶性循环。可以说，邻避冲突是公共生态信任危机的表现，同时，它更是信任危机演化突变的催化剂。要想从根本上减少邻避冲突发生的可能性，只有重塑公众生态信任。

9.3.1　生态信任流失的诱导因素

　　生态信任是邻避冲突的核心议题，它对规避邻避风险具有重要作用。公众生态信任危机，甚至成为区域邻避冲突爆发的催化剂。特别是环境类邻避项目，大多数受访对象并非不知道其经济与生态效益，而且主要缺乏对施工单位、监管部门的生态信任。要想找到破解思路，先必须明确邻避危机中生态信任流失的诱导因素。

（1）生态风险认知模糊，导致本源性信任危机。经济利益、政治参与、文化差异都会影响社会生态信任，但公众对生态风险的认知模糊是首要诱因。心理学认为，人的认知、情绪与行为之间具有强内在关联。邻避冲突之所以会产生，先是由于公众和专家对邻避设施所持看法不同，即公众与专家或公众与政府对邻避事件风险的本源性认知不同。

一方面，公众对邻避设施普遍具有焦虑情绪。心理学认为，高焦虑个体更能注意到威胁性刺激，有恐惧感的个体总是倾向于高估风险。很多情形下，公众不是通过估计风险发生的可能性或严重性来权衡风险，而是靠感觉或情绪做决断。对于邻避设施的焦虑，在很大程度上左右了公众对邻避事件的决策和判断。随着生态群体事件的升级，人们对邻避设施的焦虑逐渐演化成恐惧，公众生态风险认知过程被扭曲，正常的生态诉求转变为强烈的抵制抗争行为。

另一方面，公众对生态风险缺乏科学认知。认知是信任的前提，没有科学的认知，就没有理性的信任。现实生活中，由于公民生态意识刚刚萌芽，大多数民众对邻避设施生态风险基本处于"妖魔化"认知阶段。公众对邻避设施的真实危害并不了解，对其可能产生的生态风险不确定性常常进行自我夸大，加之"焦虑"情绪干扰，悲观判断超过理性认知。在以往学者的调研中，邻避设施是否会影响生活品质？是否会造成环境污染？是否会影响身体健康？公众的答案一般都是肯定的。但是究竟会有怎样的影响，影响程度如何，是怎样进行影响的，大多数公众并不知晓。也就是说，公众并不了解这究竟是一种怎样的风险。这种对生态风险的蒙昧与无知，在很大程度上削弱了社会生态信任，妨碍了公众对生态事件、邻避设施的正确判断。

（2）生态参与平台欠缺，激化行为性信任危机。"邻避冲突"本质是受损的个人利益与受益的公共利益之间的矛盾。这一矛盾之所以存在并且激化，一个重要的原因就是缺乏必要的参与平台，个人利益与公共利益之间无法形成沟通桥梁。久而久之，由于利益配给不均，个人利益与社会利益博弈过程中，公众对社会的生态信任被削弱。

一方面，邻避项目决策平台缺失。邻避事件处理的国际经验表明，在邻避议题初始阶段，公众有效参与决议过程至关重要。邻避区域"原居民"是邻避设施负面影响的承担者，让其充分参与邻避议题决议过程，合情、合理、合法、合乎利益。然而，我国大多数邻避事件决议初期，往往缺乏充分的调研及沟通。公众对邻避设施的态度、意见，所能够承受的补偿限度等均未能准确传达至决策者。

邻避项目往往是立项之后，项目信息才由小部分公众，以非正式渠道，扩散至大部分邻避区域内民众。由于人们对邻避设施的本源性信任不足，加之这种欠缺公众参与的决议过程，在我国，哪怕是垃圾焚烧、污水处理项目、无线信号基站等这类微小的邻避事件，都会或多或少引发各式邻避冲突。

另一方面，邻避冲突沟通平台匮乏。以往研究证明，一旦邻避事件上升为邻避冲突，在政府主导下，与原居民采取积极、诚恳的对话、协商，并辅之以科学调查，真实了解民众诉求，寻找共同利益点，能够有效抑止邻避冲突带来的社会负面影响。然而，我国邻避冲突处理过程中，民众参与处于实质性的缺失状态。许多从根源上解决邻避冲突的措施，诸如推行生态信息反馈网络、组建理念先进的环保组织等，都因有效参与平台的缺失而流于形式。如此一来，民众诉求被驳回，对话停止，项目停建。从短期看，缓解了民众冲突，使邻避区居民维持了既有生态环境现状。但置身于整个社会背景而言，于长效经济发展周期内，遏止了城镇化推进进程，使整个区域社会发展被基础设施"瓶颈"所束缚。

（3）监督惩罚机制匮乏，凸显制度性信任危机。除了上述两个要素外，造成社会生态信任缺失的另一个重要因素是缺乏有效的信息公开披露机制及责惩反馈机制，制度化信任危机频现。从我国生态危机事件处理的历史来看，危机处理初期，公民与政府之间往往可以有效沟通，但随着事件处理进程的推进，信息公开披露程度越来越低，初期的承诺能否兑现、何时兑现、兑现到何种程度，无法核实。久而久之，公民社会与政治社会良性互动缺失，公民生态信任消失殆尽。

一方面，生态安全监督机制不健全。目前我国生态保护管理采取的是按要素分工部门管理模式，缺乏统一监督机制。"政出多门"与"各自为政"并存，既存在职能交叉、重复，又存在职能衔接不够。特别是资源管理部门，既承担资源开发任务，又行使生态保护职能。这种政企不分，形成了生态安全监督的天然制度漏洞。这一漏洞下，生态违法成本低廉、环境交易风险微小，许多企业打着生态环保的旗帜，却做着破坏环境的交易。从媒体对邻避事件的调查过程中也可以看出，大多数民众之所以对邻避设施持不信任态度，主要原因是民众认为政府环保承诺缺乏有效的监督机制，无法对其核实、督查。

另一方面，生态破坏惩罚机制不明确。在分工日益细化的现代社会中，研究表明，责惩制度完善与否，决定着公众信任的形成，并影响着信任心理的稳固性。基于惩罚机制构建的信任体系，公众付出信任行为后，面临的风险最低。然而，我国生态环境治理体系中，由于责权利分配不明确，法制建设不完备，生态事件的受害者往往难以通过法律诉求，追究当事人责任，获得相应经济补偿。在生态事件博弈过程中，受害者通常是处于信息不完全的弱势公众群体，破坏者则占据完全信息，同时获取制度漏洞庇护。长期过程中，邻避博弈易于陷入信息不完全的囚徒困境，公众不再接受生态承诺，而是以暴力抗争引发邻避冲突，社会生态信任被进一步瓦解。

9.3.2 公众生态信任重塑的实现路径

从上述原因分析中可以看出，公众对于邻避风险的模糊认知，导致公民生态信任的本源性流失；生态参与平台的缺失，进一步激化生态信任的行为性流失；监督惩罚机制的匮乏，凸显了生态信任的制度性流失。唯有培育公民生态理性认知、推进公民生态参与模式、规范环评责惩制度，方可内外兼修，重塑公众生态信任，从根本上缓解区域邻避冲突发生的可能性，降低区域邻避风险。

（1）培育生态理性认知，夯实信任重塑社会基础。生态风险认知模糊是环境邻避冲突中导致社会生态信任缺失的首要因素。重塑生态治理公众信任，先需要树立生态理性，通过重构欲望与生存、自然与人生、个人与社会等存在意识，确立生态风险科学认知，推进邻避冲突控制的本源性认识。

一方面，科普生态知识。大众化普及邻避事件涉及的生态专业知识，让专家学者将生态学、环境学、地质学等相关知识，编制整理成通俗易懂的普及类读物，通过社区文化宣传，使邻避区域居民明晰邻避设施的生态真相，了解生态决策的全局意义和长远价值，恢复邻避设施的生态信任。同时，利用期刊、报纸，乃至网络电子多媒体手段，将生态理念植入每个潜在理性生态人意识层次。使邻避设施安置区域外的民众也不断接受生态知识，变成具有示范带动作用的生态践行者。当整个社会生态认知普遍提高，社会生态氛围逐渐形成，邻避区域内公众对待邻避设施的态度会潜移默化地随之改变，社会生态信任度提升，公众经济活动生态化实现由实然到应然的转变。

另一方面，推进生态教育。仿照美国《环境教育法》的相关细则，在义务教育阶段增加环境教育、教育管理、技术援助、资金补助等相关课程，使孩子们从小具有善待、尊重自然的生态理念。并在大学教学体系构建中，着重加强对技术非自然性的界定，还原技术的生态本质，弱化人们的生态技术恐慌，从本源上疏解邻避冲突。同时，增设 MBA、EMBA 学员生态经济学等课程，以先进国家生态发展实践开展案例教学，以生态素养增强企业家社会责任感。并且，有针对性地对环保组织进行业务培训，指导其开展专题调研活动。定期举办公益环保宣传，加强非政府环保组织的生态约束力，以舆论影响力实现文化对邻避冲突风险控制的监督作用。

（2）推进公民参与模式，搭建信任重塑支撑平台。生态参与平台的缺乏是社会生态信任流失的又一诱因。生态参与途径的匮乏，抑或使公众生态诉求无处表达，抑或使其生态权益大打折扣。唯有推进全民参与生态模式，搭建生态信任重塑的支撑平台，才能有效避免生态冲突。

一方面，打造公民深化参与基础平台。首先，推行信息公开的制度环境。邻避项目的公众知情权是邻避冲突治理的第一要素，必须加强信息公开、及时反馈，完善公众对邻避设施的意见表达机制，打破各自为营的局面，改变"各说各话"的状态，确保"协商对话"真实存在。其次，构建合法、高效的"生态公民组织"。正如乔舒亚·科恩所说，任何运转良好的、满足参与和共同利益原则的民主秩序都需要一个社会基础。面对邻避设施可能引致的区域生态风险，普通公众个体力量薄弱，必须依附于相应的生态组织，通过组织诉求解决问题。有效生态组织的缺失使得公民个人在处理邻避问题时，往往将事件闹大，引起社会轰动，以邻避冲突来解决问题，带来诸多负面效应。最后，营造"生态责任"的社会参照氛围。"生态安全，人人有责"是深化公民参与邻避冲突治理基础平台的主打文化。面对邻避设施涉及的利益竞争，公众往往在"搭便车"心理支配下陷入"群体无意识"，"不必承担责任"的群氓心理成为影响公众生态参与度的重要原因。必须通过行政法规的强制约束力，营造社会良性生态氛围。

另一方面，引导公众全程参与环评过程。环评对于邻避冲突的规避以及疏导具有无可比拟的重要作用。准确翔实的环评报告在邻避项目立项初期，赋予邻避区原居民生态信任、予以决策者决策信心；在项目实施过程中，确保邻避设施在生态风险可控范围内安全施工；在项目正式运营期，有助于为可能风险经济补偿的确立奠定科学计量基础。引导公众全程参与环评过程能够最大程度增强环评准确性，确保民众邻避决策的针对性。一则，需要以程序形式确立民众全程参与环评的合法性和必要性。西方社会生态治理的历程告诉我们，唯有赋予公众生态参与法律权益，使其能够"用手投票"影响地方官员环保政策倾向，"用脚投票"向地方政府直接施加改善生态服务的压力，方可确保生态治理的第三方监督，将生态治理落到实处。二则，需要详细推敲公众参评细则，增强公众参与的实践操作性。该过程中，社区资源的利用异常重要。通过依托强有力的社区组织，多次反复调研与沟通，准确把握民众生态参与的诉求，并展开积极对话，挑选代表全程真实参与，能有效地为邻避设施建设争取到更多的社会资源支持，提升生态治理的普遍信任。

（3）规范环评责惩制度，构筑信任重塑外围环境。在邻避事件决策过程中，广大民众之所以采取抵制态度，一个很重要的原因是生态失信责惩机制欠缺。生态信任社会规范体系的匮乏，使人们无法确知邻避项目生态风险，总是作出非理性决策。因此，构筑生态信任重塑的外围环境，以生态失信责惩机制应对环境邻避冲突，对于生态冲突的防范至关重要。

一方面，确保环评优先制度。环评制度是确定邻避项目生态安全"好与坏"的唯一依据。过去三年，环保部对 103 个涉及总投资 5321 亿元的项目，不予受理、不予审批，为"生态失信"确定了一定标准，但环评环节并未置于项目审批最前端，并非"环评优先"。大多数邻避设施往往先被立项，甚至进行了前期投入，造成既定事实、产生邻避冲突后才进行环评，"先上车、后补票""未批先建"等屡见不鲜，严重损害社会生态信任。唯有严格执行环评优先，将环评审批作为生产前置程序，才能够从源头上避免邻避冲突、重塑社会生态信任。首先，完善环评审批规定，严格按照法律规定，执行环评标准。其次，加强环评与城市规划的结合。以城市环评规划指导城市规划，提前协调好邻避设施与"原居民"之间的关系，杜绝城镇无序扩张。最后，完善环评细节，精细化邻避设施对居民健康及生态环境的影响。以人性化、细致的调查问卷，准确把握原居民对邻避设施的态度和心理芥蒂。以此为基础，综合比评环评结果，认真执行环评决议，打消公众生态顾虑，提升生态治理公众信任。

另一方面，完善生态决策模式。首先，制定一部具有纲领性效力和影响力的生态领域基本大法，并以此为基形成相应生态法律体系。以相互配合的法律纲领，构建生态失信的强制约束力，迫使经济行为人向生态行为人转变，以生态理性的思维方式从事经济行为，用生态的眼光规范自身行为。其次，需要运用经济手段，将生态成本列入产品成本中，以成本分配，提高生态管理的公平和效率。比如环境保证金、排污收费、排污权交易等等。其中，美国矿产开发中资源生态补偿不失为一个好例证。它将生态环境服务付费理念渗透到与矿产资源开发利用的各个相关领域，如土地利用、矿地复垦、资源保护与环境损害赔偿责任，在每一个涉及生态的环节，都在法律保驾护航的基础上，以经济手段强化生态理性决策模式。最后，实行政策预判性评价，加强政府决策的科学性。对于那些大量消耗资源或改变土地利用方式的政策，应认真考虑决策环境造成的影响，充分借鉴专家学者的意见，科学评估可能产生的社会风险，从源头上减少邻避冲突的可能性。阻止不良决策走出"办公室"，杜绝恶性决策破坏公众对政府的生态信任，并以"生态追责"追究决策人生态责任，对重大决策实行终身责任追究制度和责任倒查机制，完善生态决策模式，重塑公众生态信任。

9.4 本章小结

邻避危机作为煤炭依赖型区域生态风险控制不得不考虑的特例事件，运用模糊认知图对邻避冲突开展不同利益相关者风险因子分析，构建社会简明认知图。并在此基础上进行生态信任反思，进一步细化导致公众生态信任流失的诱导因素，探寻规避邻避风险、重塑公众生态信任的实现路径。结果表明，大多数的恶性邻避事件往往是公众生态信任缺失的产物。生态风险认知模糊，导致本源性的公众生态信任流失；生态参与平台缺失，激化行为性的公众生态信任流失；监督惩罚机制匮乏，凸显制度性的生态信任流失。相应地，缓解邻避冲突，重塑公众生态信任，需要从培育生态理性认知、推进公民参与模式、规范环评责惩制度等三方面入手，夯实公众信任社会基础，搭建信任重塑支撑平台，构筑生态参与外围环境，进而消除人们对邻避项目的焦虑情绪，完善邻避事件的生态处理流程，确保在不破坏辖区原居民生态需求的前提下，进行邻避设施的安放与运行。总而言之，生态社会的构建无法一蹴而就，避免邻避冲突的过程，实则是确保生态正义的过程。从生态信任重塑的视角出发，有助于从本源上缓解邻避冲突，形成生态经济的良性循环，实现生态文明。

第 10 章

煤炭依赖型区域生态风险规避路径探讨

随着各国工业化进程的推进，能源（energy）——环境（environment）——经济发展（economy development）3E 问题越来越深刻地影响着地球上每个国家每个区域。自然资源的有限供给，生态承载力的阈值，正成为影响全球经济、社会发展的最大约束。如何规避区域生态风险，如何在生态承载力阈值范围内实现经济增长，成为人类社会的当务之急。特别是煤炭依赖型区域及其脆弱的生态环境，使得人类最基本的生存需求亦受到了挑战。从技术驱动、公众参与、地方政府协同等视角出发，探寻煤炭依赖型区域生态风险规避路径，具有其独特处和科学性。

> **本章主要内容：**
> ❖ 基于技术驱动的规避路径设计——生态位视角
> ❖ 基于公众参与的规避路径选择——扎根理论视角
> ❖ 基于地方政府协同作用的规避路径探析——演化博弈视角
> ❖ 本章小结

10.1　基于技术驱动的规避路径设计

——生态位视角

科学技术作为人与自然交往的媒介，将自在自然变为人属自然，为人类社会在自然界中的生存和发展积累了大量物质财富，成为人类社会发展最重要的推动力之一。作为一把"双刃剑"，科学技术既帮助人类实现了人属自然的梦想，又将人类拉回到生态惩罚的现实。究其根源，是技术使用缺乏生态人道主义。必须重新界定技术的价值，在价值重构下，以生态治理为实践准绳，通过优化生态技术创新，实现区域生态风险态势控制的技术驱动力，为生态环境治理提供新的手段和方法。以科技创新的生态化转型，构建人与自然积极平衡的物质技术基础，以强大的科技驱动力，为煤炭依赖型区域生态风险规避找到突破口。

熊彼特技术创新理论认为，技术创新是通过对生产要素、生产条件和生产组织进行重新组合，以建立效能更高的生产体系，其目的是获得更大利润。科技创新是区域可持续发展的推动力量，是解决科技自身所带来负面影响的重要手段，是实现区域经济可持续增长的根本动力源。科学技术对提高资源利用率、寻找新资源开发途径，促进在工业、农业和交通运输等各个领域较少资源消耗，正在发挥越来越重要的作用。在通往可持续发展的道路上，科学技术对节约不可再生资源和能源，开发新资源是必不可缺的。与此同时，克服生态环境的"瓶颈"，使环境污染和生态质量退化从整体上得到缓解和抑制，也必须依赖于整体的技术革命，从科技进步中寻找答案。

10.1.1　煤炭依赖型区域生态风险规避技术驱动的本体思考

人类的实践行为需要正确的价值观指导。煤炭依赖型区域生态风险规避技术驱动力的增加，必须使技术对自然的作用和对社会的作用，保持一种必要的张力，使生态风险技术驱动建立在生态伦理的基础上。要改变煤炭依赖型区域生态风险规避技术驱动力不足的现状，必须进行技术驱动的本体思考，探索技术驱动不足的成因，实现技术驱动的价值重构。

1. 技术驱动不足的成因探析

生态危机的严酷现实凸显了我国煤炭依赖型区域生态风险规避技术驱动力不足的现状。究其原因，一方面，现有技术使用过程中，不合理利用常带来诸多不确定性的危害和灾难，人为制造出技术生态风险；另一方面，解决区域生态风险问题的新技术尚未得以充分涌现与成长，比如煤炭资源开发过程中，缓解土壤结构破坏、土地功能变化等生态风险问题的技术，缓解固体废弃物、废水、废气排放等环境污染生态风险问题的技术，均未能满足生态风险规避的需求。

显然，除了技术本身的特质因素外，作为技术主体的人类，对生态风险认识不足以及生态责任意识淡漠，是导致驱动力不足的主要因素。技术是思想的物质体现，人的意识、认知能力等内在要素制约着技术的发展。人类既是技术的创造者，也是技术成果的受益者，更是技术风险的承受者。作为人类理念的自然生态进化产物，人类对技术的认识不足，是煤炭依赖型区域生态风险规避技术驱动力不足的主要原因。一方面，人类没有准确估量技术使用过程中可能带来的影响，不合理、不适时地使用科学技术，盲目乐观地将技术视为社会选择的产物，而忽视了其生态选择的本质；另一方面，在技术创新研发阶段，人类更多地是以市场需求为导向，生态责任意识淡漠，没有充分考虑生态需求，技术创新的生态导向缺失。

2. 技术驱动提升的价值重构

技术作为一种基要性力量，在整个人类历史进程中占据本体性地位。从生态伦理学角度考量，技术是自然生态进化的结果，同时又成为影响或干预自然生态进化的因素，甚至在某种意义上是决定性因素。技术的实质是能量转换的媒介，纯自然之物以科学技术为中介，通过能量转换，转变为能被人类使用的物质产品。在新的价值观下，技术生态风险真正的根源归于人类对技术认识的局限。科学技术不再是人类征服自然的工具，不再单一具有改造自然的价值，它是区域生态风险控制的一把"双刃剑"，是修复生态系统、实现人与自然协调发展的助手，负载着一种新型的人与自然关系。

生态风险规避技术驱动的价值重构，是技术伦理价值观与技术主体伦理价值观协整的过程，是一个涉及技术设计、技术产品制造、技术产品社会应用在内的全方位复杂系统。通过重新界定技术的"非自然性"，实现科技创新的生态导向来弱化技术生态风险，要求科学技术从涌现到成长再到消亡，都必须满足生态适应性的要求。也即是说，从技术产品设计开始，就要将人与自然的生态考虑，作为技术研发的内在维度。在技术产品的制造与社会应用的全流程，要时刻将技术主体的生态责任感和环保意识作为技术实践的核心准则，确保其在对环境负起伦理责任的前提下，开展技术创新和技术使用活动。

10.1.2 煤炭依赖型区域生态风险规避技术驱动的模式选择

在确定了煤炭依赖型区域生态风险规避技术驱动的生态价值取向后，技术驱动的模式选择，成为决定其技术驱动力大小的又一重要问题。不论是否认可生态主义的价值取向，为了应对生态风险，煤炭依赖型区域生态风险规避的技术驱动必须摆脱传统技术创新的路径依赖，以生态导向打破基于生存竞争基础上的利益分配和经济博弈，开始绿色生态之旅。

1. 技术驱动模式的生态位研究视角

从生态学中衍生的生态位（ecological niche）理论，对生物种群在生态系统中的空间位置、功能和作用进行界定，描述了生态系统结构中的秩序和安排，给技术研究带来了有益启发。作为生态位理论与技术创新领域结合的产物，技术生种各样的不同界面。若将其最为粗略地分为人类子系统（人口子系统、经济子系统）和自然环境子系统（自然资源子系统和环境子系统）两大子系统，那整个区域大系统宏观层次上的界面就是这两个子系统间交互作用的接触面（如图8－6所示）。该界面由系统活动过程和相互作用决定，遵循串联界面关系。人类子系统和自然环境子系统，在该界面上不断进行着能量、物质和信息的传递和互动。并且前者必须在后者通过科学技术这一桥梁，向其输入能量、信息等要素后，才能开始运转并互动交换地实现区域的发展。结合前述内容，该界面上进行的反馈环主要有两个：

a. $(NC \text{ 和 } EC) \xrightarrow{+} (POP \text{ 和 } IAI) \xrightarrow{+} (DI \text{ 和 } ENR) \xrightarrow{-} (NC \text{ 和 } EC)$

b. $(POP \text{ 和 } IAI) \xrightarrow{+} GDP \xrightarrow{+} ST \rightarrow (DH \text{ 和 } NE) \rightarrow (POP \text{ 和 } IAI)$

其中，第一条反馈环极性为负，反映了人类生产、生活等经济行为对自然资源环境的破坏作用。第二条反馈环极性为正，从另一角度描述了科技辅助下前者对后者的正面影响。

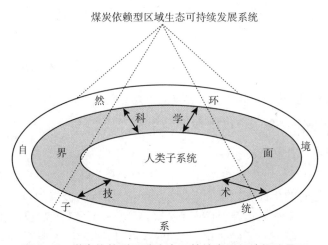

图 8－6　煤炭依赖型区域生态可持续发展系统粗略界面

若将煤炭依赖型区域生态可持续发展系统细分为人口、经济、自然资源和环境四大子系统，结合系统动力学分析结果，可在其间找到六个界面（如图8－7所示）。其中人口子系统由于人对经济活动的参与，以及人类自身生活对自然资源利用和对周围环境的破坏，分别与经济子系统、自然资源子系统、环境子系统产生三个界面；经济子系统由于经济生产活动对自然资源的利用和对环境的影响，分别和自然资源、环境子系统产生两个界面；自然资源子系统由于存在于周围环境中，并不断与其进行物质、信息、能量交换，二者之间也存在一个界面。这六个界面包含了14条主要反馈环，分别是人口子系统的四条、经济子系统的四条、自然资源子系统的三条和环境子系统的三条,具体如上节 SD 剖析所示。

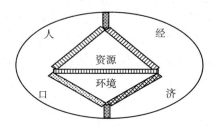

图 8 - 7　煤炭依赖型区域生态可持续六界面框架

注:图中不同阴影代表不同的抽象界面。

但由于自然资源和周围环境的关系密不可分,环境污染既是环境子系统的一个表现,又直接影响着自然资源存量的减少,通常情况下可将两个子系统合为一体进行研究,即将煤炭依赖型区域生态可持续发展系统的研究对象缩至人口、经济与资源环境三个子系统。此时系统动力学视角下,整个系统的界面缩至三个(如图 8 - 8 表示),发生在界面上的反馈环主要有以下五条:

a. $POP \xrightarrow{+} LFE \xrightarrow{+} GDP \xrightarrow{+} EF \rightarrow (PB \text{ 和 } PIM) \rightarrow POP$

b. $POP \xrightarrow{+} LFE \xrightarrow{+} GDP \xrightarrow{+} PER \rightarrow (NC \text{ 和 } EC) \rightarrow PDR \rightarrow PB \rightarrow POP$

c. $POP \xrightarrow{+} LER \xrightarrow{-} (NC \text{ 和 } EC) \rightarrow PDR \rightarrow PB \xrightarrow{+} POP$

d. $GDP \xrightarrow{+} STI \xrightarrow{+} ST \rightarrow (NC \text{ 和 } EC) \rightarrow CDP$

e. $GDP \xrightarrow{+} (LER \text{ 和 } NER) \rightarrow (NC \text{ 和 } EC) \rightarrow CDP$

其中,a 和 d 反馈环的极性为正,分别反映了人口、经济子系统和经济、资源环境子系统之间的正向作用关系。b,c 和 e 反馈环的极性为负,分别对人口子系统对资源环境子系统,以及经济子系统对资源环境子系统造成的负面影响进行了描述。鉴于本书研究对象的侧重点及可行性,以下仅将资源型区域可持续发展的界面分析,停留在三个子系统间的三界面研究。

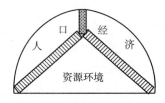

图 8 - 8　煤炭依赖型区域生态可持续三界面框架

注:图中不同阴影代表不同的抽象界面。

8.3　识别验证及结果分析

8.3.1　识别验证

结合生态承载力分析结果以及界面理论框架，可以对煤炭依赖型区域的生态风险压力源进行识别。从界面理论模型中可以看出，不论是煤炭依赖型区域生态可持续发展系统的六界面框架还是三界面框架，生态承载力系统中的各个压力要素——人口总量、资源开采量、生活排污量、生产排污量、自然资源存量，以及各个支撑要素——新增能源量、科学技术水平、治理污染投资量等，都互相作用于各个界面之上。进一步剖析人口子系统、经济子系统和自然资源环境子系统之间三个界面的五条反馈环，可以对压力源有更准确的认识。

首先，人口子系统和经济子系统之间的生态风险压力源，表现为界面双方作用力失衡，间接影响煤炭依赖型区域生态风险。一方面该区域人口压力不断增加，超出了经济系统内部分组织所能受压的范围；另一方面，现有经济活动人口的知识、技术水平与空缺职位要求不相吻合，导致结构失衡。从反馈环来看，在煤炭依赖型区域经济发展的初始阶段人口增加，区域向经济系统提供的劳动力不断增加，区域 GDP 快速增长，此阶段见证了该区域生态风险从无到有的过程。随着 GDP 的飞速提高，区域的经济促进因子增强，经济子系统和人口子系统对生态环境压力不断增加。当人口系统为经济系统提供的劳动力人数，或者超过了一定生产力水平、科技水平下经济系统所能吸纳的范围，或者与经济系统需要不符，人口相对过剩与相对不足大量出现，经济增长受限，该区域生态风险达到峰值。

法国人口学家阿尔弗雷·索维（Alfred Sauvy）运用适度人口理论（适度人口——一个以最令人满意的方式达到某项特定目标的人口），对人口子系统与经济子系统间相互作用进行了研究，科学描述了技术进步条件下，人均产量随人口增长的变化趋势（如图 8-9 所示）。在该图中 L_0 表示初始技术水平下，人均产量随人口增长的变化趋势，N_0 为初始技术水平对应的适度人口。若人口在 N_0 后继续增加，人均产量就会从 M_0 的水平下降，唯有在原有基础上提高技术水平，才能达到新的人均产量最高值 M_1，及其对应的适度人口 N_1。结合索维的研究结果及系统动力学的分析结果，在人口、经济子系统相互作用过程中，对人口子系统和经济子系统界面交互作用起消极影响的障碍，主要是物质技术水平和制度安排，不足以保证人口子系统正常运转，以及信息黏滞造成的界面双方信息不对称，使彼此需要和状态不能够被准确、及时地捕捉到。

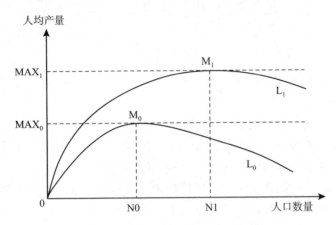

图 8 - 9 技术进步与适度人口规模

资料来源：张涛，经济可持续发展的要素分析——理论、模型与实践。

其次，人口子系统和资源环境子系统之间的生态风险压力源，它集中表现为人类社会对自然社会客观规律的违背。一方面随着人口总数的增加，煤炭依赖型区域居民对自然资源需求不断增加，超出了自然环境正常运转的阈值；另一方面人类在不断实现自我，征服自然的同时，打破了自然原有生态平衡。从二者之间的反馈环来看，人口子系统数量的增加，必然增加人类自身繁衍生息的资源消耗量和生活排污量，致使资源环境承载力下降。如果这一趋势发展到严重地步，人口子系统的压力严重超出了资源环境承载力的范围，那么各种生态危机就会强制性地缩小人口子系统的规模。在该过程中，促使该区域生态风险压力不断增加的原因，最主要是不得力的宣传教育和不够强有力的制度约束，使人类对自身行为与周围资源环境系统的关系认识不足。在不够先进的科学技术水平下，这种文化冲突就必然导致了界面双方交互过程中的种种负面影响。

最后，经济子系统与资源环境子系统之间的生态风险压力源，是整个煤炭依赖型区域生态风险压力中表现最强烈、最突出，它强烈凸显了人类的无限需求和自然资源、环境容量有限供给之间的矛盾。一方面经济子系统内，不同细分子系统之间存在联营的界面关系，各组织在相同的自然资源环境范畴内活动。面对有限的自然资源和环境承载力，如何在各组织之间合理分配资源环境系统的物质、能量和信息，成为两系统界面障碍的一个主要方面。另一方面，按照负熵理论，经济子系统的活动过程，将资源环境子系统中低熵的资源、能量通过工业系统这样一个转换器，转换成产品被人们使用，同时产生高熵的废热和废弃物排放到外界环境中。在这一过程中，经济系统通过利用自然资源同外界自然环境进行熵交换，摄取大量的负熵，维持单个系统内部的有序结构和动态平衡，同时向外界环境排放了一定的高熵废物，破坏了自然资源环境。在该过程中，对经济子系统和资源环境子系统界面交互作用起消极影响的障碍，主要是低水平的科学技术制约了经济活动对自然资源的高效率开发利用，抑制了其废弃物的高程度治理，没能使新能源或资源无污染使用满足社会发展的需要。

8.3.2　结果分析

通过界面框架，可以对煤炭依赖型区域生态风险压力源，做出系统动态的评价。显然，煤炭依赖型区域应对生态风险，需要系统考虑人口、经济、环境不同子系统在界面上的作用力。这些系统间的生态风险压力源在界面上逐渐转换、凝结，慢慢变成造成该区域生态风险升级的界面障碍，如何成功地跨越这些障碍，直接影响到区域生态可持续发展的实现与否。

进一步对这些生态风险压力源凝结成的界面障碍进行剖析，可以发现，作为界面双方交互过程中所有消极影响既有状态的总和，这些界面障碍大致可归结为三个方面：物质技术水平约束凝结成的障碍、组织制度设计不当凝结成的障碍以及与人相关因素的不一致、不和谐凝结成的障碍。

（1）技术因素凝结成的界面障碍。界面双方在界面上进行物质、信息与能量的交换，时刻与技术因素紧密相关。在科学技术这一桥梁作用下，高技术水平往往代表了更为方便快捷的界面沟通。尤其是信息时代，计算机网络技术的发明与应用，使以前许多不可能进行的交互具有了可行性，给界面双方沟通带来了极大方便。但与此同时，通过一定技术手段（如书信、文件、电话、网络等）进行的交流，无论其先进程度如何，都会对信息编码和解码造成限制，产生较大信息失真。物质技术的这种客观性和非特指性给界面双方带来的约束及产生的界面障碍，对任何使用特定技术沟通媒介的人都是一样的。

（2）制度因素凝结成的界面障碍。制度是一个社会的游戏规则，是为决定人们相互关系而人为设定的一些制约，它是集体行动对个体行动的控制。作为人客观需要的产物，制度是个体意识所蕴含共同性和普遍性的社会化形式，其变迁和发展是人们在理性反思中社会性观念演进历程。制度因素对界面管理很重要，组织中存在的组织惯例（organizational routines）会潜移默化地影响和指导组织成员的行为，从而直接导致社会生活中很大一部分界面问题的产生。这里制度概念涵盖较大，可以是人类世界与自然世界的任意规则安排，也可以是人类社会自身权利与义务的规定。既包括了国家、区域等大系统内各种制度，也包括了小企业组织的各种现有成文制度、组织结构设计，组织内部形成的潜规则等等。不恰当的制度设计及安排约束了组织内交互双方高效而有序的交互行为，容易使其陷入界面困境，给界面关系带来系统性或结构性障碍。

（3）有关人的因素凝结成的界面障碍。人是经济活动的主体，是界面关系的核心要素及界面管理的主要作用对象。作为异常复杂的系统，界面双方与人相关因素的不一致、不和谐导致的界面障碍主要可分为三种：界面双方既有知识造成的界面障碍、界面双方心理或性格特征造成的界面障碍、界面双方情绪状态造成的界面障碍。当界面双方信息发送者和信息接收者对交互对象相关知识储备不足时，就会出现描述不准确、表达不清楚的编码以及译码错误、理解偏差的解码，从而产生许多并非有意而为之的界面障碍。同时，由于人与人之间具有很大差异性，当两个人心理或性格特征存在很大迥异时，对交互对象看法或行为方式就会不同。这样的两个主体一旦成为界面双方当事人时，二者之间自然就会出现许多矛盾或分歧。此外，就算是性格特征相似的两个主体成为界面双方当事人，也会由于各自情绪状态不同，而造成信息编码、译码过程中出现很大偏差，给界面双方交互过程带来很多消极影响，造成很多界面障碍。

要想从本质上改善导致煤炭依赖型区域生态风险升级的压力源状态，必须有针对性地改善这些界面障碍，对症下药，加大科学研究力度，推进技术革新，进行制度完善，提高并统一界面双方的认识，以解决交互过程中可能存在的目标差异、信息黏滞、文化冲突等问题。使人类生活、经济活动在利用自然资源的同时，尽可能减少对凝结成的生态环境的不利因素，不断提高自身认识，科学合理地了解人类所处自然环境的客观规律，在承认规律的同时，设计科学合理的制度。

第一，技术创新跨越物质局限障碍。技术创新是人们在物质生产中使用效率更高的劳动手段，更先进的工艺方法，以推动社会生产力不断发展的运动过程。人类社会发展的历史证明，科学技术是人类生存和发展的重要基础，社会生产力的每次飞跃都离不开科技进步。科学技术犹如不断加速前进的火车头，迅速改变着世界的面貌，加快世界变化的节奏，给人类社会带来了巨大的物质财富。根据库兹涅茨的观点，发达国家人均收入的增加，有50%～70%起因于技术进步而产生的生产率提高。然而科学技术是一把"双刃剑"，在促进经济增长的同时，其急剧发展扩大了人类经济活动范围，并使这一趋势超过了人类对其管理和控制的能力，产生许多消极影响。从人口膨胀、资源与环境退化等全球性问题，客观分析科学技术正面影响和负面作用，从某种意义上说，其实质就是人类认识和改造客观世界的工具，只是在人类自身现实功利心理作祟、认识落后情况下，才会由于对其不合理运用而产生负面影响。最关键的是，要解决人类自身造成的这些问题，最终还只能依靠科学技术的创新和革命，以科技的手段使人类步入可持续发展轨道上来。

这一点从国外科技发展计划及科技投入等相关问题中，可以清楚地得到证明。早在 1994 年，美国就认识到了科学技术对资源环境改善的重要性，在《科学与国家利益》中，明确指出 "保持在所有科学知识前沿的领先地位；科学要服务于国家利益；应用生态系统理念指导科技资源配置和结构调整" 等思想和观点，并在这一思想指导下，完成了科技创新对种种资源环境困境的缓解。近年来，各国都是在制订科技政策，加大研发投资力度。以 2001 年为例，美国的研发支出占经合组织的 44%，欧盟占 28%，日本占 17%。从投资强度看，近年美国研发费用占国内生产总值 2.7%，日本为 3.0%，韩国为 2.6%。到 2010 年，欧盟研发强度要从 1.9% 提高到 3%。总之，就目前世界可持续发展的趋势来看，在科学发展观前提下的科技创新肯定是实现自然资源可持续利用的根本因素。依靠科技创新，实现自然资源的可持续利用，既是突破和化解当前我国资源约束这一经济社会可持续发展主要 "瓶颈" 的基本途径，也是彻底解决人类未来面临自然资源短缺这一紧迫问题的根本之策。

　　结合前述界面障碍类型与成因的分析结果，科学技术创新对资源型区域可持续发展物质约束界面障碍的跨越，主要体现在以下三方面：通讯技术的创新能够有效改善界面双方由于沟通不畅导致的信息黏滞，解决交互过程中信息不对称问题，并由此缩小双方对系统整体目标的认同差异；资源利用方面的技术创新能充分提高资源利用广度和深度，不断降低资源利用的品位界限，促进工业、农业和交通运输等各个领域减少资源消耗，并能寻找新的资源开发途径，使原来一些不为人们所注意或不明用途的资源，陆续被引进到生产过程中；生态保护方面的技术进步，尤其是绿色技术（environmentally sound technology，能减少环境污染，减少原材料资源和能源使用的技术、工艺或产品总称）创新，还能从整体上缓解和抑制环境污染和生态质量退化，解决人类生产经济活动与环境承载力之间的矛盾冲突，尤其对采用粗放型经济增长方式的发展中国家，经济发展与环境质量往往呈现替代关系，没有有效环境保护新技术充分发展，其经济增长最终将呈现不可持续性。

　　第二，制度创新跨越组织设计障碍。作为一系列被制定出来的规则、守法程序和行为道德、伦理规范，制度旨在约束主体福利或效用最大化利益的个人行为。制度和人类生活息息相关，人类经济发展史其实就是一部制度创新史。新制度经济学认为，制度和制度创新对经济增长与发展有着至关重要的影响，不涉及制度就不可能解释经济增长率上的持续差异。资源型区域经济发展最大的障碍，莫过于在制度因素造成的路径依赖惯性下，停止创新的脚步。只有 "有意识的偏离"（mindful deviation）通过 "创造性破坏" 进行解锁（lock-out），才能开始新一轮的发展。一般意义上讲，制度创新是指引入一项新制度安排来代替原来的制度，以适应制度对象的新情况、新特性并推动制度对象发展。制度创新的动力，来源于新制度实行可能带来的预期收益。一旦预期收益大于制度创新所引起的阻力和支出增加等创新成本时，也就是说，当制度创新存在有正的净收益时，制度创新受益人或行为人就会努力推动创新发生并成功实施。反之，就采取维护旧制度的做法。制度创新的压力主要表现在由于制度形成后，相对稳定性和显示状况不断变化之间的矛盾，从而导致原有制度存在与制度对象相冲突的可能，这就需要不断审视原有制度，适时进行调整。制度的存在与创新，可以降低现实世界在信息不对称、存在外部性与机会主义条件下的不确定性，从而降低交易成本，还可以为经济主体提供激励机制，激发人们的生产和技术创新热情，增加主观能动性，更能为人们的有效合作创造条件，提供保证。

资源型区域可持续发展是一个涉及人口、经济、社会、资源、环境等多方面的复杂巨系统，对系统内种种交互过程障碍的跨越，自然需要意识、技术、体制、工程等多方面的努力和科学严格的管理。通过制度创新，建立一套详细、完备、操作性强的管理机构和先进管理体制，制定一系列政策和措施，能规范人们之间相互关系，促进可持续发展系统各要素的效率，并为各种经济活动提供环境保证。与此同时，制度创新还能最大程度地减少界面双方交互过程中的信息黏滞，降低制度不完善导致的目标差异及文化冲突带来的效率损失，消除界面上的障碍。为自然资源约束下，资源型区域可持续发展健康、有序地进行提供保障。

这里着重强调两点——自然资源的社区管理与区域可持续发展的政府行为。之所以提倡自然资源的社区管理，主要是基于我国传统、国情及可持续发展需要的考虑。从历史上看，我国具有社区管理的悠久传统。在同一地域生息劳作的家族，依靠地缘关系组成传统村落共同体，构成以共同风俗习惯和规范为纽带的自治群体，长期处在习惯法与伦理自治状态，并积累了大量管理自然资源的丰富经验及所需要的技术支撑。从当前我国国情来看，绝大部分自然资源位于乡村社区，并有相当一部分属于农村社区集体所有（大多在法律上为国家所有的自然资源其具体使用权和管理权也属于资源所在地区的集体组织）。社区经济不但是目前我国农村经济的主要存在形式，并将长期存在继续下去。从我国可持续发展的需要来看，目前造成自然资源、生态环境种种不可持续性问题产生的关键是，资源所在社区参与作用不够。自然资源的国家集权管理，不能充分顾及不同农村社区具体的自然、社会和经济条件，资源利用贴现率涉及不当会造成自然资源的过度开发利用，自然资源管理制度不科学，也无法调动当地居民管理保护自然资源的积极性。仅靠外部力量已经无法对自然资源实行有效管理，不将社区发展纳入到自然资源保护之中，不发挥自然资源所在社区居民参与管理的积极性，就不能保护好自然资源，实现资源型区域可持续发展。

政府行为是政府职能的具体运作，通常通过政策的制定、修改、变更来进行。政府行为影响深远，当其对政府职能行使得当时，则产生积极作用，反之，则带来消极作用，甚至巨大损失。经济领域的政府行为，一般由强制性行政命令、指导性政策及颁布法规来表现。在资源型区域发展过程中，政府行为具有重要的不可替代作用。素有"世界石油之都"之称的美国休斯敦市，20世纪80年代由于石油产量减少，经济严重受挫。正是休斯敦政府一系列科学、有效的行为，如资源早期开采的长远规划、交通网络的兴建、科学技术的大力研发等，才使其经济重放光彩。洛林地区作为法国最重要的钢铁基地，20世纪60年代廉价进口高品位富矿冲击导致的发展萎缩，正是有效政府行为对区域铁矿资源、钢铁产业的有效管理，才换来了如今洛林工业区汽车工业的支柱产业地位（占国民生产总值的30%）。德国鲁尔区政府筹措资金、区域规划、完善交通运输网络、促进科学技术发展、大力宣传吸引投资、治理污染美化环境、政府补贴等政府行为，很大程度上缓解了鲁尔区转型压力，为其成功转型奠定了基础。20世纪60年代至今，日本政府曾先后制定了七次煤炭政策，以维持煤炭产量的原有水平，后又颁发了第八次和第九次煤炭政策，关闭大量处于开采成本高昂、环境破坏严重的矿井，推行资源型区域的可持续发展战略措施。

鉴于区域发展目标由政府来制定，市场行为由政府行为引导和管理，公众行为也由政府行为约束完成，因此，资源型区域可持续发展与政府行为密切相关。运用政府行为创新，跨越我国自然资源约束下可持续发展系统的界面障碍，主要是在借鉴上述国外资源型区域可持续发展政府行为基础上，与我国实际国情、客观需要相结合，制定、修改、变更各种有利于我国政府职能行使的政策。其主要表现在以下方面。首先，制定切实的可持续发展规划。如前所述，资源型区域可持续发展系统是一项十分复杂的系统工程。不同发展阶段，需要解决的问题及发展侧重点都会有所不同。政府只有对可持续发展的步骤、实施措施等制定出各种科学合理的规划，才能保证区域发展的可持续有序进行。其次，进行科学的政府财政税收扶持。区域发展离不开政府的财政税收扶持，跨越可持续发展界面障碍的政府行为创新，最为重要地就是解决好与该主题相关的内容，选择正确政府财政税收扶持对象、扶持手段、制定适当的扶持力度。最后，因地制宜地选择并发展接续或替代产业。产业发展是区域经济的核心，建立在当地自然资源开发、利用基础上的资源型区域产业链，必须在国家财力和政策大力支持的基础上，因地制宜、井然有序地发展接续或替代产业，只有这样才能保证资源型区域经济社会的永续发展。

总之，资源型区域的可持续发展，是关系到政府、企业、社会各个方面的系统工程。各级政府部门应牢固树立科学发展观，按照全国一盘棋的思路来运作。坚持"以人为本"的科学发展理念，转变发展观念，创新发展模式，提高发展质量，逐渐形成中央和省市齐抓共管的良好局面。国家有关部门应进行有效制度创新，全面、协调地从整体出发，规划资源型区域的经济模式，制定可持续发展的中远期目标，制定完善相关政策并在实施过程中注意抓好成功转型的典型，不断摸索、总结和推广可持续发展经验，切实把资源型区域的经济社会转入全面协调可持续发展的轨道上来。

第三，文化创新跨越意识局限障碍。文化是一个混沌、庞大的体系，它无处不在，多元多彩。一般来说，文化有广义和狭义之分。广义文化是人类所创造的物质和精神所有成果，而狭义文化则专指人类所创造的精神成果。广义文化可以分为三层：表层文化、中层文化和底层文化。表层文化又称为物质文化，是人类围绕衣食住行所体现的去取好恶；中层文化又称为制度文化，包括风俗、利益、制度、法律、宗教、艺术等；底层文化又称为哲学文化，它是人的个体和群体的伦理观、人生观、世界观、审美观。表、中、底三层文化共同构成了广义文化的整体，对其研究涉及一个社会的艺术、信仰、机制和互动实践整个范围。文化是一个开放的体系，在与异质文化的接触、冲撞中，这一体系是不断发展变化着的。其变化速度与生产力发展速度直接相关，并在一定程度上表现了国家活力。本书所指的文化创新正是这种文化变化的一种方式，它特指对资源型区域可持续发展界面造成冲突、形成障碍文化因素的干预与引导。

文化是一种生活方式，其实质就是人化。资源型区域可持续发展过程中，文化冲突带来的界面障碍，正是界面双方不同主体——人，对交互对象认识不同或认识不到位造成的。用于跨越界面障碍、缓解文化冲突的文化创新，最为重要的手段是文化教育。通过文化教育，使参与区域可持续发展系统的各个"人"主体，拥有对自然资源约束下可持续发展的共同认识，促使界面双方在一个大目标——区域可持续发展激励下，共同协作发展。其核心是，着眼于人类同社会、自然之间关系的可持续发展教育。

可持续发展教育始于 20 世纪 60 年代末期，当时西方国家环境污染非常严重，"公害"事件层出不穷。为了解释种种现象，并解决人与自然的种种矛盾，美国以环境教育为起点，率先引入了可持续发展教育。此后，环境教育迅速发展，世界各国都开始重视并纷纷开展各种形式环境教育。联合国斯德哥尔摩人类环境会议（1972 年）和国际环境教育会议（1975 年），均提出环境教育目的；欧共体设立了专门的环境教育网；美国编制了《环境经验学习计划》，将环境教育从其他学科教育中独立出来；联合国教科文组织（1989 年）鉴于世界环境问题日趋严重，提出在世界范围内全面推进环境教育的计划，从经济、社会、文化和自然生态等不同角度全面阐明了人与自然之间的关系，强调了在环境教育中个人和社会道德标准的极端重要性，在世界范围内推动了环境教育的发展。自此之后，环境教育内容从自然环境扩展到公共环境、社会环境、人文环境，将环境科学技术、环境影响和社会学等多种学科融汇在一起，打破了特定学科框框，逐步演化为可持续发展教育。可持续发展文化教育在全球范围内迅速开展和传播，与全球资源、生态问题的恶化及该教育作用是分不开的。通过可持续文化教育，人们充分认识到自己面对的危机，并能正确理解人口、资源、环境、科技进步与发展之间的相互联系与作用，培养公众对自然保护、自然资源节约意识，自觉采取对自然负责的行为与行动，选择明智的人类发展模式。

8.4 本章小结

煤炭依赖型区域生态风险压力源识别是"路径篇"研究的前站。通过压力源识别，可以更准确地探析具有针对性的风险规避路径。本章从煤炭依赖型区域承载力辨析入手，通过剖析承载力的理论基础，运用界面分析理论确定其压力源界面框架，最终得出煤炭依赖型区域人口子系统、经济子系统和自然资源环境子系统之间三个界面五条反馈环上的压力源。并进一步分析压力源，找到在界面上逐渐转换、凝结，慢慢变成造成该区域生态风险升级的界面障碍，并通过物质技术水平约束凝结成的障碍分析、组织制度设计不当凝结成的障碍分析以及与人相关因素的不一致、不和谐凝结成的障碍分析，寻找压力源突破思路。

第 9 章

煤炭依赖型区域生态风险事件特例解析

解析煤炭依赖型区域生态风险规避路径,除了需要洞悉生态风险压力源之外,还有一个生态风险特例事件——邻避危机,也必须得以正确解析。邻避危机源于邻避项目,邻避项目的实施,从本质上讲是煤炭依赖型区域生态风险规避的一种措施与手段,但是邻避危机的产生,又恰巧是该区域居民生态意识增强,生态权益提升的一种表征。这一对看似矛盾却又息息相关的概念,如何辨析,如何破解,这些内容都将在煤炭依赖型区域生态风险规避路径解析之前,于本章中得以阐释说明。

> **本章主要内容:**
> ❖ 邻避危机理论概述
> ❖ 邻避危机实例说明
> ❖ 邻避危机生态信任重塑
> ❖ 本章小结

9.1 邻避危机概述

"邻避"一词源自英文(not in my back yard, NIMBY),特指城市化进程中,运行过程中具有显著负外部性的一些生产生活必需设施(垃圾填埋场、化工厂、核电站等),招致周边公众抵制和抗议的现象。1977 年,黑尔(O' Hare)首次将能给社会带来整体利益但却对周边居民带来负面影响的设施归结为邻避设施。随后,泰勒(S. M. Taylor, 1982)等人将其作为都市地区冲突的主要形式,进行了一系列的研究,引起学术界的广泛讨论。霍斯特(Dan van der Horst, 2007)从改善个人态度出发,确定六个变量对不同人对邻避项目观念的影响因素的研究，并提出 2 个主要结论，当地的环境和对土地的价值观以及项目的性质、强度和空间规模会对公众态度有强烈影响；人们对于邻避项目的恐惧和对绿色项目积极的认同感会影响受访者的态度，并通过定性定量的分析来从态度改善方面解决邻避项目冲突问题。约翰逊（Johnson，2012）考察了居民邻避效应心理感知强烈程度和其居住地与邻避设施的距离的远近的关系情况。莫里森（Jame R. Morrison，2013）利用遗传算法解决邻避问题的方法是从本质上合理地规划确定公共设施的位置。

不论从哪个角度论证邻避事件及其危机，大家都对这种类型的冲突有一个统一的认识，首先邻避是一种态度，是人们对认为对生存权和环境权有害的公共设施表示拒绝的一种偏好行为；其次是一种环境主义的主张，不论是否存在经济价值，人们更在意邻避设施可能产生的环境损害以及生态权益的侵害，强调以环境价值为标准来衡量是否需要兴建公共设施；最后，邻避更是一种情绪性的生理反应，人们会因为这种情绪为邻避态度进行抗争，而这种生理应激与技术、经济、社会、政治等因素无关。所以，可以从这几点特征中看出，与其他群体性事件不同，邻避事件处理起来更为棘手，不得不开展，却又开展不下去。许多市场性手段与措施在邻避危机的处理中仿佛失去了作用。

近 10 年来，随着我国城市化的快速推进，城市人口迅速增加，资源需求和城市污染的压力日益增大，城市公共服务供给能力和城市治理能力，日益受到资源需求的挑战，为了应对这些日益增长的需求以及逐渐增多的生活负产品，建设更多的高效邻避项目，比如垃圾焚化炉、核能发电厂、燃煤发电厂、化工厂、飞机场、垃圾堆填区、化学废物处理中心、监狱等势在必行。然而，这些邻避设施被社会所必须同时又具有各种风险，诸如辐射泄漏、环境污染、罪犯逃跑等等，进而又会带来该地区房产减值等经济负效应（见图 9 - 1），因此，我国城市化进程中的此类邻避事件呈现扩大化趋势。

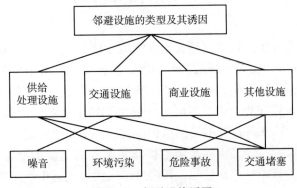

图 9 - 1　邻避设施诱因

资料来源：杭正芳，邻避设施的区位选择与社会影响研究——以西安市垃圾填埋场为例。

从 2007 年的厦门二甲苯项目开始，到大连、宁波，再到 2013 年的昆明，一系列的 PX 项目纷纷在抗议声中停摆。还有类似 2012 年四川什邡钼铜项目事件、江苏启东王子纸业排海工程、上海松江电池厂事件等，众多小规模的邻避冲突不断升级为区域公共危机。特别是环境类邻避事件，其暴力抗争特征最为明显，行动参与者数量日益庞大，暴力程度逐渐升级，甚至出现冲击党政机关、持械对峙等状况，严重危害公共安全、影响公共秩序。

煤炭依赖型区域的邻避事件，相较于厦门、大连等地的 PX 项目而言，还有诸多不同。一方面，煤炭依赖型区域的邻避项目的立项，更多旨在于改善当地已经恶化的生态环境，例如垃圾焚烧，大型发电站的整合、构建；另一方面，由于煤炭依赖型区域生态风险较高，当地居民生态需求相较于其他地方民众而言更强烈，生态意识萌芽更久。当然，该区域邻避事件危机的冲击力也比其他区域更为猛烈。甚至可以更深一步挖掘，在该区域，这些邻避项目本意是通过一些公共设施的建设给人们的生活带来便利，尽量改善当地生态环境，但是实际中，却给项目建设附近的居民带来负面影响，并引起公众的排斥、抵触情绪。

分析目前学界的研究，学者们大多将邻避冲突的原因归结为"理念落后、权益受损、主体模糊、方式僵化"等等。康民那河认为，邻避设施周边居民权益受损是邻避情结产生的根本所在；丰隆酒井认为，心理上的失衡以及不公平感是邻避抗争行为的真正原因；露丝·麦凯等指出，公众对组织行为的信任缺乏促成了邻避效应的广泛产生。我国大部分学者基本认同国外学者对邻避冲突的研究，也有少数研究者认为邻避冲突实则是公众环保意识上升、城镇化发展的必然产物。上述研究从不同视角审视了邻避冲突的诱因，并分析了治理存在的不足，但对环境类邻避冲突的破解，仍需要进一步深入探究。

9.2 邻避危机实例说明

在众多邻避事件中，垃圾处理邻避设施最为被人们熟悉，由此产生的邻避冲突也最为普遍。国务院办公厅印发的《国家"十二五"全国城镇生活垃圾无害化处理设施建设规划》（国办发〔2012〕23 号）认为，由于城镇化快速发展，生活垃圾激增，垃圾处理能力相对不足，一些城市面临"垃圾围城"的困境。这些城市中既包括北京广州等这样的一线城市，杭州、南京也无法避免，更为被人们警醒的是，许多二、三线城市的垃圾也以非常惊人的速度不断增长。有报道称，中国每年约产生生活垃圾 3.6 亿吨，其中城市生活垃圾达 1.5 亿吨，全国城市生活垃圾累积堆存量已达 70 亿吨。据预测，2030 年中国城市垃圾年产总量将达到 4.09 亿吨，2050 年达到 5.28 亿吨。

目前，垃圾填埋是大量城市垃圾的主流处理方式，但如此数量惊人的垃圾，其填埋占用了大量土地资源，使我国有限的土地资源更为紧缺，另外，垃圾填埋的过程会产生大量甲烷加速地球变暖，还有一个关键是，我国垃圾分类工作非常滞后，不加处理的直接填埋造成许多废液渗漏，进而造成环境二次污染，因此，垃圾焚烧将逐渐成为日后垃圾处理的主流，特别是土地资源紧缺、人口密度高的一线、二线城市，垃圾焚烧在所难免。

鉴于本书选取山西省为煤炭依赖型区域的典型区域，故本章生态风险特例分析中的邻避项目，也选取自山西省汾阳市的一处生活垃圾焚烧发电厂。该电厂位于城区东南部，307 国道旁，阳城乡东路家庄村东南约 1 千米处，是汾阳市新建的较为大型的垃圾焚烧厂，其选址初期引发了当地居民的不满情绪，甚至爆发抗议行为。本章中将运用模糊认知图方法，以利益相关者理论为基础，对该邻避项目不同变量间的因果联系强度进行分析，为进一步危机破解寻找思路。

9.2.1　认知模型构建

模糊认知图（fuzzy cognitive map，FCM）方法是一种定性推理技术，但又模仿了定量考量思路，可有效地分析涉及多方的复杂问题的因果关系。它是用节点和弧线的概念来描述研究系统中涉及因素的因果关系和相互作用趋势，其中节点表示了影响系统的概念因素，每一个节点代表系统的一个概念弧表示概念因素间的关系强度。模糊制图能够通过描述系统要素间的认知图，清晰地展现各因素间的交互情况，将难以测度的定性问题转换成定量问题。对于区域生态风险规制过程中的特例——邻避项目而言，鉴于其从项目立项到实施过程中，众多行为主体之间悬而未决的、具有模糊性并难以描述清楚的错综关系，故采用模糊认知图方法，有效地识别邻避项目中的各风险管理因素间的相互关系，为邻避问题的解决提供依据。

在邻避项目中，各利益相关者对邻避项目的认知，通常分为"促进""抑制"或"不确定"。"促进"表示该利益相关者对邻避项目持支持态度；"抑制"表示该利益相关者对邻避项目持反对态度；"不确定"表示该利益相关者对邻避项目态度不明确。相应地，模糊认知图用正、负或不确定来表示这三种关系，并以此建立模型。在图 9-2 中，C_i 表示影响系统的概念因素，C_i 与 C_j 之间的连线表示概念间的因果关联强度，用 w_{ij} 表示，$w_{ij} \in [-1, 1]$，其中 $w_{ij} > 0$ 表示 C_i 对 C_j 有正向作用，$w_{ij} < 0$ 表示 C_i 对 C_j 有负向作用，$w_{ij} = 0$ 表示 C_i 和 C_j 间没有直接影响，从而得到这个系统的关联矩阵 $W = [w_{ij}]_{n \times n}$。在本例中，每个受访者个体都会形成一张个体认知图，通过将各变量赋予相同权重，利用加权评价法确定变量之间的因果关系 w_{ij}，将个体认知图按利益相关者划分融合成的社会简明认知图。

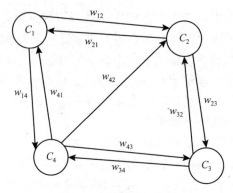

图 9 - 2 模糊认知结构

9.2.2 多层级风险因子体系构建

1. 半结构访谈分析

本书利用半结构访谈的方式，对汾阳垃圾焚烧发电站项目涉及的管理者、技术人员、工作人员和当地居民等四类利益相关者进行访谈。所谓半结构化访谈（semi-structured interviews）指按照一个粗线条式的访谈提纲而进行的非正式的访谈。该方法对访谈对象的条件、所要询问的问题等只有一个粗略的基本要求，访谈者可以根据访谈时的实际情况灵活地做出必要调整。鉴于模糊认知图对访谈者人数有数量要求，故在本例研究中，对访谈人数与提及变量之间的关系进行了监测。当访谈到21人时，被提及变量数量的增长趋势出现趋于平缓的势头；当受访者的数量继续增加到47人时，被提及变量数量开始维持于一个固定的数值（如图9-3），此时认为认知图的数量满足研究的需求。

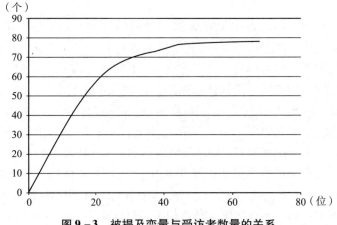

图 9 - 3 被提及变量与受访者数量的关系

$$R_{A1} = -C_1 - C_2 + (1+\partial)(D_1 - \theta I_2 + \theta I_2 y + \theta D_2 y)$$

$$R_{A2} = -C_3 + (1+\partial)(\theta D_2 y + \theta I_2 y - I_1 - \theta I_2)$$

$$\overline{R}_{A12} = x R_{A1} - (1-x) R_{A2}$$

$$= -C_3 + (1+\partial)(\theta D_2 y + \theta I_2 y - I_1 - \theta I_2)$$

$$+ x[-C_1 + (1+\partial)D_1 + (1+\partial)I_1]$$

代入各值，进行化简。

$$f(x) = \frac{\mathrm{d}x}{\mathrm{d}t} = x(1-x)[-C_1 + (1+\partial)(D_1 + I_1)]$$

同理，地方政府 B 选择严格落实国家生态规制的复制动态方程为：

$$f(y) = \frac{\mathrm{d}y}{\mathrm{d}t} = y(R_{B1} - \overline{R}_{B12}) = y(1-y)[-C_2 + (1+\partial)(D_2 + I_2)]$$

由复制动态微分方程稳定性定理及演化稳定策略性质可知，当 $f(x) = 0$ 且 $f'(x) < 0$ 时，可以得到地方政府 A 的演化稳定策略。经计算可得，$-C_1 + (1+\partial)(D_1 + I_1) > 0$ 时，$x^* = 1$ 满足 $f(x) = 0$ 且 $f'(x) < 0$，故 $x^* = 1$ 为此情形下政府 A 的演化博弈稳定点；$-C_1 + (1+\partial)(D_1 + I_1) < 0$ 时，$x^* = 0$ 满足 $f(x) = 0$ 且 $f'(x) < 0$，故 $x^* = 0$ 为此情形下政府 A 的演化博弈稳定点。

同理，$-C_2 + (1+\partial)(D_2 + I_2) > 0$ 时，对地方政府 B 而言，$y^* = 1$ 为此情形下政府 B 的演化博弈稳定点；当 $-C_2 + (1+\partial)(D_2 + I_2) < 0$ 时，$y^* = 0$ 为此情形下政府 B 的演化博弈稳定点。

由博弈稳定点求解可知，当公众权益不明确，监督行为无利益反馈，公众监督 A、B 联动落实国家生态规制政策的成本 C_3，对区域联动生态规制演化博弈结果不产生任何影响。长期内，公众监督力将逐渐弱化为零。

2. 引入约束机制跨区域生态规制演化博弈模型

（1）支付矩阵设定。为了避免生态治理的公众参与度缺失，尝试增加跨区域生态规制公众权益反馈。一方面给予监督者经济补偿，另一方面将公众权益与中央政府责罚措施挂钩，增加公众对形式执行生态规制地方政府的监督效度。

此时，设地方政府 A 与地方政府 B 均严格落实区域联动生态规制政策时，公众监督净支出（公众监督成本与政府给予监督者经济补偿的差额）为 C_{31}，A、B 中至少有一方形式落实区域联动生态规制政策，引入中央责惩措施后的公众监督净支出（公众监督成本、中央责惩处罚与政府给予监督者经济补偿的差额）为 C_{32}（$C_{32} > C_{31}$），其他参数假设不变。在 2×2 非对称重复博弈中，该情形下阶段博弈的支付矩阵如图 10 - 4 所示。

地方政府A		地方政府B	
		严格落实	形式落实
	严格落实	$-C_1-C_{31}+(1+\partial)(\theta D_2+D_1),$ $-C_2-C_{31}+(1+\partial)(\theta D_1+D_2)$	$-C_1-C_{32}+(1+\partial)(D_1-\theta I_2),$ $-C_{32}+(1+\partial)(-I_2+\theta D_1)$
	形式落实	$-C_{32}+(1+\partial)(-I_1+\theta D_2),$ $-C_2-C_{32}+(1+\partial)(D_2-\theta I_1)$	$-C_{32}+(1+\partial)(-I_1-\theta I_2),$ $-C_{32}+(1+\partial)(-I_2-\theta I_1)$

图 10-4　引入约束机制支付矩阵

（2）演化稳定策略求解。引入约束机制后，记地方政府 A 以概率 x' 选择严格落实国家生态规制的期望收益为 R'_{A1}；以概率 $1-x'$ 选择形式落实国家生态规制的期望收益记为 R'_{A2}；平均收益为 R'_{A12}。记地方政府 B 以概率 y' 选择严格落实国家生态规制的期望收益为 R'_{B1}；以概率 $1-y'$ 选择形式落实国家生态规制的期望收益记为 R'_{B2}；平均收益为 R'_{B12}。根据博弈模型假设及演化博弈求解适应度方法，计算各自的复制动态方程如下式所示。

地方政府 A 选择严格落实国家生态规制的复制动态方程为：

$$F(x')=\frac{\mathrm{d}x'}{\mathrm{d}t}=x'(R'_{A1}-\overline{R}'_{A12})$$

其中，

$R'_{A1}=y'[-C_{31}+C_{32}+\theta(1+\partial)(D_2+I_2)]+[-C_1-C_{32}+(1+\partial)(D_1-\theta I_2)]$

$R'_{A2}=y'\theta(1+\partial)(D_2+I_2)+[-C_{32}+(1+\partial)(I_1-\theta I_2)]$

$\overline{R}'_{A12}=x'R'_{A1}-(1-x')R'_{A2}$

$\quad =x'y'[-C_{31}+C_{32}+\theta(1+\partial)(D_2+I_2)]$

$\quad +x'[-C_1-C_{32}+(1+\partial)(D_1-\theta I_2)]$

$\quad -(1-x')[-C_{32}+(1+\partial)(I_1-\theta I_2)+y'\theta(1+\partial)(D_2+I_2)]$

代入各值，进行化简：

$$F(x')=\frac{\mathrm{d}x'}{\mathrm{d}t}=x'(1-x')[y'(C_{32}-C_{31})+(1+\partial)(I_1+D_1)-C_1]$$

同理，地方政府 B 选择严格落实国家生态规制的复制动态方程为：

$$F(y')=\frac{\mathrm{d}y'}{\mathrm{d}t}=y'(1-y')[x'(C_{32}-C_{31})+(1+\partial)(I_2+D_2)-C_2]$$

令 $F(x')=0$，$F(y')=0$，可以得到引入约束机制明确公众权益后，区域联动生态规制演化博弈 5 个可能的稳定点，$(0,0)$，$(1,0)$，$(0,1)$，$(1,1)$，$\left(x'^*=\dfrac{C_2-(1+\partial)(I_2+D_2)}{C_{32}-C_{31}},\ y'^*=\dfrac{C_1-(1+\partial)(I_1+D_1)}{C_{32}-C_{31}}\right)$。

利用雅克比矩阵（jacobian matrix）局部稳定性分析法对五个均衡点进行稳定性分析，矩阵及分析结果如表 10-6 所示。

表 10 -6　　　　　　　　　　　　基于雅克比矩阵的稳定性分析结果

均衡点	J 的行列式及符号		J 的迹及符号		结果	条件
$x'=0,$ $y'=0$	$[(1+\partial)(I_1+D_1)-C_1]\times[(1+\partial)(I_2+D_2)-C_2]$	+	$[(1+\partial)(I_1+D_1)-C_1]+[(1+\partial)(I_2+D_2)-C_2]$	-	ESS	$C_1-(C_{32}-C_{31})$ $<(1+\partial)(I_1+D_1)<C_1$ $C_2-(C_{32}-C_{31})$ $<(1+\partial)(I_2+D_2)<C_2$
$x'=0,$ $y'=1$	$[(C_{32}-C_{31})+(1+\partial)(I_1+D_1)-C_1]\times[-(1+\partial)(I_2+D_2)+C_2]$	+	$[(C_{32}-C_{31})+(1+\partial)(I_1+D_1)-C_1]+[-(1+\partial)(I_2+D_2)+C_2]$	+	不稳定	
$x'=1,$ $y'=0$	$[-(1+\partial)(I_1+D_1)+C_1]\times[(C_{32}-C_{31})+(1+\partial)(I_2+D_2)-C_2]$	+	$[-(1+\partial)(I_1+D_1)+C_1]+[(C_{32}-C_{31})+(1+\partial)(I_2+D_2)-C_2]$	+	不稳定	
$x'=1,$ $y'=1$	$[(C_{32}-C_{31})+(1+\partial)(I_1+D_1)-C_1]\times[(C_{32}-C_{31})+(1+\partial)(I_2+D_2)-C_2]$	+	$-[(C_{32}-C_{31})+(1+\partial)(I_1+D_1)-C_1]-[(C_{32}-C_{31})+(1+\partial)(I_2+D_2)-C_2]$	-	ESS	
$x'=x'^{*},$ $y'=y'^{*}$	——		0		鞍点	任意

10.3.3　生态风险地方政府协同治理的结论阐释与策略路径

从上述两个模型可以看出,公众生态权力及相应经济利益不明确时,相邻地方政府间跨区域生态规制易于走向"形式落实区域联动"的囚徒困境,该结论与国外"生态公民"研究具有一致性。当引入约束机制,明确公众生态权益后,跨区域生态规制博弈演化"囚徒困境"发生的可能性被降低,有利于博弈稳定策略朝着"均严格落实国家生态规制"方向演进。

具体而言,跨区域生态规制演化博弈理论模型下,公众监督对区域联动生态规制博弈选择没有实质影响。地方政府间博弈行为选择只与自身落实国家生态规制政策的经济净收益 $-C_1+(1+\partial)D_1$ 或 $-C_2+(1+\partial)D_2$ 及生态净收益 $(1+\partial)I_1$ 或 $(1+\partial)I_2$ 相关。当区域联动生态规制综合净收益 $-C_1+(1+\partial)(D_1+I_1)$ 或 $-C_2+(1+\partial)(D_2+I_2)$ 大于 0 时,在多次演化过程中,地方政府会越来越倾向选择严格落实国家生态规制政策行为,直至所有地方政府都严格落实,达到演化稳定状态。反之,当区域联动生态规制净收益小于 0 时,所有政府最终将选择形式落实国家生态规制行为,达到与理想状况相违背的稳定状态。就现状而言,环境治理收益的弱显性特征及延时滞后性特性,以及环境治理的高执行成本和高经济成本,使得区域联动生态规制易于陷入"囚徒困境",引发区域生态风险升级。

也就是说,不恰当的利益设置使得公众监督对区域联动生态规制缺乏有效约束力,相邻区域地方政府更倾向于选择形式落实国家生态规制的博弈行为。从长远考虑，这种博弈行为选择将会引发更多的生态冲突，严重侵害公众生态权益，损害政府社会形象，抑制区域经济发展。迫切需要合理的制度安排，改变博弈结构。

引入约束机制跨区域生态规制演化博弈模型下，结合雅克比矩阵稳定性结果，可在二维平面坐标轴下绘制复制动态关系相位图，如图 10-5 所示，进行博弈行为分析。当公众权益明确，监督行为对区域联动生态规制产生经济效力时，相邻政府间具有两个演化稳定策略：点 O(0, 0) 和点 B(1, 1)，分别对应地方政府 A 和地方政府 B 的两种策略组合（严格落实，严格落实），（形式落实，形式落实）。点 A(1, 0) 和点 C(0, 1) 为不稳定点，点 D(x'^*, y'^*) 为鞍点，折线 ADC 为系统收敛于不同状态的临界线。在临界线右上方区域，博弈双方行为收敛于 B(1, 1) 点，地方政府 A 和 B 都将严格落实国家生态规制；在临界线左下方区域，博弈双方行为收敛于 O(0, 0) 点，生态规制处于"囚徒困境"。

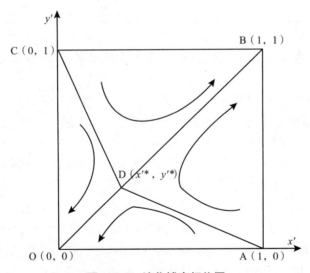

图 10-5　演化博弈相位图

长期均衡视角下，跨区域生态规制博弈行为的结果，可能是公众监督下地方政府间的坦诚合作，也有可能是空喊口号下的阳奉阴违，具体演化路径取决于相位图中区域 ABCD 与区域 ADCO 的面积比，即取决于鞍点 D(x'^*, y'^*) 的位置。x'^* 与 y'^* 越小，鞍点的位置越往下移动，区域 ABCD 的面积越大，演化博弈将以越大的概率向博弈双方均严格执行国家生态规制方向演化，反之，则越倾向于演化为"囚徒困境"。

相较而言，引入约束机制的跨区域生态规制演化博弈模型，在一定程度上避免了跨区域生态规制"囚徒困境"的必然性。因此，给予公众监督区域联动生态规制适度的经济回报，并由中央政府对形式落实生态规制的地方政府执行责惩，提高公众监督经济约束力，更有助于引导地方政府选择正确的生态规制行为，对于生态规制区域联动有效实施、区域生态状态改善，具有重要作用。

具体措施，可从各参数对引入约束机制后的演化博弈模型鞍点位置 $\left(x'^* = \dfrac{C_2 - (1+\partial)(I_2 + D_2)}{C_{32} - C_{31}}, \ y'^* = \dfrac{C_1 - (1+\partial)(I_1 + D_1)}{C_{32} - C_{31}} \right)$ 的影响入手进行讨论。

（1）构建生态社区反馈网络，提升跨域治理公众生态权责认知度。以社区为节点，利用电子化信息渠道，加强生态参与平台建设。社区是与公众密切接触的低元组织结构，通过环境信息共享机制，以完善的生态信息和公开的生态权益，将公众参与落到实处。一方面，经由社区宣传、反馈，公众生态知情权不断增加，生态满意度提升；另一方面，双向沟通的反馈网络，使公众生态需求与政府生态制度供给相匹配，在公众监督下，进而促进更为慎重的官员决策，减少地方政府生态规制执行成本 C_1 和 C_2，促使跨域生态规制演化博弈鞍点位置下移。运行该反馈网络，公众能够洞悉不同项目可能涉及的生态风险；知晓作为独立的生态参与人，拥有哪些生态权力，可以通过何种途径保障自身生态利益不受侵害；一旦发生生态权益纠纷，公众将经由何种部门、以何种方式解决问题。以及时、公开、透明的生态社区反馈网络，最大限度保证公众的生态参与度。

通过构建生态文化，以内心自律和外在舆论约束人们生态行为。总体而言文化范畴属于传统，始于对自然环境的认识，表现为一定刚性，具有一种强烈的稳定趋向，对复合生态系统有较大影响。生态危机表面上是人和自然矛盾的激化，其本质是人类文化危机，即人类文化失衡引起的社会——经济——自然生态系统的紊乱。人类必须从文化上自救，在生态意识、生态思维上实现和自然平等相待，才能和生态循环节奏保持一致。文化创新最主要手段是文化教育。文化只有依靠教育才能被"激活"，才能得到传递、发展，才能排除各种有害杂质，才能得到交流。正如国际 21 世纪教育委员会向联合国提交报告认为，教育的首要作用之一是使人类有能力掌握自身发展。每个时代都有不同的财富观，这种财富观不仅支配着人们经济活动的目标指向，而且影响着这个时代的经济理论和经济发展战略。加强对资源型区域居民可持续发展文化教育，能够使参与其中的各个"人"主体，拥有对自然资源约束下资源型区域可持续发展共同认识。正如有学者指出，进一步发展共同认识和共同责任感，是这个分裂的世界十分需要的。

可持续发展目标下的文化创新，就是要通过文化教育，从根本上改变人们的价值观，消除人们思想观念上饥不择食的引进观、竭泽而渔的开发观、片面宽松的环境观、对上负责的政绩观。改变人们对资源、环境与经济发展的局限认识，把文化的享受、文明的追求、优美的环境等视为生活质量的重要内容，自觉地节约资源、保护环境、科学合理地开发区域内的资源，形成保护环境与可持续发展的良好生活习惯和生活方式。可持续发展强调和突出的是经济发展中生态与环境的保护，以及社会性的长久永存条件，包含了潜在伦理条件，从发展意义上肯定了重义、为公、注重子孙后代等伦理观念在经济发展中的意义。可持续文化教育引导下，人们形成的这种新观念是经济、社会、自然、生态的和谐发展，是把人与自然看成平等地位，把人的活动限定在生态平衡发展一定限度内，而不是无限度满足人自身的需求。

（2）推行全面生态管理模式，强化跨域治理公众生态权责约束力。一方面，成立隶属中央并独立于各地方政府的第三方生态机构，根据生态社区反馈网络，开展具有法律效力的生态事件处理活动。避免相邻地方政府为了各自经济利益，放任自流一些有悖于区域生态环境的创收项目或支柱产业。另一方面，配合科学合理的责惩措施，如官员问责制、生产环节的生态考核、GDP绿色核算等，改变单个辖区内生态保护"违法成本低，守法成本高"的现状。同时，中央政府应以法规政策的强制约束力，抑制公众参与区域联动生态规制监督过程中的"群氓心理"，构建良性社会参照氛围，从组织层面、法律范畴、行为规范角度同时增加责惩支出 $C_{32} - C_{31}$，推动跨区域联动生态规制博弈向博弈双方均严格执行国家生态规制方向演化。

在全面生态管理模式下，生态制度必不可少。制度作为经济增长内生变量，良好的制度可以约束人们不利于可持续发展的行为，使人们在高度复杂世界中，在不确定性、复杂性以及超载信息量下，明确行为的规则。可以通过监督和强制执行，抑制人的机会主义动机与行为，协调个人利益与社会利益的关系。还能为实现合作创造条件，消除市场经济中不合作行为带来低效率，将外部性较大地内在化，促进个人收益与社会收益相等，规范人们之间相互关系，减少不确定性，节约交易费用。制度创新最高准则是协调人与自然界之间的关系，不断解决人类发展与自然界之间各种矛盾。通过制度创新保证产业升级及产业内部素质提高，将可持续理念制度化，渗透到所有可持续产业之中，保证可持续实现。制度创新主要体现在三个方面：保证技术创新的制度创新；提高资源管理效率的制度创新；与人有关的制度创新。

科学技术是第一生产力，但这是建立在一定制度前提之下的，制度决定了科学技术创新的深度、广度和频率。促进技术创新的制度创新，就是要创造有利于科技发展的制度环境，保证先进技术产生、发挥，实现生产力长期提高。主要表现为建立有效科技进步机制，包括科技投入机制、科技成果转化机制、科技创新进步机制及科技内部合理结构确定等方面，其核心是技术市场的不断完善。技术市场是技术、科研成果进入经济活动的平台，是技术成果实现流通、交换、传递、应用并渗透到生产领域中实现其应有价值的场所，是科研市场化、产业化过程的重要环节和工具。服务于技术创新的制度创新，主要是为技术市场形成创造条件，明确将战略性技术进步和优先发展产业领域技术进步作为基本技术发展战略目标，设立创新性研究开发基金，提供研究开发补贴，提供"委托开发"无息贷款等，以政府购买支持新兴产品开发。通过加强对技术市场以及产学研联合的宏观调控和制度管理，建立公平公正公开的市场秩序，以制度创新保障技术创新，最终实现科学技术自身健康发展。

（3）扩大生态行为效果感知，增强跨域治理公众生态权责规制回报。一方面，强化生态规制成效感知。通过制定更具针对性的区域生态治理政策，基于生态社区反馈网络，及时将公众生态需求呈现到社会事实中，以辖区生态状况净改善量 $(I_1 + D_1) + (I_2 + D_2)$，改变生态规制"时滞"给公众参与度带来的挫伤，进而调整辖区生态环境治理改变量对公众幸福指数的效应系数 ∂。另一方面，加大生态规制报酬感知。对有效实施区域联动生态规制监督的公众，结合生态破坏减损程度，给予相应物质奖励或税收优惠，确保生态监督的经济回报。同时，延展生态规制便利性感知。以便利的生态基础设施，运营成熟的环保组织，不断完善的司法公益诉求程序，保障公众能够便捷、低成本开展生态维权，确保公众生态参与度，优化相邻地方政府跨域生态治理博弈行为。

10.4　本 章 小 结

基于前述几章对煤炭依赖型区域生态风险压力源的识别以及邻避危机破解思路的探讨，本章集中视角对该区域生态风险规避路径进行了全面分析。首先，从技术驱动视角出发，借助于生态位理论，构建技术驱动的生态位进化模式，以政府推动以及市场拉动，实现煤炭依赖型区域生态风险的技术储备。其次，从公众参与视角出发，借助于扎根理论，提炼范畴，构建公众参与区域生态风险防范理论模型。最后，从地方政府协同视角出发，基于演化博弈理论，构建跨区域生态规制演化博弈理论模型，并进一步在模型中引入约束机制，寻找生态风险地方政府协同治理的策略和思路。多管齐下，为煤炭依赖型区域生态风险规避构建路径体系。

第 11 章

结论与展望

作为全书的总结，本章一方面回顾了本书研究完成的工作，列举了研究获得的主要结论，另一方面也指出了研究中的不足之处，展望了煤炭依赖型区域生态风险控制进一步研究的方向，提出了值得进一步探讨的问题。

本章主要内容：
- ❖ 研究结论
- ❖ 局限性及展望

11.1 研 究 结 论

生态环境和谐共处下的可持续发展是可持续发展的核心问题，基于系统分析的煤炭依赖型区域生态风险监控研究是实现和谐社会构建的根本问题。本书从煤炭依赖型区域生态风险相关理论入手，对国内外研究现状进行了详细评述，运用多学科的原理和方法，重点探索了该区域的生态风险预警监控，以及各子系统间生态风险压力源界面障碍跨越、规避路径。并将相关模型构架应用到山西省实例分析中，结合实际做了对策性的探讨。通过理论与实践的分析，本书得出主要结论如下。

第一，煤炭依赖型区域对我国经济发展有着十分重要的历史和现实意义，长期以来其源源不断地给国家提供原材料、能源等基础产品。与普通区域相比，资源型区域对资源依赖性更强，在经济发展过程中，消耗了更多的资源和环境容量，自然资源约束更为明显。在和谐社会构建的大背景下，煤炭依赖型区域的可持续发展是更为复杂、更为紧迫、更亟待解决、更为艰巨的任务。

第二，煤炭依赖型区域生态风险监控是涉及多学科、多领域的复杂系统，系统内任一微小要素的些许变化都会带来整个系统功能上的震动。煤炭依赖型区域生态可持续发展的研究和实践是一项复杂社会系统工程，这是其研究的根本性质。对这一巨系统发展问题的研究，必须始终站在系统角度，从整体出发把握各要素间相互关系，从而集中人、财、物解决各交互作用上存在的问题。

第三，国际资源约束型区域情景间的纵向对话，以及我国资源约束型区域时空下的生态转型，都揭示了一个不争的事实——如何转型以实现煤炭依赖型区域生态风险控制，是该区域发展不得不面对的问题。在这一过程中，如何及时、准确地预见和监控人口、经济各子系统出现的非持续发展因素，并为生态可持续发展决策提供警示性信息，从而及时修正错误做法、避免出现"自然报复"，远比事后弥补重要得多。利用各种模型及预测技术对该区域生态可持续发展未来状态进行测度，并对非持续性状态的时空范围及危害程度进行科学预报的生态预警，应成为该领域研究探索的重点。

第四，人工神经网络从学习样本集中，可以实现任意形式的映射，能从结构上对人类思维过程进行模拟，尤其擅于处理高度复杂大规模非线性自适应系统。其中研究较为深入的 BP 神经网络，借助自学习功能，可以辨识出"黑箱"系统的结构、表现丰富特征，与支持向量机的巧妙结合，能够有效处理复杂系统相关问题，实现对煤炭依赖型区域生态可持续发展的科学预警。

第五，山西省作为典型的煤炭资源型区域，以其特有的煤炭资源和优越的自然地理条件，背负着我国煤炭能源基地的使命，对各个区域的经济腾飞做着毋庸置疑贡献的同时，也面临巨额的生态负债。运用 BP – SVM 生态风险预警模型对其生态可持续发展状况进行科学监控，并结合风险识别甄别体系，对其未来生态风险状况进行评级预警，有助于为该区域生态风险监控实践，提供第一手资料，还能为其他资源型区域可持续发展提供可借鉴的运作模式和实施措施。

第六，生态风险压力源要素解析是区域生态风险监控治理的引子。运用界面分析思路，构建煤炭依赖型区域生态风险压力源识别理论框架，并运用系统动力学工具分析煤炭依赖型区域生态可持续发展系统的界面，找出存在于界面中的生态风险要素，并从技术创新、制度创新、文化创新入手寻找压力源突破的对策，是提高生态可持续发展系统效率的有效手段。

第七，生态风险规避是所有生态研究最终的落脚点。借助于生态位理论，从技术驱动视角出发，构建技术驱动的生态位进化模式，以政府推动以及市场拉动，实现煤炭依赖型区域生态风险的技术储备。借助于扎根理论，从公众参与视角出发，提炼范畴，构建公众参与区域生态风险防范理论模型。借助演化博弈理论，从地方政府协同视角出发，构建跨区域生态规制演化博弈理论模型，并进一步在模型中引入约束机制，寻找生态风险地方政府协同治理的策略和思路。多管齐下，为煤炭依赖型区域生态风险规避构建路径体系。

11.2 局限性及展望

尽管本书从系统角度整体入手，对煤炭依赖型区域生态风险监控机制及规避路径等问题进行了较为深入的基础性研究，并取得了若干有创新性的成果。但由于时间、研究条件和能力所限，仍然有许多有待在今后研究工作中进一步补充、修正和深入研究的问题。

第一，本书对煤炭依赖型区域生态风险控制系统的内涵、特征与相关理论基础回顾，尚存在一定局限性和片面性。今后可在进一步研究系统论、协同论的基础上，从辩证唯物主义角度，对其做更深入的理论探索，为煤炭依赖型区域生态可持续发展相关问题的准确把握提供理论依据。

第二，本书从界面分析理论视角对煤炭依赖型区域生态风险压力源进行剖析，构建了生态风险定性界面管理定量化的桥梁，为科学研究复杂系统提供了工具。在下一阶段工作中，可在深入分析煤炭依赖型区域生态可持续发展各子系统间相互作用的基础上，科学把握其作用函数，为动态界面管理的数量化分析提供更具体的方法指导。

第三，在下一阶段，可对本书建立的煤炭依赖型区域生态风险监控模型及其在山西省生态风险控制研究中的实践，展开进一步调研。继续对山西省生态风险压力源及规避路径进行探索，使其更具科学性和理论指导性。同时对预警模型和方法、规避路径技术驱动、民众参与、政府协同等手段展开进一步多方位的深入研究。

总之，研究过程和结论难免存在不完美之处，还需要后续研究加以改进和提高。只希望本书成果能够起到抛砖引玉的作用，为今后煤炭依赖型区域生态可持续发展研究提供一些有价值的灵感或思路，为此方面课题开展效微薄之力。

附录 1 归一化数据插值结果

表 1-1

归一化数据插值结果（1）

	x1	x2	x3	x4	x5	x6	x7	x8	x9
Data1	-1.00000000	-0.01886480	-1.00000000	1.00000000	-1.00000000	-1.00000000	-1.00000000	-0.99353052	-0.96985588
Data2	-0.96427282	0.22068744	-0.93046479	0.95936531	-0.99057296	-0.96683090	-0.98163641	-1.00000000	-0.96943893
Data3	-0.92931280	0.43258685	-0.86682080	0.91126638	-0.97924917	-0.93186790	-0.96235522	-0.98928950	-0.96916362
Data4	-0.89588709	0.58918059	-0.81495926	0.84823894	-0.96413187	-0.89331710	-0.94123882	-0.94421905	-0.96917159
Data5	-0.86476286	0.66281586	-0.78077141	0.76281877	-0.94332429	-0.84938458	-0.91736961	-0.84760867	-0.96960447
Data6	-0.83652243	0.62878487	-0.76939183	0.64841739	-0.91498036	-0.79832995	-0.88997236	-0.68590707	-0.97055939
Data7	-0.80970022	0.49501120	-0.77757176	0.50814994	-0.87781529	-0.73900571	-0.85984937	-0.48576865	-0.97163996
Data8	-0.78155574	0.28973293	-0.79684333	0.35117256	-0.83089379	-0.67063341	-0.82878500	-0.29887779	-0.97214265
Data9	-0.74932924	0.04149510	-0.81865984	0.18673262	-0.77328580	-0.59244022	-0.79857846	-0.17729702	-0.97135925
Data10	-0.71035391	-0.22123013	-0.83456629	0.02404375	-0.70417000	-0.50375262	-0.77098000	-0.17223572	-0.96860800
Data11	-0.66660341	-0.47360637	-0.84068363	-0.12936593	-0.62815061	-0.40885536	-0.74529529	-0.29231790	-0.96452655
Data12	-0.62675123	-0.69604658	-0.83973963	-0.26840179	-0.55766527	-0.31919196	-0.71730055	-0.48468283	-0.96165754
Data13	-0.59999319	-0.86937301	-0.83497714	-0.38815893	-0.50576235	-0.24676405	-0.68249684	-0.69167619	-0.96269211
Data14	-0.59552468	-0.97440834	-0.82963900	-0.48373265	-0.48548988	-0.20357291	-0.63638533	-0.85566459	-0.97032129
Data15	-0.61464196	-1.00000000	-0.82668516	-0.55386766	-0.50391352	-0.19562455	-0.57633936	-0.93584599	-0.98484675
Data16	-0.63061177	-0.96347064	-0.82807167	-0.61025815	-0.54687082	-0.20765103	-0.50637565	-0.95154698	-0.99809179
Data17	-0.61048655	-0.88845602	-0.83553202	-0.66746935	-0.59549299	-0.21966790	-0.43198375	-0.93531837	-1.00000000
Data18	-0.52131873	-0.79859190	-0.85079970	-0.74006646	-0.63091121	-0.21169069	-0.35865324	-0.91973097	-0.98051496

表1-2 归一化数据插值结果 (2)

	x1	x2	x3	x4	x5	x6	x7	x8	x9
Data19	-0.33538535	-0.71443513	-0.87373297	-0.83898256	-0.63511781	-0.16570019	-0.29146156	-0.93223469	-0.93109676
Data20	-0.07529138	-0.62688389	-0.88612635	-0.94016301	-0.59840045	-0.08260805	-0.23151630	-0.95095021	-0.85781374
Data21	0.20823212	-0.51026140	-0.85967930	-1.00000000	-0.51568267	0.02609442	-0.17770643	-0.92643027	-0.77489818
Data22	0.46414684	-0.33870981	-0.76598099	-0.97467212	-0.38193863	0.14880032	-0.12889669	-0.80892640	-0.69667153
Data23	0.64229867	-0.08731268	-0.57745315	-0.82170295	-0.19255007	0.27399273	-0.08392321	-0.55031537	-0.63729392
Data24	0.72690860	0.23224832	-0.29888398	-0.55090307	0.04125822	0.39365259	-0.04050906	-0.16565417	-0.60465373
Data25	0.74685204	0.56074936	0.02289318	-0.24000565	0.28768072	0.50430470	0.00506855	0.24792689	-0.59849210
Data26	0.73398874	0.83578925	0.33823504	0.02871672	0.51353647	0.60277753	0.05662906	0.58781238	-0.61800569
Data27	0.72017502	0.99497662	0.59750463	0.17300402	0.68564942	0.68590011	0.11799135	0.75140499	-0.66238829
Data28	0.72889697	1.00000000	0.76658364	0.14139291	0.78291573	0.75189401	0.19167905	0.68053760	-0.72380801
Data29	0.75726441	0.88842818	0.86025599	-0.02053374	0.82227324	0.80336892	0.27613411	0.45705114	-0.77229373
Data30	0.79720467	0.71273913	0.90291406	-0.24812515	0.82813438	0.84379675	0.36899652	0.19029567	-0.77352432
Data31	0.84064509	0.52541082	0.91895021	-0.47673051	0.82491155	0.87664940	0.46790627	-0.01037871	-0.69317866
Data32	0.88021389	0.37417685	0.93091082	-0.64776961	0.83487226	0.90520012	0.57062314	-0.04703780	-0.50154899
Data33	0.91444010	0.26682656	0.94580026	-0.75377193	0.86222543	0.93104983	0.67591564	0.08213889	-0.20776863
Data34	0.94480856	0.19114053	0.96283763	-0.81286877	0.90213410	0.95496175	0.78305758	0.33082680	0.15957286
Data35	0.97282622	0.13474989	0.98118388	-0.84338258	0.94969379	0.97769282	0.89132651	0.65234186	0.57174068
Data36	1.00000000	0.08528581	1.00000000	-0.86363581	1.00000000	1.00000000	1.00000000	1.00000000	1.00000000

表 1 - 3

归一化数据插值结果（3）

	x10	x11	x12	x13	x14	x15	x16	x17	x18	x19
Data1	-0.5717376	-0.7703417	0.3949510	-1.0000000	-0.2905508	-1.0000000	-0.6806538	-1.0000000	-0.9550647	-1.0000000
Data2	-0.6171785	-0.7284679	0.2289845	-0.5136905	-0.1847318	-0.8432513	-0.4359479	-0.7685429	-0.9760893	-0.9929926
Data3	-0.6443404	-0.7008189	0.0815394	-0.0675529	-0.0647286	-0.6942974	-0.1924424	-0.5465682	-0.9925792	-0.9846611
Data4	-0.6349443	-0.7016193	-0.0288628	0.2982408	0.0836431	-0.5609329	0.0486624	-0.3435583	-1.0000000	-0.9736816
Data5	-0.5707112	-0.7450938	-0.0837007	0.5435188	0.2745676	-0.4509525	0.2861663	-0.1689955	-0.9938169	-0.9587299
Data6	-0.4366071	-0.8409944	-0.0669908	0.6332973	0.5175130	-0.3707849	0.5177089	-0.0310147	-0.9701494	-0.9383744
Data7	-0.2535538	-0.9495156	0.0091316	0.5900783	0.7696932	-0.3117213	0.7280774	0.0771803	-0.9323625	-0.9099908
Data8	-0.0648569	-1.0000000	0.1150255	0.4721510	0.9557917	-0.2556295	0.8940574	0.1716809	-0.8883320	-0.8702121
Data9	0.0858399	-0.9213241	0.2207858	0.3383457	1.0000000	-0.1842349	0.9923139	0.2687190	-0.8460021	-0.8156602
Data10	0.1556995	-0.6439962	0.2968291	0.2469399	0.8280233	-0.0796711	1.0000000	0.3841606	-0.8132022	-0.7431010
Data11	0.1421604	-0.1799752	0.3296534	0.2286403	0.4411000	0.0555483	0.9186348	0.5156135	-0.7920478	-0.6564803
Data12	0.1008103	0.3411813	0.3289745	0.2743464	-0.0504766	0.1894847	0.7849174	0.6343239	-0.7764038	-0.5701112
Data13	0.0917708	0.7807474	0.3063183	0.3718543	-0.5279105	0.2879058	0.6382895	0.7094830	-0.7594923	-0.4991146
Data14	0.1751616	1.0000000	0.2732107	0.5089597	-0.8724080	0.3165798	0.5181921	0.7102824	-0.7345352	-0.4586113
Data15	0.3832091	0.9103245	0.2410180	0.6698890	-1.0000000	0.2531521	0.4502585	0.6175310	-0.6971931	-0.4568190
Data16	0.6491618	0.6009135	0.2205395	0.8262035	-0.9502909	0.1174144	0.4111255	0.4532605	-0.6517795	-0.4774601
Data17	0.8843239	0.2003801	0.2224492	0.9466561	-0.7902821	-0.0614979	0.3665675	0.2486417	-0.6045260	-0.4988265
Data18	1.0000000	-0.1626625	0.2574207	1.0000000	-0.5869747	-0.2544492	0.2823587	0.0348456	-0.5616644	-0.4992098

表1-4　　归一化数据插值结果（4）

	x10	x11	x12	x13	x14	x15	x16	x17	x18	x19
Data19	0.9174604	-0.3713357	0.3340413	0.9597504	-0.4020521	-0.4338718	0.1289367	-0.1587731	-0.5283086	-0.4591176
Data20	0.6539765	-0.4217996	0.4407969	0.8452964	-0.2459687	-0.5873002	-0.0783387	-0.3203551	-0.4988035	-0.3804026
Data21	0.2804704	-0.3733870	0.5549400	0.7016640	-0.1005497	-0.7107089	-0.2990029	-0.4478184	-0.4614756	-0.2768460
Data22	-0.1315496	-0.2861203	0.6536004	0.5741592	0.0526926	-0.8001645	-0.4923169	-0.5391881	-0.4045859	-0.1623593
Data23	-0.5110073	-0.2191754	0.7144165	0.5072994	0.2315851	-0.8519337	-0.6183382	-0.5926353	-0.3165872	-0.0506196
Data24	-0.8036267	-0.1987948	0.7348038	0.5149457	0.4282700	-0.8700558	-0.6680790	-0.6120187	-0.1933958	0.0538152
Data25	-0.9769555	-0.2084404	0.7378689	0.5711353	0.6015238	-0.8686671	-0.6727633	-0.6085850	-0.0406236	0.1582332
Data26	-1.0000000	-0.2287149	0.7484352	0.6472443	0.7078933	-0.8625790	-0.6663025	-0.5940750	0.1354698	0.2707139
Data27	-0.8417783	-0.2402241	0.7913199	0.7146516	0.7039346	-0.8665986	-0.6826028	-0.5802261	0.3286233	0.3993351
Data28	-0.5000729	-0.2313218	0.8757505	0.7525604	0.5694772	-0.8856909	-0.7431440	-0.5718075	0.5293699	0.5466288
Data29	-0.0633098	-0.2147774	0.9618277	0.7648296	0.3576888	-0.8938063	-0.8302472	-0.5516280	0.7181397	0.6976537
Data30	0.3622757	-0.2081574	1.0000000	0.7601625	0.1361471	-0.8588013	-0.9185397	-0.4981816	0.8733775	0.8340347
Data31	0.6704480	-0.2290285	0.9407158	0.7472621	-0.0275706	-0.7485326	-0.9826487	-0.3899624	0.9735284	0.9373972
Data32	0.7669636	-0.2928375	0.7407400	0.7341517	-0.0732292	-0.5351581	-1.0000000	-0.2084171	1.0000000	0.9916556
Data33	0.6585428	-0.3971847	0.4100173	0.7231285	-0.0024135	-0.2270504	-0.9715832	0.0401478	0.9591432	1.0000000
Data34	0.4024804	-0.5307311	-0.0148686	0.7136215	0.1523253	0.1492776	-0.9101911	0.3369736	0.8698034	0.9752757
Data35	0.0564489	-0.6820708	-0.4971352	0.7050386	0.3582048	0.5671772	-0.8287047	0.6632083	0.7509192	0.9304001
Data36	-0.3218792	-0.8397977	-1.0000000	0.6967874	0.5824424	1.0000000	-0.7400050	1.0000000	0.6214293	0.8782907

附录 2 MTALAB 预测结果

表 2-1

预测结果第 36~63 条数据 (1)

	x1	x2	x3	x4	x5	x6	x7	x8	x9
Predata36	0.999812	0.085029	0.999853	-0.860811	0.999954	0.999972	0.999949	1.000147	0.999900
Predata37	1.105501	0.350724	1.208535	-0.525234	1.247764	1.117573	0.944657	1.316568	1.181267
Predata38	0.315274	2.119465	2.060043	1.372143	1.544195	0.893228	0.625299	3.079500	0.326790
Predata39	1.734696	0.114873	0.136822	-1.646153	0.298491	0.809599	0.489017	-1.197812	-0.430284
Predata40	0.830505	3.270782	1.804312	1.923161	1.346535	0.767353	0.042022	2.234431	-0.313478
Predata41	1.447089	3.053517	0.854738	1.093693	0.671997	0.523111	-0.085132	1.366928	-0.075689
Predata42	-0.079097	6.238255	2.601774	4.684097	1.455502	0.223707	-0.473908	3.874973	-0.185816
Predata43	-1.353854	3.112075	2.049732	3.224291	1.123517	0.059949	-0.392684	3.901573	-1.022239
Predata44	-1.387804	-0.432769	-0.333926	-0.888593	-0.966786	-0.566754	-0.041942	-1.447540	-2.089150
Predata45	0.631879	-0.742232	-1.861040	-2.381679	-1.474019	-0.252228	-0.279579	-6.250305	-0.726649
Predata46	-0.479535	-1.745181	-1.626632	-1.183746	-1.071407	-0.432469	-0.472117	-2.227142	-1.275781
Predata47	-0.998039	-2.545641	-1.413176	-1.052941	-0.725110	-0.257245	-0.795830	-3.908471	-1.500508
Predata48	-0.230799	-1.876313	-1.356009	-1.335650	-0.640859	-0.049317	-0.806520	-4.144655	-1.248939
Predata49	-1.144133	0.978584	0.639300	1.461660	0.393827	-0.006331	-0.714383	-0.426709	-1.187509

表 2-2 通过神经网络模拟预测出的第 36~63 条数据 (2)

	x10	x11	x12	x13	x14	x15	x16	x17	x18	x19
Predata36	1.000128	-0.839721	-0.999958	0.599425	0.582298	0.999956	-0.739902	0.999901	0.621315	0.877716
Predata37	0.857986	-0.186224	-1.212201	0.579009	0.507605	1.364800	-0.769091	1.374539	0.525472	0.933569
Predata38	0.641761	-1.737941	-0.722606	1.294151	2.151501	0.325588	0.030605	0.411609	0.825624	0.603891
Predata39	0.698381	-0.598882	1.343091	-0.432637	0.581083	-1.150727	-1.332826	-0.730987	0.812978	1.075719
Predata40	0.014359	-0.636503	0.103548	1.308953	2.199756	-0.559649	-0.325215	-0.240194	0.481324	0.523181
Predata41	-0.210648	-1.197423	0.273624	0.541579	3.003941	-0.900245	-0.446830	-0.521280	-0.005273	0.305135
Predata42	-0.836488	-1.195310	-1.514140	3.840689	3.334700	-0.161514	0.528209	0.040583	-0.276859	-0.374206
Predata43	-0.131433	-2.225176	-0.325774	2.070038	2.972957	-0.105146	1.784593	0.318457	0.388763	-0.328776
Predata44	0.826228	-3.177476	1.033016	2.245134	0.004380	-1.700922	0.806844	-1.273922	0.657179	-0.300986
Predata45	0.265992	3.869585	-0.808995	4.143371	-5.627151	0.067025	-2.194115	0.137719	-1.252229	-0.188357
Predata46	0.370729	0.157715	1.009762	-0.397629	-1.845687	-1.308301	-0.943762	-1.392122	-0.632806	-0.570712
Predata47	0.086202	4.712014	0.363809	0.854647	-5.977105	0.358062	-1.365536	0.373319	-0.888836	-0.302471
Predata48	-0.080941	5.218954	0.256973	1.281376	-5.331502	0.729065	-1.162195	1.061074	-0.989195	-0.055185
Predata49	-0.234101	2.811037	-0.643137	2.960772	-2.472728	0.899370	0.269454	1.253053	-0.463923	-0.248747

表 2－3

通过神经网络模拟预测出的第 36－63 条数据（3）

	x1	x2	x3	x4	x5	x6	x7	x8	x9
Predata50	-1.584530	1.974053	1.170823	2.184602	0.423365	-0.244123	-0.495020	2.014484	-1.098548
Predata51	-1.800041	0.498966	0.096867	0.466289	-0.601017	-0.636078	-0.378949	-0.583797	-1.498740
Predata52	-0.246173	-1.758601	-1.587437	-2.044785	-1.145689	-0.288468	-0.459368	-3.880879	-1.112862
Predata53	-1.351183	0.220434	0.228110	0.776379	0.051439	-0.107496	-0.532707	-0.846625	-1.331750
Predata54	0.131020	-0.778541	-0.908030	-1.129606	-0.498971	0.009164	-0.419823	-2.052243	-0.799294
Predata55	-1.280386	2.172050	1.742687	2.603628	1.139613	0.276314	-0.514343	1.141532	-1.018947
Predata56	-1.591421	2.492437	2.183946	2.705170	1.127424	0.131965	-0.076907	3.519285	-1.192215
Predata57	1.204695	0.155607	1.077963	-0.745449	1.189632	1.127994	0.976855	1.203704	1.271987
Predata58	0.769395	2.426687	2.246216	1.630123	1.899366	1.111887	0.641716	3.625835	1.149287
Predata59	0.414175	2.052843	1.838292	1.088559	1.304184	0.789503	0.548231	2.550817	0.035298
Predata60	0.381704	1.585962	1.459204	0.473306	0.935691	0.669423	0.544677	1.210306	-0.258261
Predata61	0.500978	1.670056	1.410036	0.513673	0.951067	0.700213	0.462356	0.904419	-0.243965
Predata62	0.568686	2.029472	1.571508	0.896454	1.116275	0.748720	0.377804	1.492567	-0.260850
Predata63	0.521267	2.066400	1.537746	0.892711	1.042269	0.693322	0.360651	1.514160	-0.390047

表2-4 通过神经网络模拟预测出的第36-63条数据（4）

	x10	x11	x12	x13	x14	x15	x16	x17	x18	x19
Predata50	-0.116868	-1.285772	-0.627696	2.616500	1.236922	0.273675	1.627799	0.689588	-0.025041	-0.536509
Predata51	0.220547	-1.489996	-0.446283	3.272649	-0.468058	-0.128901	1.271304	0.265485	-0.062667	-0.646017
Predata52	0.292688	2.275328	0.116381	1.799017	-3.387108	0.264466	-0.425096	0.666658	-0.783970	-0.234745
Predata53	0.221513	2.068827	-0.514319	3.177129	-2.780040	0.501599	0.197444	0.713152	-0.408764	-0.383765
Predata54	0.152709	1.696944	0.240687	0.945276	-1.636707	0.204907	-0.256916	0.624936	-0.605101	-0.075662
Predata55	-0.148571	2.430909	-1.065647	3.741458	-1.792873	1.108258	0.460732	1.404689	-0.082139	-0.073582
Predata56	0.310987	-2.663668	-0.205829	2.395778	2.304622	-0.261118	1.628967	0.092586	0.857447	-0.117912
Predata57	0.889597	-0.194234	-1.214292	0.398753	0.513975	1.404314	-0.818594	1.405349	0.486203	0.944458
Predata58	0.353741	-0.745849	-1.515918	0.994152	2.319262	1.380031	-0.046356	1.445537	0.477167	0.694893
Predata59	0.575106	-2.036918	-0.253441	1.050657	2.315753	-0.123736	0.019426	0.075839	0.909496	0.634530
Predata60	0.669174	-1.616675	-0.086694	1.523574	1.188028	-0.363062	-0.325213	-0.159326	0.909553	0.654604
Predata61	0.568109	-0.904643	-0.153024	1.676745	0.732392	-0.242752	-0.515872	-0.033778	0.769710	0.669194
Predata62	0.459501	-1.023943	-0.003590	1.367956	1.344386	-0.341073	-0.376799	-0.092015	0.769237	0.659617
Predata63	0.469269	-1.399834	0.168698	1.305398	1.598481	-0.574825	-0.295190	-0.302759	0.826053	0.627323

附录 3　作者相关研究成果选登

自然资源约束下的区域可持续发展界面分析

〔**摘要**〕随着资源、环境问题的不断涌现，如何实现自然资源约束下的区域可持续发展成为世界各国共同面临的一个严峻考验。界面分析作为管理科学研究的新趋势，将其应用于区域可持续发展是一种新的尝试，也为解决这一问题找到了新的突破口。利用系统动力学分别从宏观和微观两方面考察系统的界面，能够更准确地找到各个界面的障碍，为界面障碍的消除奠定基础。

〔**关键词**〕自然资源约束　可持续发展　界面分析　系统动力学

随着各国工业化进程的推进，能源（energy）——环境（environment）——经济发展（economy development）3E 问题越来越深刻地影响着地球上每个国家每个区域。自然资源的有限供给，资源环境承载力的阈值，正成为影响全球经济、社会发展的最大约束。可持续发展作为人类探索并希望达到的发展模式，不但是解决这一约束的手段，更是这一约束解决后人类社会希望达到的目的。界面分析作为一种跨学科理论的应用，能够对不同单元交互关系进行完美的表述，正逐渐成为管理科学研究的新趋势。用界面分析的方法研究自然资源约束下的区域可持续发展，具有其独特处和科学性。

1　自然资源约束下的可持续发展

1.1　自然资源约束

"资源"作为生产实践的自然条件和物质基础，主要源自经济学。经济学一系列著名的推论和论断，都是建立在"资源是相对稀缺的"这一前提假设基础上。《大不列颠百科全书》中定义自然资源为人类可以利用的、自然生成的及其源泉的环境能力。

人类和自然资源有着密不可分的关系，人类诞生至今，没有一天离开对自然资源的开发、利用，可以说人类发展史就是一部自然资源利用史。自然资源和经济发展之间相互影响相互制约，一方面自然资源是经济发展的重要支撑和保障；另一方面自然资源的有限供给、资源承载力，又制约着经济增长的速度、结构和方式。

"自然资源约束"作为描述这一有限供给对经济社会发展制约状态的新兴概念，随着可持续发展的升温，逐渐成为人们关注的焦点。可持续发展研究中的自然资源约束，具体体现在三个方面：总量约束决定经济长期发展的规模和速度；个别资源短缺，成为经济发展短期的"瓶颈"；资源结构不平衡决定了经济发展模式的选择范围。

1.2 区域可持续发展系统

自然资源约束下的区域可持续发展系统是人类社会与自然环境相互联系、相互影响形成的，由人口（P）、资源（E_J）、环境（E_H）、经济（E_J）、科学技术（T）等子系统组成的复杂大系统。这一复杂巨系统具有集合性、整体性、功能性、关联性、层次性、动态性等特点，同时受空间差异性规律、生态规律、社会经济发展等规律影响，是开放性的具有耗散结构性质的系统。系统中不同层次的要素与影响因素之间存在着复杂的相互制约、相互促进关系，牵一发而动全局，任何一个环节处理不好，都会影响系统总体效益的发挥。同时，系统又总是处于动态变化之中，一定条件下，系统中各影响因素可以相互转化，制约因素可转化为促进因素，而促进因素又可转化为抑制因素。

考虑到自然资源约束下区域可持续发展系统的综上特性，可将系统目标（F）表示为：

$$F = f (P, E_J, E_Z, E_H, T), \ P > 0, \ E_J > 0, \ E_Z > 0, \ E_H > 0, \ T > 0 \ (式1)$$

约束条件为：

$$\begin{cases} P = g_P(P_1, P_2, \cdots, P_n) \\ E_Z = g_{EZ}(E_{Z1}, E_{Z2}, \cdots, E_{Zm}) \\ E_H = g_{EH}(E_{H1}, E_{H2}, \cdots, E_{Hk}) \\ E_J = g_{EJ}(E_{J1}, E_{J2}, \cdots, E_{Jl}) \\ T = g_S(T_1, T_2, \cdots, T_r) \end{cases} \quad (式2)$$

2 区域可持续发展的界面分析

2.1 界面的内涵

界面（interface）概念由来已久，最早出现在工程技术领域，主要用来描述各种仪器、设备、组件之间的接口，以及机械设备在加工和装配过程中自然形成的接触表面。随着学科间的不断交叉、融合，由于具有对不同单元联结状态描述的良好特性，"界面"一词逐渐受到了管理领域的青睐，并在管理领域中得到了内涵、外延本质性的突破。

管理角度的界面突破了实体之间的界限或边界，更多地代表了一种交互的关系、过程和状态。它既可以是有形的也可以是抽象的，既可以是状态也可以是过程，既可以是平级之间的也可以是上下级之间的，既可以是人与人之间的也可以是组织与组织之间、领域与领域之间的。

含义得以扩展的界面还突破了以往线性特征的交界面融合，更多地表现为非线性特征的整合。一般来说，界面之间有三种作用关系——串联界面关系（A将结果输出给B后，B才开始运作）、联营界面关系（A、B在相同资源范畴内工作）和交互作用关系（A、B为同一目标平行工作，并在程序和内容上交互作用）（A、B代表不同组织）。

2.2　可持续发展区域界面的特性

界面在现实世界中具有普适性，既是物质、实体、系统和过程按照一定特征形成的分界面，也是不同部分和不同过程的结合面。对于由人口、资源、环境、经济、科学技术等组成的复杂巨系统，根据不同的分类方法，可以在区域可持续发展系统中分割出各种各样不同的界面，可以是实体间的分界面也可以是不同过程的结合面。

将区域可持续发展系统粗略分为人类子系统（人口子系统、经济子系统、社会子系统）和自然环境子系统（自然资源子系统和环境子系统），这两个大子系统之间交互作用的接触面，就是该分类下系统的界面，它由系统的活动过程和相互作用决定（如图1所示）。该界面遵循串联界面关系，人类子系统在自然环境子系统通过科学技术这一桥梁向其输入能量、信息等要素后，才开始运转。在其运转过程中，又不断和自然环境系统在界面上进行能量、物质、信息的传递和互动交换，从而实现区域的发展。

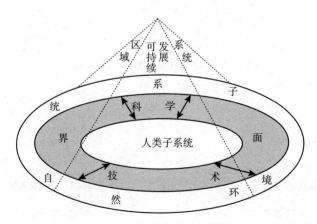

图1　区域可持续发展系统界面

作为由相互独立又相互联结的不同部分、不同元素构成的复杂大系统的界面，区域可持续发展界面还具有独特的性质。它是系统相交作用形成的动态界面，是系统间相互作用最活跃最不稳定的区域，是秩序和新奇、无序和有序的碰撞面，是系统矛盾的集中点。这一动态的界面，蕴含着影响系统间相互作用方向和趋势的各种因素。区域发展能否可持续进行，就取决于在界面上进行的这些交换的方式和程度。

2.3 基于系统动力学的区域界面分析

作为擅长处理高阶次、非线性、时变、周期性、数据相对缺乏等问题，适于进行长期、动态、战略性定量分析的研究方法，系统动力学为人们研究社会经济与生态环境等复杂系统的行为和未来发展规律提供了可能。它能够很好地揭示系统的信息反馈特征，清楚地显示组织结构、放大作用的延迟效应等影响系统行为模式的机制。应用系统动力学对区域可持续发展系统进行分析，能更为准确地找出整个巨系统不同子系统间的界面。运用 Vensim 软件对其分析如下（如图 2 所示）。

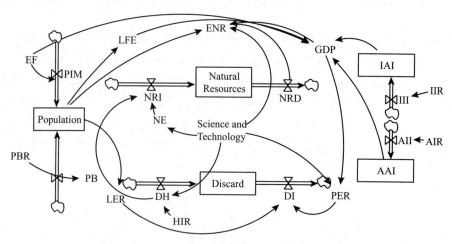

图 2　区域可持续发展系统动力学分析

Population：人口
PB：人口净出生人数
PBR：人口自然增长率
ENR：资源开采量
NRI：自然资源增加量
NE：新增能源
Discard：废弃物（废气、废水、固定废物）
DI：废弃物增加量
LER：生活排污系数
IAI：工业固定资产投资
III：工业投资增加
IIR：工业投资比例　AIR：农业投资比例

PIM：人口迁入人数
EF：经济促进因子
LFE：向经济系统提供劳动力
Natural resources：自然资源
NRD：自然资源减少量
Science and technology：科学技术
DH：废弃物治理量
HIR：治理投资比例
PER：生产排污系数
AAI：农业固定资产投资
AII：农业投资增加
GDP：国内生产总值

　　图2共描述了区域可持续发展的四个子系统——人口子系统、自然资源子系统、环境子系统和经济子系统，社会系统没有特别进行描述，是因为社会系统体现于这四个子系统中。人口子系统用净出生人口（PB）和区域迁入人口描述（PIM）；自然资源子系统用自然资源增加量（NRI）和自然资源减少量（NRD）描述，这两者分别和新增能源（NE）、资源开采量（EBR）、废弃物治理相关（DH）；环境子系统用废弃物增加量（DI）和废弃物治理量（DH）描述，废弃物的增加和生活排污（LER）、生产排污相（PER）联系；经济子系统用工业固定资产投资（IAI）和农业固定资产投资（AAI）描述。这四个子系统通过向经济活动提供劳动力人数（LFE）、生活排污系数（LER）、科学技术（Science and technology）、生产排污系数（PER）、国内生产总值（GDP）和资源开采量（ENR）等辅助变量相互联系在一起。其中自然资源子系统是核心系统，它限制着其他子系统的运转和发展，是人口、经济子系统的约束条件。

　　通过系统动力学分析可以看出，区域可持续发展的四个子系统——人口子系统、自然资源子系统、环境子系统和经济子系统之间存在六个界面（如图3所示，分别用不同形状的线条表示）。其中，人口子系统由于人参与经济活动中，人类自身生活对自然资源的利用和对周围环境的破坏，分别与经济子系统、自然资源子系统、环境子系统产生三个界面；经济子系统由于经济生产活动对自然资源的利用和对环境的影响，分别和自然资源、环境子系统产生两个界面；自然资源子系统由于存在于周围环境中，并不断地进行物质、信息、能量的交换，二者之间也存在一个界面。但由于自然资源和周围环境的关系密不可分，环境污染既是环境子系统的一个表现，又直接影响着自然资源存量的减少，通常情况下将两个子系统合为一体研究，区域可持续发展的界面便缩至三个（如图4所示）。鉴于研究的可行性及侧重点，本文仅将区域可持续发展的界面分析，停留到三个子系统之间的三个界面（图4所示界面）。

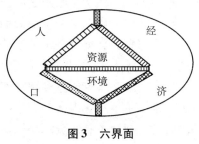

图3　六界面

注：图中不同阴影代表不同界面。

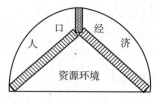

图4　三界面

注：图中不同阴影代表不同界面。

3　自然资源约束下区域可持续发展的界面障碍及其跨越

3.1　区域可持续发展的界面障碍

界面障碍是客观上对界面双方交互过程有消极影响的既有状态的总和，与界面矛盾不同，界面障碍具有客观性和非特指性。

自然资源约束下的区域可持续发展系统中，人口子系统和经济子系统之间的界面障碍，表现为界面双方作用力失衡。一方面人口压力不断增加，超出了经济系统内部分组织所能受压的范围；另一方面，现有经济活动人口的知识、技术水平与空缺职位要求不想吻合，导致结构失衡。

人口子系统和资源环境子系统之间的界面障碍，表现为人类社会对自然社会客观规律的违背。一方面随着人口总数的增加，人类对自然资源需求不断增加，超出了自然环境正常运转的阈值；另一方面人类在不断实现自我，不断征服自然的同时，打破了自然原有的生态平衡。

经济子系统与资源环境子系统之间的界面障碍，是整个自然资源约束下的区域可持续发展界面障碍中表现最强烈、最突出的。它强烈地凸显了，人类的无限需求和自然资源、环境容量有限供给之间的矛盾。一方面经济子系统内，不同细分子系统之间存在联营的界面关系，各组织在相同的自然资源环境范畴内活动。面对有限的自然资源和环境承载力，如何在各组织之间合理分配资源环境系统的物质、能量和信息，成为两系统界面障碍的一个主要方面。另一方面，按照负熵理论，经济子系统的活动过程，将资源环境子系统中低熵的资源、能量通过工业系统这样一个转换器，转换成产品被人们使用，同时产生高熵的废热和废弃物排放到外界环境中。在这一过程中，经济系统通过利用自然资源同外界自然环境进行熵交换，摄取大量的负熵，维持单个系统内部的有序结构和动态平衡，同时向外界环境排放了一定的高熵废物，破坏了自然资源环境。

3.2　界面障碍的跨越

自然资源约束下的区域可持续发展的界面障碍给区域经济、社会可持续性发展造成了困难。如何成功地跨越这些障碍，直接影响到区域可持续发展实现与否。

跨越界面障碍，先需要明晰界面障碍产生的原因。一般来说，界面障碍产生的原因可以大致归纳为：物质技术水平约束造成的障碍；组织制度设计不当造成的障碍；界面双方与人相关因素的不一致、不和谐造成的障碍三种。

具体分析区域可持续发展的界面障碍，上述三种原因都不同程度地存在。其中人口子系统和经济子系统之间的界面障碍，有制度设计不当产生的（如结构性失业），有信息不畅产生的（如摩擦性失业），还有物质技术水平约束产生的（如周期性失业）；人口子系统和资源环境子系统之间的界面障碍，一部分来自物质技术的不先进，一部分来自人类认识的局限性；经济子系统与资源环境子系统之间的界面障碍，物质技术相对落后，人类自身素质、认识跟不上是主要原因。

相应地对症下药，跨越自然资源约束下区域可持续发展系统的界面障碍，也应从这三方面入手：加大科学研究的力度，推进技术革新，使人类生活、经济活动在利用自然资源的同时，尽可能减少对生态环境的不利因素；不断提高自身认识，科学合理地了解人类所处自然环境的客观规律，在承认规律的同时，运用"管道管理"思想和"凹凸槽"原理，设计科学合理的制度。

4 结论

自然资源约束下的区域可持续发展是非常复杂的系统，它涉及人类世界和自然世界方方面面的事物，是人类面临的非常严峻的挑战。如何在自然资源有限供给、自然环境承载力阈值的范围内，实现人类社会永续、可持续的发展，已经成为全世界人民共同面对的难题。

从系统的角度研究可持续发展，从事物的普遍联系和发展变化中研究区域问题，探索可持续发展区域这一大系统自组织和他组织规律，能够找到决定系统整体功能是否最优的关键性因素，从而发现解决区域可持续发展各种约束的突破口。"界面"作为系统间相互作用最活跃最不稳定的区域，集中了系统内部所有的矛盾。通过研究区域可持续发展下的界面障碍、障碍产生的原因，能很好地找到跨越界面障碍的对策，尽快实现区域的可持续发展。

基于熵和 Hopfield 网络的自然资源管理研究

〔摘要〕 自然资源的可持续利用，是 21 世纪全球经济、社会发展的主题。信息熵的提出、熵定律的应用，使熵走进了可持续发展的领域。每一次自然资源开发利用的过程，都可将其视为潜在的熵经过人类劳动被转化为负熵资本的过程。通过系统论视角下自然资源管理的剖析，运用 Hopfield 网络，将负熵这一方向性约束落到自然资源管理的实处。使得建立在熵增最小化基础上的自然资源管理目标函数及约束条件，通过 Hopfield 能量函数得以优化，并得出相关结论。

〔关键词〕 熵　Hopfield 网络　自然资源

人类社会发展的历史，就是一部不断对自然资源开发、管理的历史。自可持续发展被提上世界发展议程后，如何合理地开发和利用自然资源，以保证经济、社会的可持续发展，便成为人们研究的中心和主题。人们对自然资源的可持续开发利用研究，涉及自然资源管理的各个方面：自然资源枯竭对经济的影响（Thomas P. Simon，2000）；自然资源的价值评估（Stephen R，1984；Loomis，1986；Robert，1987）；自然资源承载力（Harbin G. 1986）；自然资源的国家集权管理（Hardin，1968；Hardin，1978）；自然资源私有化（Johnson，1972；Smith，1981）等等。尤其是信息熵将熵从热力学概念推广开后，熵定律对所有的不仅仅由守恒反映的自然流程施加了一种额外的方向性约束（George F. McMahon, Janusz R. Mrozek，1997）。然而如何将这种方向性的约束真正用于指导自然资源管理的实践，还缺乏一种合理、有效的方法。考虑到熵约束下自然资源管理的特点，本文引入 Hopfield 网络，对这一问题的解决做出了尝试。

1　系统论视角下的自然资源管理

自然资源是人类社会生存与发展最基本的物质与能量基础，人类社会的每次重大进步，都是紧随着对自然资源的认识、开发和利用的革命性变化而变化。在自然资源被人类利用的过程中，自然资源系统和人类经济系统通过物质流、信息流、能量流的相互转化，结合成为更为复杂的大系统。所以对自然资源的管理必须放置在系统论的大环境下，才能卓有成效。

自然资源管理是国家依照相关规范，采用行政、经济、法律、科学技术、教育等手段对自然资源开发活动进行规划、调整和监督，目的在于协调经济发展与环境保护的关系，防止环境污染与破坏，维持生态平衡。随着全球资源与环境问题的日趋突出，自然资源的永续利用与社会经济的持续、协调发展已成为自然资源管理的核心。从系统论的视角看自然资源管理，应该将其视为对自然资源系统、人类经济系统所共同组成的具有自组织性质、耗散结构复杂系统的管理。鉴于管理对象的复杂性，系统论视角下自然资源的管理更要求体现系统原理、动态原理和效益原理，从系统的动态变化之中，追求生态效益、经济效益和社会效益的最大化。

2　自然资源管理的熵理论分析

2.1　与熵有关的理论

熵是热力学中的概念，在热力学中克劳修斯（Clausius）对熵的定义是（尼科里斯、普利高津，1992）：

$$\Delta s = s - s_0 = \int_{P_0}^{P} \frac{\mathrm{d}Q_{可逆}}{T} \qquad （式1）$$

式中 P_0 和 P 分别表示系统起始状态和终末状态，s_0 和 s 为相对于 P_0、P 状态的熵值，T 是绝对温度，Q 是热量，Δs 为熵变。熵是系统的一个状态函数，只与系统的初、终状态有关。

熵概念的推广，是 1948 年申农（C. E. Shannon）信息熵概念提出之后发生的。信息熵又被称为广义熵，一般表示为：

$$S = - K \sum_i p_i \ln p_i \qquad （式2）$$

比例系数 K 为玻尔兹曼常数，p_i 为 i 发生的概率4。这一概念为熵从热力学进入信息、生物、经济、社会领域铺平了道路。

熵作为一种能的量度，表示有用能变成无用能（不能用来做功的能）的数量，所以熵也被称为"能趋疲"。熵增定律，正是揭示这种"能趋疲"现象内在联系的规律。1850 年根据热力学第二定律表达式 $\mathrm{d}s \geqslant \dfrac{\mathrm{d}Q}{T}$，克劳修斯提出：在孤立或绝热的系统中，系统的熵永不减少，对可逆过程熵不变（$\mathrm{d}s = 0$），对不可逆过程熵总是增加的（$\mathrm{d}s \geqslant 0$）。

2.2　负熵理论描述下的自然资源管理

根据熵增定律，孤立系统总是朝着熵增加的方向进行，最终趋向于混乱无序。据此，宇宙热寂认为宇宙最终将走向热寂。但事实并非如此，于是"负熵"理论被提出用于解释该现象。1929 年齐拉德（Scilard L）最先提出了负熵的概念，1944 年薛定谔又进一步完善了该理论，他指出：一个生命有机体在不断地增加它的熵，要摆脱死亡，唯一的办法就是从环境中不断地汲取负熵。

用负熵理论研究自然资源利用，可将其表述为，低熵的资源、能量通过工业系统这样一个转换器，转换成产品被人们使用，同时产生高熵的废热和废弃物排放到外界环境中。在这一过程中，经济系统通过利用自然资源同外界自然环境进行熵交换，摄取大量的负熵，维持了单个系统内部的有序结构和动态平衡，同时向外界环境排放了一定的高熵废物，对整个自然资源和经济系统组成的大系统产生一定负面影响。自然资源系统和经济系统本身以及它们所组成的大系统，是具有自组织性质的耗散结构。当不可逆过程的熵被转移到环境系统中去时，如果环境系统能够分解处理其排出的高熵废弃物，生态环境就会处于某种稳定的状态之中，反之工业生产产生的熵超过了环境生态系统的调节能力时，就会导致生态环境系统的破坏与失衡。

2.3 自然资源管理优化的目标函数及约束条件

运用耗散结构理论，伴随着物质流、信息流、熵流的自然资源利用全过程可用公式表现：

$$ds = ds_e + ds_i \qquad (\text{式3})$$

式中 ds 为开放系统在 dt 时间内的熵变化（包括负熵的流入、高熵的排出、高熵废弃物的分解），ds_e 为外界与系统之间物质和能量交换引起的熵变，ds_i 为系统内部不可逆过程引起的熵变。由熵增原理可知 $\frac{ds_i}{dt} > 0$，但 $\frac{ds_e}{dt}$ 则可能为正、为负，也可能为零。

$\frac{ds}{dt} = \frac{ds_e}{dt} + \frac{ds_i}{dt} > 0$ 时，说明 $ds_i > ds_e$，整个系统的有序度降低，自然资源的管理不成功。

$\frac{ds}{dt} = \frac{ds_e}{dt} + \frac{ds_i}{dt} = 0$ 时，说明 $ds_i = ds_e$，整个系统的有序度不变，自然资源的管理比较成功。

$\frac{ds}{dt} = \frac{ds_e}{dt} + \frac{ds_i}{dt} < 0$ 时，说明 $ds_i < ds_e$，系统与环境之间的物质和能量交换导致了系统熵的降低，出现了新的低熵有序结构，整个系统的有序度增加，自然资源的管理很成功。

运用负熵理论衡量自然资源管理的好坏，根据式3可知，当 $ds = ds_e + ds_i \leq 0$ 时，自然资源管理较为成功，反之自然资源开发利用的过程则向整个环境系统注入了大量高熵，破坏了生态环境，自然资源管理不成功。因此，根据式3并结合式1、式2可以得出基于负熵理论的自然资源管理目标函数为：

$$\mathrm{min}f(x) = - \sum_i v_i \mathrm{ln}v_i - \sum_j v_j \mathrm{ln}v_j \qquad (\text{式4})$$

其各级动量约束为:

$$\sum_{i=1}^{n} g_{ri}p_i + \sum_{j=1}^{k} g_{rj}p_j = a_r \quad r = 1, 2, 3\cdots, m \qquad (\text{式5})$$

其中 g_{ri}, g_{rj} 和 a_r 是已知常数, m 是约束条件数。

3 基于负熵的自然资源管理 Hopfield 分析

3.1 Hopfield 神经网络

Hopfield 型神经网络(Hopfield neural networks, HNN)是一种单层全互联型神经网络模型,神经元之间的联结是双向的,网络中每个神经元的输出均反馈到同一层次的其他神经元的输入上。由于其可实现联想记忆、并能进行优化问题求解,因而受到人们的重视。该模型的基本原理是:只要由神经元兴奋算法和联结权系数所决定的神经网络状态,在适当给定的兴奋模式下尚未达到稳定状态,那么该状态就会一直变化下去,直到预先定义的必定减小的能量函数达到极小值时,状态才达到稳定而不再变化。鉴于 HNN 的上述工作原理,以及自然资源管理中负熵理论的应用,基于负熵的 Hopfield 网络分析将是一种十分有效的自然资源管理方法。

Hopfield 型神经网络有离散型(DHNN)和连续型(CHNN)两种,CHNN采用各神经元并行工作方式,它在信息处理的并行性、联想性、实时性、分布存储、协同性方面比 DHNN 更接近与生物神经网络。鉴于本文研究对象的特殊性,采用 CHNN 神经网络模型进行分析。

3.2 Hopfield 自然资源管理优化实现

Hopfield 网络分析问题,最主要的是在正确表示所研究问题的基础上,构造能量函数,使其最小值对应于要解决问题的最优解。考虑到负熵约束下自然资源管理的目标函数和约束条件(式4、式5),本文将采用外部惩罚函数法,构造能量函数。

外部惩罚函数法(又称外点法),此法的迭代点一般在可行域外部移动,它对违反约束的点在目标函数中加入相应的"惩罚",而对可行点不予惩罚。在外点法中,对于等式约束问题:

$$\begin{cases} \mathrm{min}f(x) \\ \mathrm{s.\,t.}\ h_j(x) = 0 \end{cases}$$

定义辅助函数 $F_1(x, \sigma) = f(x) + \sigma \sum\limits_{j=1}^{l} h_j^2(x)$ （式6）

（σ 为惩罚因子）

令 $J_r = \sum\limits_{i=1}^{n} g_{ri}p_i + \sum\limits_{j=1}^{m} g_{rj}p_j - a_r \quad r = 1, 2, \cdots, m$ （式7）

结合式4、式7可得本文的等式约束问题为：

$$\begin{cases} \min f(x) = -\sum\limits_{i} v_i \ln v_i - \sum\limits_{j} v_j \ln v_j \\ J_r = \sum\limits_{i=1}^{n} g_{ri}p_i + \sum\limits_{j=1}^{k} g_{rj}p_j - a_r \quad r = 1, \cdots, m \end{cases}$$ （式8）

对式8运用式6可以得出本文的能量函数为：

$$E = -A\left(\sum\limits_{i=1}^{n} v_i \ln v_i + \sum\limits_{j=1}^{k} v_j \ln v_j\right) + \sum\limits_{r=1}^{m} \lambda_r \left(\sum\limits_{i=1}^{n} g_{ri}p_i + \sum\limits_{j=1}^{k} g_{rj}p_j - a_r\right)^2$$ （式9）

4 结论

通过将负熵的概念引入自然资源管理中，可以得出结论：发展熵增最小化经济是实现资源可持续利用，维持地球生态系统稳态演化的最优选择。为了达到熵增最小化，在自然资源管理过程中，应该转变提高负熵流的方式，加大改善环境质量的力度，根据自然界的规律对环境系统进行一定的时空补偿和有序调控，达到环境系统的持续演化。此外还应当在推行清洁生产的同时，完善人类经济系统的自组织机制，加强其自身的反馈调节功能，加强经济系统内部各子系统之间物质、能量的有序转化，提高人类自身系统的负熵流。当然，通过加强宏观调控的经济政策和法制力度，不断调整和优化系统内部结构，建立生态经济调控与预警系统也必不可少。多管其下，才能使得系统成为一个对良性涨落敏感的耗散结构，促进系统物质循环、能量流动、信息传递和价值增值之间形成良性循环，达到系统输出最优化。

从理论上说，自然资源管理问题是一个组合问题，而且是个 NP – Hard 难题：它不但要满足经济系统对资源的需求，还要满足各种动量约束，最终保证整个开放系统的熵变在 dt 时间内最小。由于其复杂性，该问题比一般组合优化问题更难解决。本书通过为自然资源管理选择一种合适的 Hopfield 神经网络表示方法，使得神经元的输出和问题的解彼此对应起来，然后在一定条件下构造网络的能量函数，使其能量最小值对应资源最均衡的状态，为这一问题的解决提供了一种更为可行的思路。

当然 Hopfield 是一个梯度系统，不可避免会陷于局部值，并且随着能量函数越复杂，网络存在的局部最小点或伪吸引子也越多，网络越不易于达到最优解。

尤其是在实际应用中通常很难直接得到满足稳定性充分条件的初始网络结构，而且通常初始设计的能量函数不一定是稳定的，即使是稳定的也不一定能得到合法解，即使得到合法解，也不一定是最优解。为了得到满意的解，更需要一些设计的技巧并且考虑融合其具有全局最优的方法。鉴于本文只是初步的提出基于负熵和 Hopfield 网络的自然资源管理思路，对于更为复杂，更为具体的问题将在日后的研究中进一步完善。

煤炭依赖型区域生态承载力安全预警评价研究

——基于山西省的实证分析

〔摘要〕煤炭依赖型区域是高生态风险区域。以该区域生态承载力运作系统为出发点，选取 16 项代表性技术指标，采用遗传算法优化 BP 神经网络，设计生态承载力安全预警评价技术模型，并以山西省为实证研究对象进行预警分析。结果表明：基于 GA – BP 算法的预警技术，有助于实现煤炭依赖型区域生态承载力风险预警；未来 10 年内，历史生态债务将在一定程度上削弱该区域生态风险控制的效果；必须采取进一步措施，方能降低生态承载力警情发生的可能性。

〔关键词〕生态经济　生态承载力　安全预警评价技术　GA – BP 模型　煤炭依赖型区域

煤炭依赖型区域是特殊的煤炭资源型区域，该区域经济社会发展与煤炭资源开发利用密切相关，区域发展既受益于煤炭资源，又受困于煤炭资源。由于煤炭资源的可耗竭性和不可再生性，以及传统的涸泽而渔、焚林而猎的开发形式和经济发展模式，对于大多数的煤炭依赖型区域，煤炭资源的要素比较优势已经逐渐弱化，煤炭资源开采利用引发的经济社会成本不断增加、矛盾不断激化。相较而言，该区域生态赤字更为显著，生态承载力系统更为脆弱。这些都是煤炭依赖型区域经济发展不可回避的现实问题，值得我们进行深入的理论探讨和实证研究。

国内外众多学者，围绕这一问题展开了研究。从单因素区域生态安全的测度，到生态足迹法和能值理论基础上构建的多因素区域生态承载力综合测度，再到区域生态文明评价，研究内涵不断深化，外延不断泛化。然而，分析现有研究成果，从研究内容看，静态测度多于动态预警；从研究切入点看，指向意义多于实践意义。特别是针对我国煤炭依赖型区域的生态承载力研究，具有实践操作意义的成果较少。

鉴于此，本文将研究视角立足于生态系统功能，重点关注我国煤炭依赖型区域生态承载力动态预警。从要素协同与约束入手，将煤炭依赖型区域的生态承载力系统运作流程，分为约束层与支撑层，构建生态承载力预警技术理论体系。在 GA 优化 BP 人工神经网络算法基础上，构建生态承载力预警技术模型，实现对区域生态承载力系统自组织耗散特性的描述。并将研究成果与山西省实践相结合，突出研究的实践应用性。

1　生态承载力安全预警评价理论体系构建

1.1　预警评价指标体系设置

生态承载力预警系统是多警情并列式系统，按照预警系统设计要求和我国煤炭依赖型区域生态状况，本文以中国科学院可持续发展研究组所著《2012 年中国可持续发展战略研究报告》中提出的指标体系为基础，从总体目标层（警情总指标）、子系统目标层（警情子指标）、状态指标层（警兆指标）、变量指数层（警源指标）四个等级入手，确定本文的预警指标体系。

考虑我国煤炭依赖型区域生态承载力运作系统实际情况、国际惯例以及数据收集的可操作性，选取图 1 中所列指标作为其预警评价基础。其中，总体目标层即煤炭依赖型区域生态承载能力，代表战略实施的总体态势和总体效果。系统目标层分为生态承载力压力系统和生态承载力支持系统，每个系统根据各自关系结构，用若干个状态层、变量层和要素层来表达，以反映各个状态层上的行为、关系和变化等原因和动力。

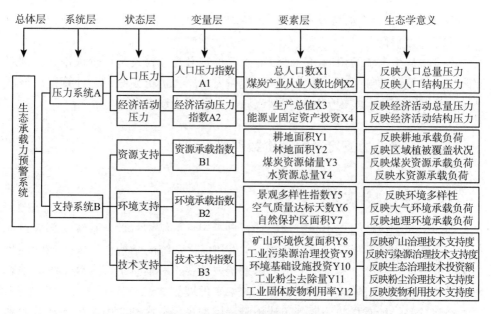

图 1　生态承载力预警指标体系

1.2　预警评价依据确定

承载力顾名思义，即承载媒体对承载对象的支持能力。要对其进行评价并预警，必须比较承载媒体的客观承载能力和被承载对象压力的大小，从而确定其是否超载。考虑到本文研究对象的特殊性，定义以下两个指标作为整个煤炭依赖型区域生态承载力系统预警信号。

定义1：假设承载媒体 S 的承载力大小取决于 x_1，x_2，x_3，$\cdots$，x_n 等 n 个因子，每一因子的相应承载分量或承载分值分别为 S_1，S_2，S_3，$\cdots$，S_n，每个因子所占权重为 W_i，则该承载媒体的承载力大小 CCS 可用数学式表达为：

$$CCS = f(x_1, x_2, x_3, \cdots, x_n) = \sum_{i=1}^{n} S_i \times W_i \tag{1}$$

定义2：假设承载对象 P 的压力取决于 y_1，y_2，y_3，$\cdots$，y_n 等 n 个因子，每一因子的相应承载分量或承载分值分别为 P_1，P_2，P_3，$\cdots$，P_n，每个因子所占权重为 W_j，则该承载对象的承载压力大小 CCP 可用数学式表达为：

$$CCP = f(y_1, y_2, y_3, \cdots, y_n) = \sum_{j=1}^{n} P_j \times W_j \tag{2}$$

定义3：假设承载媒体 S 的承载指数为 CCS，承载对象 C 的压力指数为 CCP，则定义承载度或承载负荷度 $CCPS$ 为：

$$CCPS = \frac{CCP}{CCS} \tag{3}$$

当 $CCPS > 1$ 时，承载超负荷；当 $CCPS < 1$ 时，承载低负荷；当 $CCPS = 1$ 时，承载压力平衡。

本文将从生态学的角度出发，以上述三个定义为预警技术评价依据，分别对我国煤炭依赖型区域生态承载力系统的支撑力与压力进行预测，并计算得出该区域生态承载负荷度，实现煤炭依赖型区域生态承载力动态预警。

2 生态承载力安全预警评价数理模型设计

2.1 模型设计思路

煤炭依赖型区域生态承载力系统具有自组织耗散结构特性，系统内部大量存在着"灰箱"甚至"黑箱"。如何继续完善和细化系统的结构，达到系统的逐步白化，并在此基础上，尽量更多地考虑系统内部要素和信息，实现该系统的动态预警，将更有益于区域生态承载力理论的未来发展。

经济预警一般有指数预警、统计预警、模型预警三大类。由于生态承载力系统的非线性特征，模型预警中的神经网络预警，其非线性、并行分布处理、自学习、自组织、自适应及鲁棒性等特点，较之其他预警模式，更适合本文使用。

本文选择比较成熟的 BP 人工神经网络，作为生态承载力预警模型基础。对于该网络存在收敛速度慢，可能出现局部最小点等不足，在比较众多改进方法和训练技巧适用性、特点后，基于煤炭依赖型区域生态承载力预警系统的特殊性，决定应用遗传算法对其局限性进行修正。

神经网络中权值的初始化强烈影响着最终解，不同的初始权值，可能会对网络训练时间、收敛性、泛化误差造成巨大的差异。因此，文中运用基于生物进化机理的遗传算法，对其进行修正，并将二者结合的重点，放在遗传算法对 BP 神经网络的初始化网络权重及阈值进行优化上。

模型构建的具体思路是先采用 GA 进行全局搜索，优化 BP 网络的初始权重、缩小搜索范围，到平均值不再有意义地增加时，此时解码得到的参数组合已经充分接近最佳参数组合。在此基础上，将其交与 BP 网络执行局部寻优，利用其局部寻优的高精确性修改网络权重。

2.2 模型实现方法

模型实现需要两个步骤，第一步是利用遗传算法进行全局优化，第二部是利用 BP 神经网络进行局部寻优。针对煤炭依赖型区域生态承载力预警特点，本文选用实数编码作为模型遗传算法运行基础，并令每一层神经元只与其前一层神经元有连接，输入输出之间无连接。此外，由于系统误差代价函数为非负，将 GA 全局优化适应度函数设计如下：

$$Fitness(x) = \frac{1}{E} = \frac{1}{\sum\limits_{p=1}^{P} E_p} = \frac{2}{\sum\limits_{p=1}^{P}\sum\limits_{k=1}^{L}(y_{pk} - a_{pk})^2} \tag{4}$$

式中，P 和 L 为样本模式对数和网络输出节点。

在遗传算法全局优化之后，为进一步提高优化进程搜索效率和收敛速度，需要进一步引入基于梯度下降原理的 BP 算法，运用其进行局部寻优，克服遗传算法不足，将其收敛结果更快地调整到附近最优解。结合前人经验，本文采用三层 BP 网络，其各层神经节点的输入输出关系为：

$$\begin{cases} A = \sum\limits_{i=1}^{M} x_i + \theta_i \\ a_i = f(A) = \dfrac{1}{1 + \exp(-A)} = \dfrac{1}{1 + \exp(-\sum\limits_{i=1}^{M} x_i - \theta_i)} \end{cases} \tag{5}$$

式中 $x_i (i = 1, 2, \cdots, M)$ 为神经网络的输入，θ_i 为第 i 个节点的阈值。

$$\begin{cases} B = \sum\limits_{i=1}^{N} w_{ij} a_i + \theta_j \\ a_j = f(B) = \dfrac{1}{1 + \exp(-B)} = \dfrac{1}{1 + \exp(-\sum\limits_{i=1}^{N} w_{ij} a_i - \theta_j)} \end{cases} \tag{6}$$

式中 w_{ij}、θ_j 分别为隐层的权值和第 j 个节点的阈值。

$$\begin{cases} C = \sum_{k=1}^{L} w_{jk}a_j + \theta_k \\ y_k = f(C) = \dfrac{1}{1+\exp(-C)} = \dfrac{1}{1+\exp\left(-\sum\limits_{k=1}^{L} w_{jk}a_j - \theta_k\right)} \end{cases} \quad (7)$$

式中 w_{jk}、θ_k 为隐层的权值和第 k 个节点阈值。

3　生态承载力安全预警评价的山西省实证分析

3.1　实证样本数据处理

山西省作为我国典型的煤炭依赖型区域，煤炭依赖型产业长期占经济主导地位，煤炭资源开发伴生的经济问题、生态问题，长期萦绕着这片土地。如何实现经济"绿色"转型，迫在眉睫。2010 年"山西省国家资源型经济转型综合配套改革试验区"的成立，使该区域成为我国煤炭依赖型区域产业发展和生态环境保护的新坐标。鉴于此，本文将其作为实证分析的样本区域，以期增强研究成果的实践性。

根据中国环境统计年鉴（2004~2012）、中国能源统计年鉴（2004~2012）、中国煤炭工业统计年鉴（2004~2012）、山西统计年鉴（2012）及中国煤炭资源网、山西煤炭信息网等相关网站数据，得出 2004~2010 年山西省生态承载力预警指标 X1~Y12 的原始值及计算依据数值。其中，煤炭产业从业人数比例（X2），由煤炭产业从业产业人数与山西省总人口计算得出；景观多样性指数（Y5），根据文娜（Shannon Winner）多样性指数计算得出。

鉴于必须通过大量的学习和训练样本，才能使构建的网络模型具有强泛化能力。而本例实际研究中，2003 年之前山西省生态承载力方面数据非常少，笔者花费了大量精力从现有统计资料以及相关网站搜寻数据，并通过完成科研项目过程中积累的社会关系，去相关部门查找资料，但仍然难以获取模型所需要的大量样本数据。故利用三次 B 样条函数，根据式（8）~（10）对离散的历史数据点进行插值，将其变成一条平滑的插值曲线，并利用这条曲线上充足的插值点和实际节点一起作为 GA-BP 模型构建的训练样本，以提高模型精度，达到泛化目的。

$$P(t) = \frac{1}{6}\big[\,(-P_0 + 3P_1 - 3P_2 + P_3)t^3 + (3P_0 - 6P_1 + 3P_2)t^2$$
$$+ (-3P_0 + 3P_1)t + (P_0 + 4P_1 - P_2)\,\big] \quad (8)$$

$$P'(t) = \frac{1}{6}\big[3(-P_0 + 3P_1 - 3P_2 + P_3)t^2$$
$$+ 2(3P_0 - 6P_1 + 3P_2)t + (-3P_0 + 3P_1) \big] \qquad (9)$$

$$P''(t) = \frac{1}{6}\big[6(-P_0 + 3P_1 - 3P_2 + P_3)t + 2(3P_0 - 6P_1 + 3P_2) \big] \qquad (10)$$

3.2　技术训练及实证检验

运用三次 B 样条插值后的样本数据对网络进行训练，从训练误差记录曲线可以看出（见图 2），GA - BP 网络的训练结果令人满意。以样本数据，对山西省 2005 年、2006 年、2007 年、2008 年、2009 年、2010 年的 16 个指标值进行预测检验。检验结果显示，训练后的网络具有良好的运行精度。各指标预测值与样本数据之间平均相对误差（MPE）与误差的方差（MSE）都比较合理，指标预测值与样本值之间具有高相关性，相关系数显著性检验 P 值均小于 0.001，相关性显著（见表 1），网络训练成功通过验证。

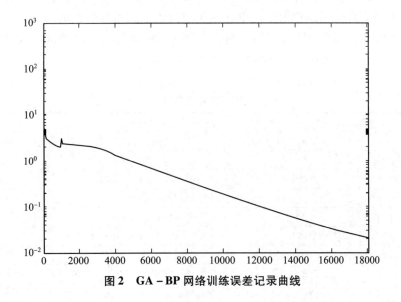

图 2　GA - BP 网络训练误差记录曲线

表 1 　　　　　　　　　　　　　　　　预测检验统计分析

	X1	X2	X3	X4	Y1	Y2	Y3	Y4
相关系数 r	0.9996	0.9999	0.9999	0.9968	0.9981	0.9628	0.9996	0.9904
P 值	0.0000	0.0000	0.0000	0.0000	0.0000	0.0021	0.0000	0.0001
平均相对误差 MPE	0.0241	-0.0119	0.0026	-0.0941	-0.0263	-0.0271	-0.0812	0.0681
误差方差 MSE	0.0032	0.0019	0.0011	0.0072	0.0028	0.0133	0.0089	0.0093

续表

	Y5	Y6	Y7	Y8	Y9	Y10	Y11	Y12
相关系数 r	0.9978	0.9997	0.9944	0.9998	0.9997	0.9993	0.9981	0.9896
P 值	0.0000	0.0000	0.0000	0.0000	0.0000	0.0000	0.0000	0.0002
平均相对误差 MPE	0.0342	− 0.0672	− 0.0276	− 0.0285	0.1377	0.0323	− 0.0498	0.0156
误差方差 MSE	0.0038	0.0021	0.0390	0.0016	0.0014	0.0008	0.0053	0.0124

3.3　预警实现及结果分析

3.3.1　生态承载力安全预警的山西省实证结果

运用通过验证的模型及样本数据，对 2020 年山西省生态承载力状况进行预测，压力系统和支持系统 16 个指标的预测标准值分别为 1.0658，1.1212，1.0688，1.1049，−1.3054，−0.2121，−1.1132，1.1046，−0.5123，1.0211，−0.7189，1.0658，1.1973，0.7874，−1.2314，−0.8967。

鉴于生态承载力预警这一多目标综合系统的复杂性和特殊性，本文运用层次分析法确定承载媒体 S 和承载对象 P 各影响因素的相对重要程度。以专家打分的判断值众数作为判断矩阵元素值，构造各层次判断矩阵，并以随机一致性比例进行计算和检验，最终权重及检验结果如表 2 所示。

表 2　　　　　　　　　　因子权重及检验

层次	特征值	特征向量	一致性检验
A – Ai	2	0.250；0.750	0.000
A1 – A1i	1	1.000	0.000
A2 – A2i	3.009	0.297；0.163；0.540	0.009
A 总权重		0.250；0.223；0.123；0.405	0.009
B – Bi	3.009	0.540；0.297；0.163	0.009
B1 – B1i	4.153	0.136；0.114；0.470；0.280	0.057
B2 – B2i	3.009	0.540；0.297；0.163	0.009
B3 – B3i	5.673	0.425；0.099；0.253；0.15；0.072	0.016
B 总权重		0.125；0.067；0.037；0.02；0.03；0.025；0.105；0.062； 0.066；0.036；0.02；0.172；0.04；0.102；0.061；0.029	0.025

结合预警技术评价标准（式（1）~式（3）），2020 年山西生态承载力预警结果承载压力（CCP_{2020}）为 0.269989，承载支持力（CCS_{2020}）为 0.106109，承载度（$CCPS_{2020}$）为 2.544445。

3.3.2　山西省生态承载力预警结果的原因解析

由上述预警技术的实证分析过程可以看出，按照目前煤炭资源开采利用情况、环境保护力度和人口经济活动状况，2020 年山西省生态承载力系统将超负荷运转，其承载系统压力与支撑力比值比平衡时超出两倍还多（$CCPS_{2020}$ 为 2.544445），超负荷较严重，生态承载力状况不容乐观。

进一步解析预警结果，与 2010 年的生态承载力状况相比，2020 年山西省人口经济活动（A1，A2）给生态环境带来的压力增长速度相对缓慢（CCP_{2010} = 0.221623，CCP_{2020} = 0.269989），即 10 年期间，山西省生态承载力运作系统的压力源并没有显著增加。

究其原因，笔者认为，这与山西省近年来一系列生态举措的实施密不可分。从"煤炭资源整合"开始，到"山西省绿色转型"，再到"以煤为基，多元发展"等等，一系列改善山西旧有产业结构的重大举措在三晋大地上依次开展。生态文明深入人心，生态意识被植入到各个企业生产运作中。如何科学合理地开发煤炭资源，增加产业链，做到资源深度开发、产业多元发展，成了山西省煤炭资源产业发展的重要问题。上到政府，下到企业，再到各个科研机构，都为这一目标的实现不断努力。在这一背景下，与 20 世纪相比，未来山西省生态承载系统压力增长的速度将相对放慢。

然而，为什么预警结果中 2020 年山西省生态承载力状况仍表现为超负荷呢？显然，生态环境的承载指数 CCS_{2020} 较小是问题关键所在（CCS_{2020} = 0.106109）。从生态承载力预警技术理论体系可知，生态环境的承载指数主要由资源承载指数（B1）、环境承载指数（B2）、技术承载指数（B3）三方面决定。由于以往煤炭资源开发利用的模式和强度不当，资源透支过多，生态环境破坏过大，尽管人们对生态环境重要性的认识不断增强，区域技术承载指数（B3）不断上升，但沉重的生态历史债务使得资源承载指数（B1）、特别是环境承载指数（B2）面临严峻考验，致使煤炭依赖型区域未来的生态压力仍然很大。

3.3.3 煤炭依赖型区域生态承载力风险防范的对策建议

生态承载力安全预警的实证分析结果表明，按照目前煤炭资源开发利用状况及人类生活、生产方式，未来较高的生态承载负荷度，将对煤炭依赖型区域经济社会的可持续科学发展造成不利影响。为避免这一状况出现，必须及时采取相应措施，尽早改变生态压力远大于支持力的状况。

首先，以文化创新为先锋，加强建设生态文明。宣传教育，树立尊重自然、保护自然的生态文明理念，增强全民生态环保意识，形成合理消费的社会风尚，营造爱护生态环境的良好风气和社会文化氛围。

其次，以技术创新为主力，加速科技创新成果转化。大力发展科研产业，加强重点领域（煤炭、钢铁、电力）资源开采和利用效率、资源替代效率，实现单元技术突破转向技术群突破，促进煤炭资源循环利用技术创新，实现资源型企业的生态化发展。

最后，以制度创新为保障，加快健全资源节约、生态环境保护体制。进一步明晰煤炭资源产权，建立完善煤炭资源资产评估体系及煤炭资源产权出让和交易市场，加快煤炭资源资产化管理。多管齐下，形成煤炭依赖型区域生态承载力系统良性耗散结构，达到生态承载力系统稳定承载下的人类—社会—经济系统最优化输出，推动人与自然和谐发展现代化建设新格局。

4 结论与讨论

本文以山西省为实证分析对象，将遗传算法与 BP 神经网络相结合引入到煤炭依赖型区域生态承载力预警技术设计与应用中，通过分析，可以得出如下结论。

第一，GA – BP 预警技术模型对煤炭依赖型区域生态承载力安全预警具有适用性。煤炭依赖型区域生态承载力系统是自组织耗散结构，以人工神经网络为运算基础的 GA – BP 预警模型，能够满足其非线性需要。以山西省为例的实证分析结果也表明，该模型在区域生态承载力预警中的应用，拟合程度较高，训练误差结果比较令人满意。

第二，未来煤炭依赖型区域生态承载力状况不容乐观。生态承载力安全预警评价技术在山西省的实证应用表明，尽管生态文明建设在山西省已经取得了斐然成就，但由于生态负债过重，未来山西省经济发展仍将处于生态承载力超负荷运行状态。只有以文化创新为先锋，以科技创新为主力，以制度创新为保障，才能逐渐降低煤炭依赖型区域未来生态风险恶化的可能性。

需要指出的是，生态承载力安全预警评价，从理论上说，是一个 NP – Hard 难题，它不但要满足经济系统对资源的需求，还要满足各种动量约束，最终保证整个开放系统的良性运转。由于其复杂性，该问题比一般组合优化问题更难解决。本文将遗传算法与 BP 神经网络相结合构建区域生态承载力预警模型，为这一问题的解决提供了一种较为可行的思路。经验证，该模型在实际应用中具有较高的精度，但仍需在今后的研究中，进一步改进，提高其运算收敛速度。

此外，由于资料稀缺、数据搜集难度过大，一些评价指标的选取存在一定的不完备性。如何在进一步研究中，拓展数据源，建立长时间序列数据集，增设更多可操作性指标，描述煤炭依赖型区域生态承载力预警系统，进而构建更为全面、系统的评估指标体系，将在日后研究中进一步完善。

公众权益与跨区域生态规制策略研究

——基于相邻地方政府间的演化博弈行为分析

〔摘要〕以公众权益为视角，运用演化博弈分析方法，分别从未引入约束机制的公众生态权益模糊情形以及引入约束机制的生态权益明确情形，建立跨区域生态规制演化博弈模型，剖析不同情形相邻地方政府间的博弈行为。结果表明，明确公众生态权益，引入强制约束机制后，原有博弈结构被改变，长期内，有利于规避跨区域环境规制的"囚徒困境"。进一步探析博弈参数，研究发现，反馈机制、责惩措施、行为效果感知、行为成本等要素均能改变鞍点位置，推进博弈稳定策略向博弈方均严格落实国家生态规制方向演进，为政府制定跨区域生态规制策略提供有针对性的政策思路。

〔关键词〕公众权益　跨区域　生态规制　演化博弈　地方政府　行为策略

0　引言

经济社会快速发展对我国生态环境的影响日益剧烈，各类"生态事件"层出不穷，生态危机逐渐危及社会安全及人的生存和发展。特别是流域生态事件以及大规模的雾霾，已没有谁能够独善其身。面对新一轮区域性生态事件，生态规制跨区域联动，成为各方共识。

实际上，自 1979 年《中华人民共和国环境保护法》颁布以来，生态问题就已经走入了国人视野，国务院曾先后制定并实施了一系列改善生态环境的重大政策。然而，这些政策的执行状况在很大程度上取决于地方政府的生态规制行为。地方政府作为连接国家制度供给和公众制度需求的重要中介，其生态选择决定了我国生态治理的效果。特别是对跨域生态问题的处理，相邻地方政府间往往会受到经济成本以及生态外部性的左右，最终呈现生态规制策略博弈局面。如何有效引导博弈演化的方向？怎样避免非合作博弈困境，实现生态规制的跨区域联动？国外生态治理历程告诉我们，真实有效的公众参与是制胜法宝。通过分析相邻地方政府间的演变博弈行为，进而把握公众权益与跨域生态规制策略选择，能够从一个侧面揭示我国生态问题的本质，有助于提高跨域生态治理的效率。

1　文献回顾与理论述评

区域联动对全球生态规制的特殊意义，使得国内外众多学者从不同角度对该问题进行了理论和实证探索。尽管各自侧重点不同，但其研究结论对公众权益与跨区域生态规制策略研究具有一定借鉴性。从前人研究成果看，两类问题的阐释对开展本研究有重要理论价值。

第一类问题，跨区域生态规制过程中，相邻地方政府间的行为选择对最终策略执行效果有何影响？跨界生态问题蕴含的各种关系，使得"博弈"成为此类问题研究的重要手段。目前，大部分学者研究成果集中在运用博弈分析相邻地方政府间环境决策选择：如巴卡特（Barrett）分析了不完全竞争市场下地方政府环境决策行为，提出了非合作特质下的生态博弈结果；易阳（Yeung）描述了多国家或地区生产部门的跨界污染博弈情形，构建了具有代表性的合作博弈生态系统。我国学者研究成果也大致集中于此，主要以跨界流域生态规制为研究对象，强化博弈演化特征：如吴瑞明对流域污染治理地方政府间演化博弈稳定性进行的分析，突出了分权视角；牛文娟等对跨界水资源冲突中地方保护主义行为的博弈研究，并初步探索了生态保护的公众参与度。

第二类问题，公众参与对跨域生态规制作用如何？美国是最早将公众参与引入环境管理领域的国家，认为公众参与是区域生态环境保护一种廉价、绿色方法，是对环境行政管理的重要补充。公众"用手投票"能够影响区域地方官员的环保政策倾向，"用脚投票"则向地方政府直接施加改善公共服务的压力。我国诸多学者也认为，公众参与是解释和传播环境影响信息的流行方法，公众通过民间环保组织进行公益诉讼，有助于弥补环境法律公共实施的不足。基于此，不少学者进一步对影响公众生态参与度的因素展开了相继研究，意识、制度、法律、沟通渠道等诸多要素被纳入了该问题讨论中。

回顾已有研究成果，大部分学者认可公众参与对跨域生态治理的重要性，也关注到地方政府间的博弈行为将显著影响跨界治理的生态效果。然而，如何将公众参与作为重要因素植入跨域博弈分析中，尚欠缺精确深入的探究。鉴于此，本研究将着眼公众权益约束下的跨域生态规制策略选择问题，基于有限理性，采用演化博弈分析方法，分析公众权益对相邻地方政府生态冲突行为制动的影响，进而寻找增强区域联动生态规制公众约束力的路径，提高区域生态规制效率。

2 理论构架与情景假设

从理论层面探究跨区域生态规制问题，绕不开跨域生态问题的外部效应及公共物品特征。不论是科层治理，还是市场治理，抑或是自主治理，核心都在于采用什么样的政策组合，解决跨域生态问题的外部性效应。因此，本文理论构架的首要问题是明确跨区域生态规制过程中"外部性"的具体体现，即跨域生态规制涉及的各种利益关系。

一方面，为治理跨界生态问题，国家对某相邻两个区域部署联动生态规制。

地方政府选择严格落实国家生态规制时，辖区内生态环境得以改善，但要为此付出高额的执行成本和经济成本；反之，形式落实国家生态规制时，辖区内生态环境持续恶化，但可以保持短期的经济增长，且无须支付成本。然而，生态资源的公共物品特性，使单一区域生态规制的边际收益与社会收益不相等，具有显著的外部效应。当同时严格落实国家生态规制时，双方获得相同的社会净收益；当只有一方严格落实时，不但需要付出高额成本，环境改善的净收益还会被对方环境恶化的负效应所弱化；形式落实国家生态规制时，政府则既无须付出落实成本，还能免费获取对方执行生态规制产生的生态正效应。

另一方面，面对跨域生态问题可能带来的"公地悲剧"，大多数公众希望通过区域联动生态规制改善区域生态状况，满足自身生态需求。在这一过程中，公众更多考虑的是区域环境生态效应而非经济效应。相较于地方政府，公众的生态意愿更强。但是，公众监督区域联动生态规制需要付出监督成本。在我国现行法律体制下，公众监督成本高，经济回报少，监督执行力有限，难以发挥真实效力，严重挫伤区域联动生态规制的公众参与度。这一点，正是与发达国家相比，我国生态规制效果不显著的主要因素。在解决这些问题的过程中，生态系统的一体化特征、生态事件的扩散性影响，使相邻区域地方政府、公众以及中央政府间呈现利益牵制下的演化博弈特质。

基于各种利益关系构架，结合我国跨区域生态规制的具体情形，设定本文演化博弈情景假设如下：

①参与者假设。跨区域生态规制演化博弈是公众权益成本下，有限理性的地方政府间重复博弈。本文中假定主要博弈参与者为实现跨区域生态规制的相邻区域地方政府，博弈成员间的策略选择，受公众权益影响，依照上一次博弈结果而改变。

②策略假设。由于存在生态规制与区域经济发展的现实矛盾，区域联动生态规制实施过程中，严格落实国家生态规制，需要付出短期内经济增长受阻的较大成本，而形式落实则几乎可以不付出成本。故本文中有限理性的博弈参与者——相邻地方政府区域联动生态规制的策略选择为：严格落实国家生态规制和形式落实国家生态规制，策略集为 {严格落实，形式落实}。

3　模型构建与博弈分析

3.1　跨区域生态规制演化博弈理论模型

3.1.1　支付矩阵设定

假设实行跨域联动生态规制的相邻地方政府分别为地方政府 A 和地方政府

B，C_1 为 A 严格落实国家生态规制政策的成本，C_2 为 B 严格落实国家生态规制政策的成本，C_3 为公众监督地方政府 A、B 联动落实国家生态规制政策的成本，D_1 为 A 严格落实国家生态规制政策时辖区生态状况改善量，D_2 为 B 严格落实国家生态规制政策时辖区生态状况改善量，I_1 为 A 形式落实国家生态规制政策时辖区生态恶化量，I_2 为 B 形式落实国家生态规制政策时辖区生态恶化量，θ 为地方政府 A 与 B 之间的外部生态效应系数 $0 < \theta < 1$，∂ 为辖区生态环境治理改变量对公众幸福感的效应系数（$0 < \partial < 1$）。在 2×2 非对称重复博弈中，其阶段博弈的支付矩阵如图 1 所示。

		地方政府 B	
		严格落实	形式落实
地方政府 A	严格落实	$-C_1 - C_3 + (1+\partial)(\theta D_2 + D_1)$ $-C_2 - C_3 + (1+\partial)(\theta D_1 + D_2)$	$-C_1 - C_3 + (1+\partial)(D_1 - \theta I_2)$ $-C_3 + (1+\partial)(-I_2 + \theta D_1)$
	形式落实	$-C_3 + (1+\partial)(-I_1 + \theta D_2)$ $-C_2 - C_3 + (1+\partial)(D_2 - \theta I_1)$	$-C_3 + (1+\partial)(-I_1 - \theta I_2)$ $-C_3 + (1+\partial)(-I_2 - \theta I_1)$

图1　跨区域生态规制演化博弈支付矩阵

3.1.2　演化稳定策略求解

令地方政府 A 选择严格落实国家生态规制的概率为 x，期望收益为 R_{A1}；形式落实国家生态规制的概率为 $1-x$，期望收益为 R_{A2}；平均收益为 R_{A12}。地方政府 B 选择严格落实国家生态规制的概率为 y，期望收益为 R_{B1}；形式落实国家生态规制的概率为 $1-y$，期望收益为 R_{B2}；平均收益为 R_{B12}。根据博弈模型假设及演化博弈求解适应度方法，计算复制动态方程如下所示。

地方政府 A 选择严格落实国家生态规制的复制动态方程为：

$$f(x) = \frac{\mathrm{d}x}{\mathrm{d}t} = x(R_{A1} - \overline{R}_{A12})$$

其中，

$$R_{A1} = -C_1 - C_2 + (1+\partial)(D_1 - \theta I_2 + \theta I_2 y + \theta D_2 y)$$
$$R_{A2} = -C_3 + (1+\partial)(\theta D_2 y + \theta I_2 y - I_1 - \theta I_2)$$
$$\overline{R}_{A12} = x R_{A1} - (1-x) R_{A2}$$
$$= -C_3 + (1+\partial)(\theta D_2 y + \theta I_2 y - I_1 - \theta I_2) +$$
$$x[-C_1 + (1+\partial)D_1 + (1+\partial)I_1]$$

代入各值，进行化简。

$$f(x) = \frac{\mathrm{d}x}{\mathrm{d}t} = x(1-x)[-C_1 + (1+\partial)(D_1 + I_1)]$$

同理，地方政府 B 选择严格落实国家生态规制的复制动态方程为：

$$f(y) = \frac{\mathrm{d}y}{\mathrm{d}t} = y(R_{B1} - \overline{R}_{B12}) = y(1 - y)[-C_2 + (1 + \partial)(D_2 + I_2)]$$

由复制动态微分方程稳定性定理及演化稳定策略性质可知，当 $f(x) = 0$ 且 $f'(x) < 0$ 时，可以得到地方政府 A 的演化稳定策略。经计算可得，$-C_1 + (1 + \partial)$ $(D_1 + I_1) > 0$ 时，$x^* = 1$ 满足 $f(x) = 0$ 且 $f'(x) < 0$，故 $x^* = 1$ 为此情形下政府 A 的演化博弈稳定点；$-C_1 + (1 + \partial)(D_1 + I_1) < 0$ 时，$x^* = 0$ 满足 $f(x) = 0$ 且 $f'(x) < 0$，故 $x^* = 0$ 为此情形下政府 A 的演化博弈稳定点。

同理，$-C_2 + (1 + \partial)(D_2 + I_2) > 0$ 时，对地方政府 B 而言，$y^* = 1$ 为此情形下政府 B 的演化博弈稳定点；当 $-C_2 + (1 + \partial)(D_2 + I_2) < 0$ 时，$y^* = 0$ 为此情形下政府 B 的演化博弈稳定点。

由博弈稳定点求解可知，当公众权益不明确，监督行为无利益反馈，公众监督 A、B 联动落实国家生态规制政策的成本 C_3，对区域联动生态规制演化博弈结果不产生任何影响。长期内，公众监督力将逐渐弱化为零。

3.1.3　博弈行为分析

跨区域生态规制演化博弈理论模型稳定策略结果说明，此情形下，公众监督对区域联动生态规制博弈选择没有实质影响。地方政府间博弈行为选择只与自身落实国家生态规制政策的经济净收益 $-C_1 + (1 + \partial)D_1$ 或 $-C_2 + (1 + \partial)D_2$ 及生态净收益 $(1 + \partial)I_1$ 或 $(1 + \partial)I_2$ 相关。

具体分析，当区域联动生态规制综合净收益 $-C_1 + (1 + \partial)(D_1 + I_1)$ 或 $-C_2 + (1 + \partial)(D_2 + I_2)$ 大于 0 时，在多次演化过程中，地方政府会越来越倾向选择严格落实国家生态规制政策行为，直至所有地方政府都严格落实，达到演化稳定状态。反之，当区域联动生态规制净收益小于 0 时，所有政府最终将选择形式落实国家生态规制行为，达到与理想状况相违背的稳定状态。就现状而言，环境治理收益的弱显性特征及延时滞后性特性，以及环境治理的高执行成本和高经济成本，使得区域联动生态规制易于陷入"囚徒困境"，引发区域生态风险升级。

也就是说，不恰当的利益设置使得公众监督对区域联动生态规制缺乏有效约束力，相邻区域地方政府更倾向于选择形式落实国家生态规制的博弈行为。从长远考虑，这种博弈行为选择将会引发更多的生态冲突，严重侵害公众生态权益，损害政府社会形象，抑制区域经济发展。迫切需要合理的制度安排，改变博弈结构。

3.2　引入约束机制跨区域生态规制演化博弈模型

3.2.1　支付矩阵设定

为了避免生态治理的公众参与度缺失，尝试增加跨区域生态规制公众权益反馈。一方面给予监督者经济补偿，另一方面将公众权益与中央政府责罚措施挂钩，增加公众对形式执行生态规制地方政府的监督效度。

此时，设地方政府 A 与地方政府 B 均严格落实区域联动生态规制政策时，公众监督净支出（公众监督成本与政府给予监督者经济补偿的差额）为 C_{31}，A、B 中至少有一方形式落实区域联动生态规制政策，引入中央责惩措施后的公众监督净支出（公众监督成本、中央责惩处罚与政府给予监督者经济补偿的差额）为 $C_{32}(C_{32}>C_{31})$，其他参数假设不变。在 2×2 非对称重复博弈中，该情形下阶段博弈的支付矩阵如图 2 所示。

地方政府 A		地方政府 B	
		严格落实	形式落实
	严格落实	$-C_1-C_{31}+(1+\partial)(\theta D_2+D_1)$ $-C_2-C_{31}+(1+\partial)(\theta D_1+D_2)$	$-C_1-C_{32}+(1+\partial)(D_1-\theta I_2)$ $-C_{32}+(1+\partial)(-I_2+\theta D_1)$
	形式落实	$-C_{32}+(1+\partial)(-I_1+\theta D_2)$ $-C_2-C_{32}+(1+\partial)(D_2-\theta I_1)$	$-C_{32}+(1+\partial)(-I_1-\theta I_2)$ $-C_{32}+(1+\partial)(-I_2-\theta I_1)$

图2　引入约束机制支付矩阵

3.2.2　演化稳定策略求解

引入约束机制后，记地方政府 A 以概率 x' 选择严格落实国家生态规制的期望收益为 R'_{A1}；以概率 $1-x'$ 选择形式落实国家生态规制的期望收益记为 R'_{A2}；平均收益为 R'_{A12}。记地方政府 B 以概率 y' 选择严格落实国家生态规制的期望收益为 R'_{B1}；以概率 $1-y'$ 选择形式落实国家生态规制的期望收益记为 R'_{B2}；平均收益为 R'_{B12}。根据博弈模型假设及演化博弈求解适应度方法，计算各自的复制动态方程如下式所示。

地方政府 A 选择严格落实国家生态规制的复制动态方程为：

$$F(x')=\frac{\mathrm{d}x'}{\mathrm{d}t}=x'(R'_{A1}-\overline{R}'_{A12})$$

其中，$R'_{A1}=y'[-C_{31}+C_{32}+\theta(1+\partial)(D_2+I_2)]+$
$$[-C_1-C_{32}+(1+\partial)(D_1-\theta I_2)]$$
$$R'_{A2}=y'\theta(1+\partial)(D_2+I_2)+[-C_{32}+(1+\partial)(I_1-\theta I_2)]$$
$$\overline{R}'_{A12}=x'R'_{A1}-(1-x')R'_{A2}$$
$$=x'y'[-C_{31}+C_{32}+\theta(1+\partial)(D_2+I_2)]+$$
$$x'[-C_1-C_{32}+(1+\partial)(D_1-\theta I_2)]-$$
$$(1-x')[-C_{32}+(1+\partial)(I_1-\theta I_2)+y'\theta(1+\partial)(D_2+I_2)]$$

代入各值，进行化简。

$$F(x') = \frac{\mathrm{d}x'}{\mathrm{d}t} = x'(1-x')[y'(C_{32}-C_{31})+(1+\partial)(I_1+D_1)-C_1]$$

同理，地方政府 B 选择严格落实国家生态规制的复制动态方程为：

$$F(y') = \frac{\mathrm{d}y'}{\mathrm{d}t} = y'(1-y')[x'(C_{32}-C_{31})+(1+\partial)(I_2+D_2)-C_2]$$

令 $F(x')=0$，$F(y')=0$，可以得到引入约束机制明确公众权益后，区域联动生态规制演化博弈 5 个可能的稳定点，$(0,0)$，$(1,0)$，$(0,1)$，$(1,1)$，$\left(x'^* = \dfrac{C_2-(1+\partial)(I_2+D_2)}{C_{32}-C_{31}}, \ y'^* = \dfrac{C_1-(1+\partial)(I_1+D_1)}{C_{32}-C_{31}}\right)$。

利用雅克比矩阵（Jacobian Matrix）局部稳定性分析法对 5 个均衡点进行稳定性分析，矩阵及分析结果（见表1）如下：

$$J = \begin{bmatrix} (1-2x')[y'(C_{32}-C_{31}) + (1+\partial)(I_1+D_1)-C_1] & x'(1-x')(C_{32}-C_{31}) \\ y'(1-y')(C_{32}-C_{31}) & (1-2y')[x'(C_{32}-C_{31}) + (1+\partial)(I_2+D_2)-C_2] \end{bmatrix}$$

表1 基于雅克比矩阵的稳定性分析结果

均衡点	J 的行列式及符号		J 的迹及符号		结果	条件
$x'=0$, $y'=0$	$[(1+\partial)(I_1+D_1)-C_1]*[(1+\partial)(I_2+D_2)-C_2]$	+	$[(1+\partial)(I_1+D_1)-C_1]+[(1+\partial)(I_2+D_2)-C_2]$	−	ESS	
$x'=0$, $y'=1$	$[(C_{32}-C_{31})+(1+\partial)(I_1+D_1)-C_1]*[-(1+\partial)(I_2+D_2)+C_2]$	+	$[(C_{32}-C_{31})+(1+\partial)(I_1+D_1)-C_1]+[-(1+\partial)(I_2+D_2)+C_2]$	+	不稳定	$C_1-(C_{32}-C_{31})$ $<(1+\partial)(I_1+D_1)<C_1$ $C_2-(C_{32}-C_{31})$ $<(1+\partial)(I_2+D_2)<C_2$
$x'=1$, $y'=0$	$[-(1+\partial)(I_1+D_1)+C_1]*[(C_{32}-C_{31})+(1+\partial)(I_2+D_2)-C_2]$	+	$[-(1+\partial)(I_1+D_1)+C_1]+[(C_{32}-C_{31})+(1+\partial)(I_2+D_2)-C_2]$	+	不稳定	
$x'=1$, $y'=1$	$[(C_{32}-C_{31})+(1+\partial)(I_1+D_1)-C_1]*[(C_{32}-C_{31})+(1+\partial)(I_2+D_2)-C_2]$	+	$-[(C_{32}-C_{31})+(1+\partial)(I_1+D_1)-C_1]-[(C_{32}-C_{31})+(1+\partial)(I_2+D_2)-C_2]$	−	ESS	
$x'=x'^*$, $y'=y'^*$			0		鞍点	任意

3.2.3 博弈行为分析

利用二维平面坐标轴，对引入约束机制的跨区域生态规制演化博弈模型复制动态关系绘制相位图（图3），结合雅克比矩阵稳定性结果进行博弈行为分析。当公众权益明确，监督行为对区域联动生态规制产生经济效力时，相邻政府间具有两个演化稳定策略：点 $O(0, 0)$ 和点 $B(1, 1)$，分别对应地方政府 A 和地方政府 B 的两种策略组合（严格落实，严格落实），（形式落实，形式落实）。点 $A(1, 0)$ 和点 $C(0, 1)$ 为不稳定点，点 $D(x'^*, y'^*)$ 为鞍点，折线 ADC 为系统收敛于不同状态的临界线。在临界线右上方区域，博弈双方行为收敛于 $B(1, 1)$ 点，地方政府 A 和 B 都将严格落实国家生态规制；在临界线左下方区域，博弈双方行为收敛于 $O(0, 0)$ 点，生态规制处于"囚徒困境"。

长期均衡视角下，跨区域生态规制博弈行为的结果，可能是公众监督下地方政府间的坦诚合作，也有可能是空喊口号下的阳奉阴违，具体演化路径取决于相位图（图 1）中区域 $ABCD$ 与区域 $ADCO$ 的面积比，即取决于鞍点 $D(x'^*, y'^*)$ 的位置。x'^* 与 y'^* 越小，鞍点的位置越往下移动，区域 $ABCD$ 的面积越大，演化博弈将以越大的概率向博弈双方均严格执行国家生态规制方向演化，反之，则越倾向于演化为"囚徒困境"。

相较而言，引入约束机制的跨区域生态规制演化博弈模型，在一定程度上避免了跨区域生态规制"囚徒困境"的必然性。因此，给予公众监督区域联动生态规制适度的经济回报，并由中央政府对形式落实生态规制的地方政府执行责惩，提高公众监督经济约束力，更有助于引导地方政府选择正确的生态规制行为，对于生态规制区域联动有效实施、区域生态状态改善，具有重要作用。

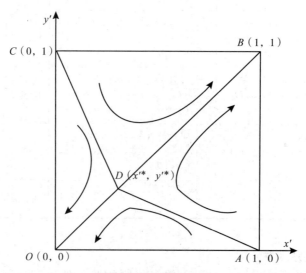

图 3　演化博弈相位图

4　结论阐释与策略路径

从上述两个模型及博弈分析中可以看出，公众生态权力及相应经济利益不明确时，相邻地方政府间跨区域生态规制易于走向"形式落实区域联动"的囚徒困境，该结论与国外"生态公民"研究具有一致性。当引入约束机制，明确公众生态权益后，跨区域生态规制博弈演化"囚徒困境"发生的可能性被降低，有利于博弈稳定策略朝着"均严格落实国家生态规制"方向演进。具体措施，可从各参数对引入约束机制后的演化博弈模型鞍点位置

$$\left(x'^{*} = \frac{C_2 - (1 + \partial)(I_2 + D_2)}{C_{32} - C_{31}}, \ y'^{*} = \frac{C_1 - (1 + \partial)(I_1 + D_1)}{C_{32} - C_{31}}\right)$$ 的影响入手进行

讨论。

（1）构建生态社区反馈网络，提升跨域治理公众生态权责认知度。以社区为节点，利用电子化信息渠道，加强生态参与平台建设。社区是与公众密切接触的低元组织结构，通过环境信息共享机制，以完善的生态信息和公开的生态权益，将公众参与落到实处。一方面，经由社区宣传、反馈，公众生态知情权不断增加，生态满意度提升。另一方面，双向沟通的反馈网络，使公众生态需求与政府生态制度供给相匹配，在公众监督下，进而促进更为慎重的官员决策，减少地方政府生态规制执行成本 C_1 和 C_2，促使跨域生态规制演化博弈鞍点位置下移。运行该反馈网络，公众能够洞悉不同项目可能涉及的生态风险；知晓作为独立的生态参与人，拥有哪些生态权力，可以通过何种途径保障自身生态利益不受侵害；一旦发生生态权益纠纷，公众将经由何种部门、以何种方式解决问题。以及时、公开、透明的生态社区反馈网络，最大限度保证公众的生态参与度。

（2）推行全面生态管理模式，强化跨域治理公众生态权责约束力。一方面，成立隶属中央并独立于各地方政府的第三方生态机构，根据生态社区反馈网络，开展具有法律效力的生态事件处理活动。避免相邻地方政府为了各自经济利益，放任自流一些有悖于区域生态环境的创收项目或支柱产业。另一方面，配合科学合理的责惩措施，如官员问责制、生产环节的生态考核、GDP 绿色核算等，改变单个辖区内生态保护"违法成本低，守法成本高"的现状。同时，中央政府应以法规政策的强制约束力，抑制公众参与区域联动生态规制监督过程中的"群氓心理"，构建良性社会参照氛围，从法律层面、道德范畴、行为规范角度同时增加责惩支出 $C_{32} - C_{31}$，推动跨区域联动生态规制博弈向博弈双方均严格执行国家生态规制方向演化。

（3）扩大生态行为效果感知，增强跨域治理公众生态权责规制回报。一方面，增强生态规制成效感知。通过制定更具针对性的区域生态治理政策，基于生

态社区反馈网络，及时将公众生态需求呈现到社会事实中，以辖区生态状况净改善量 $(I_1+D_1)+(I_2+D_2)$，改变生态规制"时滞"给公众参与度带来的挫伤，进而调整辖区生态环境治理改变量对公众幸福指数的效应系数 ∂。另一方面，加大生态规制报酬感知。对有效实施区域联动生态规制监督的公众，结合生态破坏减损程度，给予相应物质奖励或税收优惠，确保生态监督的经济回报。同时，延展生态规制便利性感知。以便利的生态基础设施，运营成熟的环保组织，不断完善的司法公益诉求程序，保障公众能够便捷、低成本开展生态维权，确保公众生态参与度，优化相邻地方政府跨域生态治理博弈行为。

5 结语

基于演化博弈分析方法，本研究从公众权益视角对跨区域生态规制进行了探索性分析。揭示了现有条件下，区域联动生态规制囚徒困境的症结。并通过"相应责罚成本"改变原有博弈结构，使区域联动生态规制公众监督具有真实约束力，破坏区域联动生态规制囚徒困境的必然性。与以往研究相比，对跨区域生态规制的博弈机理阐述做出了一些贡献。比如，将公众生态权益、辖区生态环境治理改变量对公众幸福感的效应系数等引入博弈支付矩阵，以往较少提及。并在演化行为分析中，从影响演化均衡的参数出发，阐述了不同政策建议对跨区域生态规制间的作用机制，为制定有针对性的管制政策提供了借鉴思路。

然而跨区域生态规制是一个复杂的博弈过程，除了公众生态权益外，还有很多因素值得进一步深入研究。在今后的研究中，将继续探索新的约束条件，完善博弈结构，最大限度剖析变量协整的驱动力，为政府确立环境规制政策干预路径提供更为翔实科学的理论依据。

公众参与区域生态风险防范模式
影响因素及政策干预路径

——基于扎根理论的探索性研究

〔**摘要**〕通过深度访谈，应用扎根理论剖析影响区域生态风险防范公众参与模式的深层次因素，并探究针对性的管制政策。结果发现，公众生态意识、生态行为成本、生态参与平台和社会参照氛围这 4 个主范畴对公众参与模式存在显著影响。进一步研究主范畴逻辑内涵和关键因子，探析其对公众参与区域生态风险防范的作用方向与影响因素，构建了公众参与区域生态风险防范的作用机制模式，即"意识——行为整合模型"。最终基于整合模型脉络结构，为政府制定干预路径提供有针对性的政策思路。

〔**关键词**〕生态风险防范　公众参与模式　扎根理论　整合模型　管制政策

生态问题作为人与自然相互影响的一种形式一直存在。近年来，随着人们生态意识觉醒和生态需求勃兴，对区域生态状况提出了更高的要求。然而"生态事件"却愈演愈烈，特别是流域生态危机及大规模雾霾，已经没有谁能够独善其身。

《中共中央关于全面深化改革若干重大问题的决定》将区域生态风险治理的重要性提升到了一个前所未有的高度，要以"最严格的源头保护制度、损害赔偿制度、责任追究制度，完善环境治理和生态修复制度，用制度保护生态环境"。然而无论从宏观视之，还是从微观探之，这些制度建构无不与"公众参与"密切关联。发达国家生态治理经验证明，公众是环保事业最初推动力。因此，有必要对我国区域生态风险防范公众参与模式问题进行探讨。通过深入探究区域生态风险防范公众参与模式的内外部影响因素，制定有针对性管制政策，引导普通公众向生态公民转变，从而弥补区域环境生态风险行政治理不足，帮助政府实现区域生态风险有效防范。

1　文献回顾与理论述评

很多文献从不同视角对区域生态风险防范与治理进行了理论和实证研究。尽管各自侧重点不同，但其研究结论对探讨公众参与区域生态风险防范具有借鉴性，特别是对下述两类问题的阐释为开展本研究铺垫了基础。

第一类问题，公众参与对区域生态风险治理作用如何？美国是最早将公众参与引入环境管理领域的国家，大多数的美国学者都认可公众参与是环境行政管理的重要补充；环境意识强度和个体环保行为之间具有积极性联系。在国外学者带动下，我国学者也对公众参与区域生态治理的民主监督功能进行了论述，其中叶文虎认为公众参与是解释和传播环境影响信息的流行方法，王雪青阐述可持续建设与公众参与关系机理，但对公众参与模式影响因素进行系统研究的成果不多。

第二类问题，促进区域生态风险防范公众参与的管制政策是什么？在西方民主制度下，公众"用手投票"影响官员环保政策倾向，"用脚投票"则向地方政府直接施加改善公共服务压力。因此，国外很多学者认为，构建公民生态利益有效表达渠道，通过各种管制政策满足公众对区域生态权益诉求，有助于最终改善区域生态状况。国内学者也认为鼓励公众向地方政府提出自身生态需求，能够加快区域生态治理。其中，周黎安的研究具有代表性，他认为重新制定官员晋升生态考核机制，能有效改善区域生态治理现状。

与国外研究相比，我国该领域研究起步晚，研究范围窄。大多数研究成果属于介绍性研究，专门研究公众参与区域生态风险防范模式这一变量的文献还比较少见。鲜有文献在精确刻画各影响因素调节效应基础上，对政策干预路径进行综合阐述。鉴于此，本研究在汲取国内外相关研究成果基础上，专门针对区域生态风险防范公众参与模式进行研究，通过探索影响公众参与度的关键性因素，以期为政府制定有效管制政策提供经验借鉴。

2 研究方法和数据搜集

目前尚无界定清晰的变量范畴及既有理论假设，适用于区域生态风险防范公众参与模式。并且不同分类人群对该模式理解不尽相同，笔者认为以量化研究考察变量间关系，对该问题进行描述不太可行。鉴于此，本研究拟通过深度访谈方式，采用开放式问卷，运用扎根理论质化研究方法，对该模式影响因素及政策干预路径进行探索性研究。

扎根理论是由 Glaser 和 Strauss 于 1967 年率先提出，运用翔实资料自下而上建构实质理论的一种实证研究方法。该方法强调研究对象可以是"解释性真实"，这种真实也许并不完全客观，但对于理解人类行为具有重要意义。运用扎根理论对本研究进行探索性分析，通过第一手访谈资料，运用开放式编码、轴心编码、选择式编码，构建区域生态风险防范公众参与模式影响因素模型。并采用持续比较分析，不断以新的范畴修正现有理论，直至不再出现新范畴，达到理论饱和。

在数据采集过程中，通过理论抽样方法，运用非结构化问卷对代表性公众进行深度访谈。在理论饱和原则指导下，按照质化研究对受访者具有先验理论认知的要求，本研究受访对象多是大学或以上学历，年龄段为 20~45 周岁，思维活跃的中青年公众个体，共 22 位，记为 a01~a22。受访个体信息如表 1 所示。

表1 受访对象统计资料

		人数（人）	百分比（%）
性别	男	10	45.5
	女	12	54.5
年龄	20～25 岁	3	13.6
	26～30 岁	5	22.7
	31～35 岁	5	22.7
	36～40 岁	7	31.8
	41～45 岁	2	9.1
学历	大专	2	9.1
	本科	11	50
	研究生	9	40.9
	在校学生	3	13.6
职业	教育工作者	4	18.2
	公务员	6	27.3
	企事业单位职员	9	40.9

访谈过程主要采用深度访谈和小组访谈相结合的方式，从每个年龄段选取两位受访对象，进行 10 次深度访谈；并以职业类型划分，进行 4 次小组访谈。个人深度访谈，尽可能深入了解受访对象对公众参与区域生态风险防范持有的态度、内在想法；小组访谈中，主持人按照采访提纲提出问题（如表 2 所示），并以追踪式提问，引导小组成员在发散思维状态下充分讨论。访谈结束后，对现场资料整理形成近四万字访谈记录，作为本研究原始数据。

表2 小组讨论访谈提纲

类别	内容
第一类（判断类）	你觉得公众在区域生态风险防范中参与度如何？近几年有变化吗
	对你而言，你觉得参与区域生态风险防范难吗？你参与过吗？
第二类（陈述类）	你认为影响公众参与区域生态风险防范主要障碍是什么？
	政府如何做才能增加区域生态风险防范公众参与度？

3 范畴提炼和模型构建

3.1 开放式编码

开放式编码是将原始访谈资料进行初始概念化呈现的过程。编码过程要求忠实于原始资料，尽量悬置已有研究"定见"及研究者个人"既有思维"，以受访者原话作为编码原始资料。通过资料打散、赋予概念、重新组合等操作，得到五百多条有用的原始信息。考虑到初始概念内容有交叉、逻辑层次性低，进一步提炼、筛选出 16 个范畴，用"A + 序号"进行编码，构建本研究的开放式编码范畴体系，见表 3（篇幅所限，仅节选 2 条原始语句及相应初始概念、对应范畴进行说明）。

表 3　　　　　　　　　开放式编码范畴示意表

原始资料	概念化	范畴化
①a01 我做一点环保或者不环保的事，对整个区域没什么本质影响	生态事件认识	A1 生态危机意识
②a11 区域的生态风险问题主要是企业行为造成的，和我们没有太大关系	生态风险认知	
①a04 很多人都比较自私，大家都是怎么方便怎么来	社会责任感	A2 公民生态责任
②a15 生态风险防范是大家的事，多我一个不多，少我一个不少	生态责任划分	
①a04 不知道哪些事情是不利于环保的，或者怎么做能减少生态风险	生态基本知识	A3 生态参与知识
②a19 看到一些不生态的行为，不知道怎么通过法律去制止，多一事不如少一事	法律知识	
①a08 有时候觉得自己挺环保的，但结果证明好多行为是不环保的	生态行为效果感知	A4 行为效力感知
②a12 对于整个区域而言，咱们这些小小的个人做一些事情有用吗	个人行为社会感知	
①a01 大家都知道有些行为不生态，为啥不愿意改变？经济成本太高了	经济成本	A5 生态行为经济利益
②a05 我去监督不生态的行为可以，但是冒那么大风险，有什么好处呢？	经济利益	
①a02 太麻烦！比如垃圾分类，大家每天上班那么忙，下班挨个分类垃圾，我做不到	太麻烦	A6 行为实施便利程度
②a15 经常看到有些车冒巨浓的黑烟，但不知道往哪投诉，参与过程挺不方便的	不方便	
①a04 山东打井排工业废水，当地民众早都知道，为啥一直不揭露？大家都不敢	他人威胁	A7 生态行为相关风险
②a13 山西人都知道采煤给环境带来风险，但把煤矿都关了，我们靠什么生活啊	经济风险	

原始资料	概念化	范畴化
①a03 很多人因为污染得了重病，但一没钱二没文化，真不知道去哪告	司法维权	A8 司法诉求完善程度
②a20 其实看到工厂冒的浓烟，我特别想找部门举报，但又怕暴露身份，被人报复	法律保障	
①a09 生态法规政策太少，企业行为也好，公民个人行为也好，都是无法可依	法律体系不健全	A9 生态法规政策
②a20 就好像见义勇为一样，参与生态风险防范风险很大，而且没有基本法律保障	无法保障	
①a15 有时候想投诉，想反映问题，没有渠道啊	渠道欠缺	A10 公众反馈机制
②a17 工程开工之前，普通老百姓并不知道对环境有没有影响，这些信息都不公开	信息公开	
①a02 我所在的小区，这些生活方面的生态基础设施就很少	设施缺乏	A11 生态基础设施
②a07 很多企业的废物再循环再处理设施徒有其表	非正常使用	
①a15 我周围没听说有什么民间的环保组织	组织匮乏	A12 相关环保组织
②a20 给政府环保部门打电话反映情况，当时效果挺好，可没两个月就又回到从前了	不彻底	
①a04 放鞭炮尽管污染空气，但是政府没有禁止，大家都放，自己不放显得寒酸	社会评价	A13 群体压力约束
②a12 公众缺乏生态风险防范榜样。毛主席时代为啥那么好，就是各种榜样特别多	榜样缺失	
①a05 这个问题上必须采用上行下效，政府表率很重要	政府表率	A14 政府表率作用
②a22 政府在区域生态风险防范上做得不够，一些项目明明对生态有影响，还可获批	政府态度	
①a06 生态风险舆论宣传不够警醒，应多在公益节目中播放这些内容	加强宣传力度	A15 舆论宣传效果
②a09 舆论宣传方式太单一，应多样化一些，对区域生态风险防范很有好处	增加宣传方式	
①a03 有时候挺好的政策，执行起来就走样了	执行力	A16 政策执行力度
②a11 把生态指标放到政府考核中，有利于地方政府真正重视生态风险防范问题	配套机制	

3.2　轴心编码

在开放式编码范畴基础上，对公众参与区域生态风险防范影响因素进行主范畴提炼与命名。从各个独立开放式范畴中挖掘潜在的因果联系，找到类属轴心，区分主、副范畴，完善范畴逻辑性质，进而以相互影响次序为标的，在 16 个开放式编码范畴基础上集结成四个主范畴轴心。各主范畴轴心、范畴维度、对应副范畴及范畴逻辑如表 4 所示。

表4 轴心编码范畴示意表

主范畴轴心	对应副范畴	逻辑内涵
公众生态意识	生态危机意识	公众对区域生态环境状况的危机感、区域生态事件的敏感程度等意识认知影响其生态意识
	公民生态责任	公众对区域生态风险防范的社会责任感以及对个体与整体责任联系的认识影响公众生态意识
	生态参与知识	公众是否具有参与区域生态风险防范的相关知识影响公众生态意识
	行为效力感知	公众对个体生态行为所带来的社会效力、影响程度、重要性的认识影响其生态意识
生态行为成本	生态行为经济利益	公众参与区域生态风险防范生态行为所支付的经济成本及产生的经济收益影响其实施成本
	行为实施便利程度	公众开展生态行为便利程度影响其生态行为成本
	生态行为相关风险	公众参与区域生态风险防范生态行为可能带来的生理或心理风险影响其生态行为成本
	司法诉求完善程度	当发生生态恶性事件，司法诉求的完善程度影响公众采取生态行为的成本
生态参与平台	生态法规政策	政府制定的生态法规政策是公众生态参与平台的法律保障
	公众反馈机制	公众通过反馈机制有效地反馈自身生态需求，并对区域生态事件进行监督，是公众生态参与平台的技术支撑
	生态基础设施	相应的生态基础设施是公众生态参与平台的物质基础
	相关环保组织	政府的生态机构以及大量民间环保组织都是公众生态参与平台的组织模式
社会参照氛围	群体压力约束	群体压力、社会评价影响公众参与区域生态风险防范社会参照氛围的形成
	政府表率作用	政府举措、生态表率、官员生态行为影响公众参与区域生态风险防范社会参照氛围的形成
	舆论宣传效果	舆论导向、宣传力度、教育模式影响公众参与区域生态风险防范社会参照氛围的形成
	政策执行力度	政策从上而下的执行力度、执行效果影响公众参与区域生态风险防范社会参照氛围的形成

3.3 选择式编码与模型构建

进一步分析轴心编码得出的轴心内涵，运用选择式编码对不同主范畴轴心间的逻辑类属关系进行系统分析。并基于中心变量编码，通过典型模型分析主范畴间的"因果条件→中介条件→脉络结果"，构建脉络清晰的"故事线"，其脉络结构如表5所示。

表 5　　　　　　　　　　　　　　　　主范畴脉络示意表

脉络结构	脉络条件
公众生态意识——区域生态风险防范公众参与意识	生态危机意识、公民生态自然、生态参与知识、行为效力感知等公众生态意识，影响了公众参与区域生态风险防范的意识强度，是意识——行为之间关系的内在动力
生态行为成本——区域生态风险防范公众参与行为	生态行为经济利益、相关风险，行为实施便利程度及司法诉求完善程度等生态行为成本，影响了公众参与区域生态风险防范行为发生的可能性，是意识——行为之间关系的内在约束力
生态参与平台——区域生态风险防范公众参与行为	生态法规政策、公众反馈机制、生态基础设施、相关环保组织等生态参与平台的形成，影响了公众参与区域生态风险防范行为发生的结果，是意识——行为之间关系的外在动力
社会参照氛围——区域生态风险防范公众参与意识	群体压力、政府表率、舆论宣传、政策力度等社会参照氛围的形成，影响了公众参与区域生态风险防范的意识方向，是意识——行为之间关系的外在约束力

　　通过一系列的开放式编码、轴心编码及选择式编码得出的脉络结构，确定了包含各范畴和概念的关联体系构思。最终自然而然地得到了公众参与生态风险防范"意识——行为整合模型"，如图 1 所示。同时，运用留置访谈记录对模型中范畴进行理论饱和度检验，未发现新的重要范畴和结构关系。由此认为，上述模型在理论上是饱和的。即可以运用"公众参与生态风险防范意识——行为整合模型"对本研究核心范畴进行阐释，并得出相关结论。

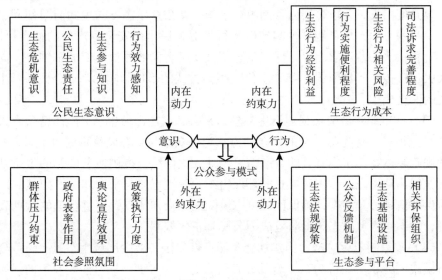

图 1　意识——行为整合模型

4　结论阐释和政策路径

从上述模型中可以看出，影响区域生态风险防范公众参与模式的主要因素集中体现为公众生态意识、生态行为成本、生态参与平台、社会参照氛围四个主范畴，并凝练概括为"意识——行为"故事线，依次调节公众的生态意识与生态行为联结关系。其中公众生态意识和生态行为成本是公众参与区域生态风险防范的启动因素，是参与过程的内在动力和内在约束力；生态参与平台和社会参照氛围是公众参与区域生态风险防范的强化因素，是公众参与模式的外在动力和外在约束力。四个主范畴对区域生态风险防范公众参与模式作用方向各不相同，为政府设计有针对性干预政策路径提供了思路。

（1）政策制定者应着手强化公众生态意识，增加区域生态风险防范公众参与模式"意识——行为"整合内在动力。首先通过更为真实的体验认知，以切身感受深化公众的生态认知强度。其次，以法律规定和经济措施，明晰公众生态责任，变"区域生态风险防范公众自愿参与"为"带有经济奖惩措施的半强制或强制行为"。再次，以科学的宣传方式普及区域生态风险防范公众参与行为指南（具体做什么、怎么做），减少公众因为欠缺相关知识放弃参与区域生态风险防范的可能性。最后，提高公众个体行为效果感知，改变生态治理"时滞"给公众参与度带来的挫伤。

（2）政策制定者应注重降低生态行为成本，减少区域生态风险防范公众参与模式"意识——行为"整合内在约束力。一方面，从配套设施、技术支撑、行政约束等角度出发，采取多层面管制政策措施，使公众生态参与模式简单便利、低成本。另一方面，尽可能减少实施生态行为对公民生命安全等产生的社会风险。不断完善司法公益诉求程序，保障生态事件受害者能够便捷、低成本维权。同时加大舆论宣传，尽量削弱"唯物质化"生活方式的不良影响，降低公民履行生态职责的心理成本。

（3）政策制定者应加强建设生态参与平台，增加区域生态风险防范公众参与模式"意识——行为"整合的外在动力。为公众参与生态风险防范构建完善的生态法规政策体系，实现有效的生态信息公众反馈网络，提供便利成熟的生态基础设施，组建理念先进、运营成熟的环保组织等等生态参与平台相关子因素。以完善的生态信息公开制度，确保区域生态风险的公众知情权，通过合理的意见表达机制，使参与区域生态风险防范成为公民真正的权利。

（4）政策制定者应努力构建社会参照良性氛围，减少区域生态风险防范公众参与模式"意识——行为"整合的外在约束力。一方面，通过法规政策的强制约束力，抑制公众参与生态风险防范过程中的"群氓心理"，构建生态风险防范良性社会参照氛围；另一方面，以正确的舆论导向为媒介，突出政府行为的表率作用。以生态绩效考核及行政问责制度，促使地方政府将区域生态治理放到头等重要的位置上。政府部门与政府官员发挥好带头示范作用，加大环保政策执行力度，促成全社会形成绿色生态文化风气，极大提高区域生态风险防范公众参与度。

5 结语

本研究通过扎根理论，对区域生态风险防范公众参与模式进行了探索性研究，梳理了影响公众参与区域生态风险防范的相关变量范畴，并归纳凝练出四个主范畴轴心：公众生态意识、生态行为成本、生态参与平台、社会参照氛围。与以往研究相比，在全面性上做出了一些贡献。比如，行为效力感知、司法诉求完善程度、群体压力约束等变量范畴，以往较少被提及。并在范畴提炼的过程中，凝练了公众参与区域生态风险防范的"意识——行为整合"模型，系统阐述各主范畴与公众参与模式之间作用机制，为制定有针对性管制政策提供了借鉴思路。

然而由于本研究构建的公众参与区域生态风险防范"意识——行为整合"模型是基于小样本深度访谈而得出的结果，其信度和效度尚未经过大样本检验。因此，在今后的研究中还需要通过大样本调查，进一步检验各变量间的作用机制，最大限度剖析变量协整的内因与驱动力，为政府确立政策干预路径提供更为翔实的理论依据。

邻避危机中的生态信任：从流失到重塑

——"邻避冲突"的探索性解析

〔摘要〕生态信任是邻避冲突的核心议题，它对规避邻避风险具有重要作用。公众生态信任危机，已成为区域邻避冲突爆发的催化剂。究其原因，公众对于邻避风险的认知模糊，导致生态信任的本源性流失；生态参与平台的缺失，激化了生态信任的行为性流失；监督惩罚机制的匮乏，凸显了生态信任的制度性流失。唯有培育公众生态理性认知、优化公众生态参与模式、规范环评决策责任制度，方可内外兼修，重塑公众生态信任，从根本上缓解区域邻避冲突发生的可能性，降低区域邻避风险。

〔关键词〕邻避冲突　生态信任　生态认知　公众参与　责惩机制

"邻避效应"发轫于20世纪80年代的欧美国家。近年来，随着城市化进程的加快，我国生态问题日益凸显，特别是带有"邻避"性质的环境群体事件尤为突出。在此类事件的处理过程中，政府应对措施往往缺乏民众支持，政府公信力面临严峻挑战。如何正确应对邻避冲突，如何规避邻避风险，已成为学术研究的关注点。

分析目前学界的研究，学者们大多将邻避冲突的原因归结为"理念落后、权益受损、主体模糊、方式僵化"等。国外学者中，康民那河认为，邻避设施周边居民权益受损，是邻避情结产生的根本所在；丰隆酒井认为，心理上的失衡以及不公平感，是邻避抗争行为的真正原因；露丝·麦凯等指出，公众对组织行为的信任缺乏，促成了邻避效应的广泛产生。我国大部分学者基本认同国外学者对邻避冲突的研究，也有少数研究者认为，我国邻避冲突是公众环保意识上升、城镇化发展的必然产物。这些研究从不同视角审视了邻避冲突的发生过程，但对本源性"信任缺失引发邻避冲突"的探讨，尚待深入。

一、邻避冲突的生态信任反思

"邻避"一词源自英文 not in my back yard（NIMBY），特指城市化进程中，一些具有显著负外部性的生产、生活必需设施（垃圾填埋场、化工厂、核电站等），招致周边公众抵制和抗议的现象。近10年，我国邻避事件呈扩大化趋势。从2007年的厦门二甲苯项目开始，到2012年四川什邡钼铜项目事件，再到2013年江苏启东王子纸业排海工程、上海松江电池厂事件等，众多小规模的邻避冲突不断升级为区域公共危机。特别是环境类邻避事件，其暴力抗争特征明显，行动参与者数量日益庞大，暴力程度逐渐升级，甚至出现冲击党政机关、持械对峙等状况，严重危害公共安全、影响公共秩序。

为什么邻避事件会演变成恶性的邻避冲突呢？邻避区域内公众信任缺失是较为深层次的原因。何为信任？作为社会资本的重要元素，信任是一切合作活动的心理基础，是人们应对复杂社会的一种简化机制。公众生态信任是公众应对各类生态事件的心理机制，是公众对社会生态治理网络、政府生态公信力的一种心理认可。在我国环境事件邻避冲突中，公众的这一心理认可程度是相当低的。

从新闻媒体对邻避事件的跟进可以看出，目前我国大规模、高频率、非理性的邻避冲突，是"邻避区居民"与项目责任单位及当地政府之间多次博弈的恶性结果。博弈之初，面对邻避设施的安置，民众因担忧其负面影响而集结。由于缺乏对邻避项目生态安全的基本信任，民众与项目单位该阶段的谈判往往不能达成一致性结果。再加上大多数邻避项目承办方并不具备邻避事件处理的知识和能力，不正确的危机处理方式，使得邻避矛盾升级，极端冲突日趋恶化。在媒体介入下，事件负面影响力不断扩大，"以讹传讹"激化了其他区域"邻避居民"对恶性邻避冲突行为的效仿。有些大规模暴力抗争，甚至在邻避项目尚未立项之前就发生了。久而久之，生态信任缺失与邻避冲突之间形成恶性循环，邻避冲突不仅是公共生态信任危机的表现，更成为信任危机演化突变的催化剂。要想从根本上减少邻避冲突发生的可能性，只有重塑公众生态信任。

二、生态信任流失的诱导因素

（一）生态风险认知模糊，导致本源性信任危机

经济利益、政治参与、文化差异都会影响社会生态信任，但公众对生态风险的认知模糊是首要诱因。心理学理论认为，人的认知、情绪与行为之间具有很强的内在关联。邻避冲突之所以会产生，先是由于公众和项目支持方对邻避设施所持看法不同，即公众与邻避专家或公众与政府对邻避事件风险的本源性认知不同。

一方面，公众对邻避设施普遍具有焦虑情绪。心理学理论认为，高焦虑个体更能注意到威胁性刺激，有恐惧感的个体总是倾向于高估风险。在很多情形下，公众不是通过估计风险发生的可能性或严重性来权衡风险，而是靠感觉或情绪作决断。对于邻避设施的焦虑，很大程度上左右了公众对邻避事件的决策和判断。随着生态群体事件的升级，人们对邻避设施的焦虑逐渐演化成恐惧，公众生态风险认知过程被扭曲，正常的生态诉求逐渐转变为强烈的抵制抗争行为。

另一方面，公众对生态风险缺乏科学认知。认知是信任的前提，没有科学的

认知，就没有理性的信任。现实生活中，由于公众生态意识刚刚萌芽，大多数公众对邻避设施生态风险基本处于"妖魔化"认知阶段。公众对邻避设施的真实危害并不了解，对其可能产生的生态风险不确定性常常自我夸大，加之"焦虑"情绪干扰，悲观判断超过理性认知。对邻避生态风险的蒙昧与无知，在很大程度上削弱了社会生态信任，妨碍了公众对生态事件、邻避设施的正确判断。

（二）生态参与平台欠缺，激化行为性信任危机

"邻避冲突"的本质是受损的个人利益与受益的社会利益间的矛盾。这一矛盾之所以存在并激化，一个重要的原因就是缺乏必要的参与平台，个人利益与社会利益之间无法形成沟通桥梁。

一方面，邻避项目决策平台缺失。邻避事件处理的国际经验表明，在邻避议题初始阶段，公众有效参与决议过程至关重要。邻避区域"原居民"是邻避设施负面影响的承担者，让其充分参与邻避议题决议过程，合情、合理、合法、合乎利益。然而，我国大多数邻避事件决议初期，往往缺乏充分的调研及沟通。公众对邻避设施的态度、意见，所能够承受的补偿限度等信息均未能准确传达至决策者。邻避项目通常是立项之后，项目信息才由小部分公众，以非正式渠道，扩散至大部分邻避区域内民众，进而引发各式邻避冲突。

另一方面，邻避冲突沟通平台匮乏。以往研究证明，邻避事件一旦上升为邻避冲突，以政府为主导，同邻避区民众进行积极、诚恳地对话与协商，并辅之以科学调查，如实了解民众诉求，寻找共同利益点，往往能够有效抑止邻避冲突带来的负面影响。然而，我国邻避冲突处理过程中，民众参与处于实质缺失状态。从根源上解决邻避冲突的许多措施，诸如推行生态信息反馈网络、组建理念先进的环保组织等，都因有效参与平台的缺失而流于形式。

（三）监督惩罚机制匮乏，凸显制度性信任危机

除了上述两个要素外，造成社会生态信任缺失的另一个重要因素是缺乏有效的信息公开披露机制及责惩反馈机制，危机事件处理初期的承诺能否兑现、何时兑现、兑现到何种程度，无法确知，制度化信任危机频现。

一方面，生态安全监督机制不健全。目前，我国生态保护管理采取按要素分工的部门管理模式，缺乏统一监督机制。"政出多门"与"各自为政"并存，既存在职能交叉、重复，又存在职能衔接不够。特别是自然资源管理部门，既承担资源开发任务，又行使生态保护职能。这种政企不分，形成了生态安全监督的天然制度漏洞。这一漏洞下，生态违法成本低廉、环境交易风险微小，许多企业打着生态环保的旗帜，却做着破坏环境的交易，严重破坏公众生态信任。

另一方面，生态破坏惩罚机制不明确。研究表明，在分工日益细化的现代社

会中，责惩制度完善与否，决定着公众信任的形成，并影响着信任心理的稳固性。基于惩罚机制构建的信任体系，公众付出信任行为后，面临的风险最低。然而，我国生态环境治理体系，责权利分配不明确，法制建设不完备，生态事件的受害者难以通过法律诉求，追究当事人责任，获得相应经济补偿。生态事件博弈过程中，公众群体通常是处于信息不完全的弱势受害者，破坏者则占据完全信息、并获取制度漏洞庇护。长期过程中，邻避博弈易于陷入信息不完全的囚徒困境，公众不再接受生态承诺，以暴力抗争引发邻避冲突，社会生态信任被进一步瓦解。

三、公众生态信任重塑的实现路径

（一）培育生态理性认知，夯实信任重塑社会基础

生态风险认知模糊是环境邻避冲突中导致社会生态信任缺失的首要因素。重塑生态治理公众信任，先需要树立生态理性，通过重构欲望与生存、自然与人生、个人与社会等存在意识，确立生态风险科学认知，深化邻避冲突控制的本源性认识。

一方面，科普生态知识。大众化普及邻避事件涉及的生态专业知识，编纂通俗易懂的生态学读物，通过社区文化宣传，使邻避区域居民明晰邻避设施的生态真相，了解生态决策的全局意义和长远价值，恢复邻避设施的生态信任。同时，利用期刊、报纸乃至网络电子多媒体手段，将生态理念植入到每个潜在理性生态人意识层次。使邻避设施安置区域外的民众也不断接受生态知识，变成具有示范带动作用的生态践行者。形成整个社会的生态氛围，确保公众经济活动生态化实现由实然到应然的转变。

另一方面，推进生态教育。仿照美国《环境教育法》的相关细则，在义务教育阶段增加环境教育相关课程，使孩子们从小具有善待、尊重自然的生态理念。在大学教学体系构建中，着重加强对技术非自然性的界定，弱化人们的生态技术恐慌，从本源上疏解邻避冲突。同时，增设 MBA、EMBA 学员生态经济学等课程，以先进国家生态发展实践开展案例教学，以生态素养增强企业家社会责任感。并且，有针对性地对环保组织进行业务培训，指导其开展专题调研活动。定期举办公益环保宣传，加强非政府环保组织的生态约束力，以舆论影响力实现文化对邻避冲突风险控制的监督作用。

（二）推行公众参与模式，搭建信任重塑支撑平台

生态参与平台的缺乏，是社会生态信任流失的又一诱因。生态参与途径的匮

乏，抑或使公众生态诉求无处表达，抑或使其生态权益大打折扣。唯有推行全民参与生态模式，搭建生态信任重塑支撑平台，才能有效避免生态冲突。

一方面，打造公众深化参与基础平台。首先，推行信息公开制度环境。邻避项目的公众知情权是邻避冲突治理第一要素，必须加强信息公开、及时反馈，完善公众对邻避设施的意见表达机制，打破各自为营的局面，确保"协商对话"真实存在。其次，构建合法、高效的"生态公民组织"。正如乔舒亚·科恩所说，任何运转良好的、满足参与和共同利益原则的民主秩序都需要一个社会基础。面对邻避设施可能引致的区域生态风险，普通公众个体力量薄弱，唯有依附于相应的生态组织，通过组织诉求解决问题。最后，营造"生态责任"的社会参照氛围。面对邻避设施涉及的利益竞争，公众往往在"搭便车"心理支配下陷入"不必承担责任"的群氓心理。必须通过行政法规的强制约束力，营造社会良性生态氛围。

另一方面，引导公众全程参与环评过程。环评，即环境影响评价，对于邻避冲突的规避以及疏导，具有重要的影响和作用。公众全程参与环评过程，能够最大程度增强环评准确性，确保民众邻避决策的针对性。一则，以程序形式确立公众全程参与环评的合法性和必要性。赋予公众生态参与法律权益，使其"用手投票"影响地方官员环保政策倾向，"用脚投票"向地方政府直接施加改善生态服务的压力，方可确保生态治理的第三方监督，将生态治理落到实处。二则，详细推敲公众参评细则，增强公众参与的实践操作性。通过依托强有力的社区组织，利用社区资源多次反复调研与沟通，准确把握民众生态参与诉求，并展开积极对话，挑选代表全程真实参与，为邻避设施建设争取更多的社会资源支持，提升公众对生态治理的普遍信任。

（三）规范环评责惩制度，构筑信任重塑外围环境

邻避事件决策过程中，广大民众之所以采取抵制态度，一个很重要的原因是生态失信责惩机制欠缺。匮乏的生态信任社会规范体系，使人们无法确知邻避项目生态风险，总是作出非理性决策。必须构筑生态信任重塑的外围环境，以生态失信责惩机制应对环境邻避冲突，对于生态冲突的防范至关重要。

一方面，确保环评优先制度。环评制度是确定邻避项目生态安全"好与坏"的可靠依据。一直以来，我国大多数邻避项目往往先被立项，甚至进行了前期投入，造成既定事实、产生邻避冲突后，才进行环评，"未批先建"屡见不鲜。唯有严格执行环评优先，将环评审批作为投资建设的前置程序，才能够从源头上避免邻避冲突、重塑社会生态信任。首先，完善环评审批规定，严格按照法律规定，执行环评标准。其次，加强环评与城市规划的结合。以城市环评规划指导城市规划，提前协调好邻避设施与"原居民"之间的关系，杜绝城镇无序扩张。最

后，完善环评细节，精细化邻避设施对居民健康及生态环境的影响。以人性化、细致的调查问卷，准确把握原居民对邻避设施的态度和心理芥蒂。以此为基，综合比评环评结果，认真执行环评决议，打消公众生态顾虑，提升生态治理公众信任。

另一方面，完善生态决策模式。首先，从顶层设计的角度，制定一部具有纲领性效力和影响力的生态领域基本大法，并以此为基，形成相应的生态法律体系。以相互配合的法律纲领，构建生态失信的强制约束力。其次，运用经济手段，如环境保证金、排污收费、排污权交易等，将生态成本列入产品成本中，以成本分配提高生态管理的公平和效率。最后，实行政策预判性评价。对于那些大量消耗资源或改变土地利用方式的政策，应认真考虑决策对环境造成的影响，科学评估可能产生的社会风险，阻止不良决策走出"办公室"，杜绝恶性决策破坏公众对政府的生态信任。同时，以"生态追责"追究决策人生态责任，实行重大决策终身责任追究制度和责任倒查机制，完善生态决策模式，重塑公众生态信任。

四、结语

通过对区域邻避冲突开展生态信任反思，进一步细化导致公众生态信任流失的诱导因素，并在此基础上，探寻规避邻避风险、重塑公众生态信任的实现路径。结果表明，大多数恶性邻避事件往往是公众生态信任缺失的产物。生态风险认知模糊，导致本源性的公众生态信任流失；生态参与平台缺失，激化行为性的公众生态信任流失；监督惩罚机制匮乏，凸显制度性的生态信任流失。相应地，缓解邻避冲突，重塑公众生态信任，需要从培育生态理性认知、推行公民参与模式、规范环评责惩制度等三方面入手，夯实公众信任社会基础，搭建信任重塑支撑平台，构筑生态参与外围环境，消除人们对邻避项目的焦虑情绪，完善邻避事件的生态处理流程，确保在满足辖区原居民生态需求的前提下，进行邻避项目的建设与运行。总而言之，生态社会的构建无法一蹴而就，避免邻避冲突的过程，实则是确保生态正义的过程。从生态信任重塑视角出发，有助于从本源上缓解邻避冲突，形成生态经济良性循环，实现生态文明。

煤炭资源型区域生态风险规避的技术驱动研究

〔摘要〕煤炭资源型区域人与自然矛盾不断激化，生态承载力系统正面临着巨大风险。从科学技术的生态化创新入手，寻找增进煤炭资源型区域技术驱动力的模式，为该区域生态风险规避找到突破口。在技术驱动力不足的本体思考基础上，以价值重构为伦理指导，重点关注生态位视角下的技术驱动模式选择，构建技术驱动的生态位进化模式。并结合制度设计，为煤炭资源型区域生态风险规避技术驱动力提升，提出相应的对策和建议。

〔关键词〕煤炭资源型区域 生态风险 规避 生态位 技术驱动力

1 引言

随着风险社会的来临，日益严峻的生态环境问题正在世界范围内不断弥散。煤炭资源型区域作为煤炭及相关产业占据其经济主导地位的特殊资源型区域，传统的煤炭资源开发形式和经济发展模式，使得该区域煤炭资源的要素比较优势逐渐弱化，区域内人与自然的矛盾不断激化，生态承载力系统正面临严重的风险。探寻生态风险规避的合理路径，成为煤炭资源型区域经济社会发展的必然选择。

科学技术，作为人与自然交往的媒介，为人类社会在自然界中的生存和发展积累了大量物质财富，成为人类社会发展最重要的推动力之一。尽管是一把"双刃剑"，但煤炭资源型区域生态风险规避最终还需要技术驱动来实现。只有以科技的非自然属性，强化其生态本质，才能实现人与自然和谐共处。通过科技创新的生态化转型，构建人与自然积极平衡的物质技术基础，最终以强大的科学技术驱动力，为煤炭资源型区域生态风险规避找到突破口。

2 研究综述

煤炭资源型区域生态系统的高脆弱性，以及生态风险规避技术驱动的重要科学价值，吸引了众多学者参与到该领域研究中来。目前，大多数研究主要集中在两个方面：第一，从技术风险伦理本质出发，探讨生态风险规避的技术驱动问题；第二，针对不同研究视角，剖析技术驱动的模式选择问题。

对于前者，西方学者关注较早，通过对技术风险属性进行哲学探讨，研究了技术风险引发的社会状况。比如美国学者路易斯（H. W. Lewis），其著作《技术与风险》成为该领域研究的启蒙书籍；D. 普罗斯基于 2008 年编写的 "Catalogue of Risks：Natural, Technical, Social and Health Risks" 则详细阐述了自然风险、技术风险、社会风险和监控风险的类型和内涵。我国学者徐治立、林文杰等，在西方研究的带动下也对技术风险伦理基本问题进行了探讨，并对技术创新本质及其体系进行了分析。

对于后者，国外学者提出了应对生态风险技术驱动模式的诸多新概念，如英国克拉克（Robin Clarke）倡导"替代技术"，思创爱池（E. E. Schumacher）主张"中间技术"；威乐拜（K. W. Willoughby）则认为要开展"适用技术"。其中，技术生态位驱动模式，由于其能对技术可持续创新产生推动作用，引起了不少关注。我国学者中，叶芬斌、许为民、毛荐其等对技术生态位与技术范式的变迁、技术创新协同演化机理等进行了研究，为我国生态风险技术驱动模式选择做出了贡献。

通过研读文献，笔者认为，目前我国区域生态风险规避的技术驱动研究尚处于起步阶段，针对煤炭资源型区域的相关研究较少。鉴于此，本文将研究视角立足于煤炭资源型区域生态风险规避的技术驱动分析，从技术驱动力不足的本体思考入手，以价值重构为伦理指导，重点关注生态位视角下技术驱动模式选择。并结合制度设计，为区域生态风险技术驱动力提升，提出相应对策和建议。

3 煤炭资源型区域生态风险规避技术驱动的本体思考

人类的实践行为需要正确的价值观指导。煤炭资源型区域生态风险规避技术驱动力的增加，必须使生态风险技术驱动建立在生态伦理的基础上。通过成因探析，进行技术驱动的本体思考，实现技术驱动的价值重构。

3.1 技术驱动不足的成因探析

生态危机的严酷现实，凸显了我国煤炭资源型区域生态风险规避技术驱动力不足的现状。究其原因，一方面，煤炭资源开发利用过程中，相关技术的不合理使用常人为制造出技术生态风险；另一方面，解决煤炭资源型区域生态风险问题的新技术尚未得以充分涌现与成长，比如煤炭资源开发过程中，缓解土壤结构破坏、土地功能变化等生态风险问题的技术，缓解固体废弃物、废水、废气排放等环境污染生态风险问题的技术，均未能满足煤炭资源型区域生态风险规避的需求。

显然，除了技术本身的特质因素外，作为技术主体，经济行为人对生态风险认识不足以及生态责任意识淡漠，是导致驱动力不足的主要因素。技术是思想的物质体现，人的意识、认知能力等内在要素制约着技术的发展。一方面，煤炭资源型区域的经济行为人没有准确估量煤炭资源开发技术使用过程中可能带来的影响，不合理、不适时地使用科学技术，忽视了技术的生态选择本质；另一方面，新技术创新研发阶段，更多地是以市场需求为导向，生态导向缺失，技术的生态影响考虑不足。

3.2 技术驱动提升的价值重构

从生态伦理学角度考量，技术是自然生态进化的结果，同时又成为影响或干预自然生态进化的因素，甚至在某种意义上是决定性因素。技术的实质是能量转换的媒介，纯自然之物以科学技术为中介，转变为能被人类使用的物质产品。在新的价值观下，技术生态风险的根源归于人类对技术认识的局限。科学技术不再是人类征服自然的工具，不再单一具有改造自然的价值，它是区域生态风险控制的一把"双刃剑"，是修复生态系统、实现人与自然协调发展的助手，负载着一种新型的人与自然关系。

煤炭资源型区域生态风险规避技术驱动的价值重构，是技术伦理价值观与技术主体伦理价值观协整的过程，是一个涉及技术设计、技术产品制造、技术产品社会应用在内的全方位复杂系统。通过重新界定技术的"非自然性"，实现科技创新的生态导向，来弱化技术生态风险，要求科学技术从涌现到成长再到消亡，都必须满足生态适应性的要求。也即是说，从技术产品设计开始，就要将人与自然的生态考虑，作为煤炭资源型区域技术研发的内在维度。在技术产品的制造与社会应用的全流程，要时刻将技术主体的生态责任感和环保意识，作为技术实践的核心准则。确保在对环境负起伦理责任的前提下，开展技术创新和技术使用活动。

4 煤炭资源型区域生态风险规避技术驱动的模式选择

煤炭资源型区域技术驱动的模式选择，是决定驱动力大小的又一重要问题。新形势下，必须摆脱传统技术创新的路径依赖，以生态导向打破利益分配和经济博弈，开始技术创新的绿色生态之旅。

4.1 技术驱动模式的生态位研究视角

从生态学中衍生的生态位（Ecological Niche）理论，对生物种群在生态系统中的空间位置、功能和作用进行界定，描述了生态系统结构中的秩序和安排。作为生态位理论与技术创新领域结合的产物，技术生态位描述了突破性技术创新所建立的避免和主流竞争的保护空间。它能够有效揭示技术与"准演化"微观技术环境的共生存在关系，阐述技术之间的竞争、共生、寄生等生态状态。

以生态位为研究视角，通过将技术驱动过程，置身于人、财、物等生态因子和一定技术水平、环境容量、与其他企业技术关系等生态关系，能够更好地揭示煤炭资源型区域不同技术之间、技术生态因子和生境因子间在生态风险规避过程中复杂的作用关系。进而从技术政体氛围探讨规则、法规、方法、系统、结构等要素，实现主流技术缝隙中的利基（Niche）技术在特定生态位保护下的涌现，带动整个生态风险规避技术进化，完成煤炭资源型区域生态风险规避技术驱动。

4.2　技术驱动的生态位进化模式

以生态位为视角，选择煤炭资源型区域生态风险规避技术驱动模式，荷兰学者构建的技术生态位战略管理（SNM）理论架构，成为解决该问题的重要理论基础。SNM 利用技术生态位分析技术演化，实现了技术进化研究的实用性和创新性突破。本文在该理论构架微观分析基础上，结合煤炭资源型区域生态风险规避技术驱动特质，提出该区域生态风险规避生态位技术驱动进化理论模式，如图 1 所示。旨在从煤炭资源型区域技术生态位主体出发，设置示范性技术生态位通过市场生态位进行渗透的可供选择路径，提出该区域由技术生态位到市场生态位再到技术范式的生态风险规避技术驱动演变阶段。

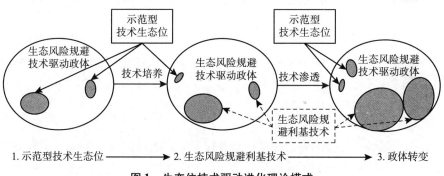

图 1　生态位技术驱动进化理论模式

从模型中可以看出，煤炭资源型区域生态风险规避技术驱动的实现过程，需要经历三个阶段。第一阶段：技术生态位阶段，在技术驱动政体作用下，将有利于煤炭资源型区域生态风险规避的突破性技术创新纳入特殊保护环境，远离主流竞争并进行实验，形成"示范型技术生态位"。通过技术培育，进入第二阶段：市场生态位阶段，将利基技术的原始市场雏形与煤炭资源型区域生态需求联结，形成具有商业价值和生态价值的市场生态位。最终经过市场渗透，进入第三阶段：政体转变阶段，拉大新技术对旧技术的优势，实现生态风险规避旧的技术范式向新的技术范式政体转变。

4.3　煤炭资源型区域的技术驱动模式检验

将生态位技术驱动进化理论模式，再次置身于煤炭资源型区域生态风险规避实践，探讨其对技术驱动能力增长的有效性。研究发现，当技术驱动生态位进化模式与煤炭资源型区域生态风险规避实践相结合时，一方面，通过规则限制、结构优化等政体保护，在特定的生态位中，有助于煤炭资源型区域生态风险规避的利基技术得以涌现与成长；另一方面，通过示范性技术生态位向市场生态位的演变，新旧生态技术间实现交替与演变，确保了不同范式下技术生命周期的完整性，使煤炭资源型区域生态风险规避技术驱动力得以延展与提升。

具体而言，基于SNM的煤炭资源型区域技术驱动生态位进化模式，具有独特的保护试验阶段。在该阶段，技术生态位向市场生态位转移，通过市场需求检验、技术生态监督等手段，有利于煤炭资源型区域经济行为人准确把握技术发展和使用的生态性，及时在实验阶段取缔不利于区域生态风险规避的技术，并完善技术创新的生态化导向。同时，生态位技术驱动进化模式在市场生态位向政体转变过程中，凸显了规则、结构、方法等对生态技术的监督和影响能力，给煤炭资源型区域政府管理留下了作为空间，使技术驱动拥有制度约束的协整动力。

5 煤炭资源型区域生态风险规避技术驱动的制度实现

作为处理人与人之间社会关系的最有效工具，合理的制度安排能够确保煤炭资源型区域生态风险技术驱动的生态导向，保证技术驱动生态位进化模式的有效应用，是该区域生态风险规避技术驱动物化实践必不可少的协整动力。

5.1 政府推动技术驱动力的制度实现

首先，完善生态技术创新的法律制度体系，以法律护航，实现技术创新的生态化导向。在一部效力和影响力具有纲领性的生态领域基本大法之上，修改其他相关法律法规，形成相互配合的生态法律体系。以科技立法，有效控制技术创新过程中经济至上的唯利原则。将社会生态效益作为科学技术发明、应用、推广的重要标准，强调生态环境保护的优先地位。

其次，针对煤炭资源型区域生态风险规避特殊需求，制定技术创新生态化发展战略，鼓励先进生态技术的开发和应用。比如，建立煤炭开采生态化技术标准，对煤炭及相关产业技术准入设置标准；实行专项财政、税收制度优惠，通过减免、调整税收以及低息信贷等制度措施，对有利于煤炭矿区生态环境改善的核心技术研发给予扶持；完善煤炭产业环保技术成果转让、吸收和推广的制度建设，确保研发成本回收和创新成果有序扩散。

最后，设定煤炭资源型区域技术评估制度。一方面以区域生态风险规避对技术研发的需求评估制度确定技术研发供给，减少生态技术供给的误差；另一方面以环境技术评估制度，对技术使用过程中的生态影响进行监控和指导，确保生态技术从涌现到成长的生态属性。通过政府的力量，以制度为媒介，在煤炭依赖型区域生态技术创新过程中，最大限度地减少市场失灵的负面影响。

5.2　市场拉动技术驱动力的制度实现

一方面从生产制度入手，完善生态环境与自然资源成本内部化的价格机制，将技术对生态环境可能造成的"外部不经济性"内部化，以生态生产拉动生态风险规避技术驱动力。比如，通过煤炭资源产权制度、矿区生态环境补偿制度、煤炭产业生态成本核算制度、排污权交易制度、环境资源税制度等，真实全面地反映区域生态价值，使生态生产在市场运行中占有优势，给予生态技术创新强大的市场拉力。同时，辅以规划、准入、退出制度形成的约束系统，以制度约束非生态化煤炭生产、加工行为，保证煤炭及相关产业生态技术创新的科学决策。

另一方面，要从消费制度入手，为生态技术创新提供公平公正的市场运行环境。比如，对于使用生态化技术进行煤炭加工及其衍生产业的组织，给予补贴及税收优惠制度，修正生态化技术产品的市场价格，提高其市场适销性，形成生态技术创新的良性循环；完善政府绿色采购制度，强化政府财政支出在煤炭绿色生态化技术培养过程中的主体地位，为生态技术成果提供市场需求；积极推进技术创新生态化的公众参与制度，通过公示监督制度、群众举报制度、舆论监督制度，使煤炭资源型区域民众对资源利用技术的生态化使用过程、技术产品的生态属性实施监督，促进技术创新生态化发展。

6　结论

煤炭资源开采利用引发的经济社会成本增加，使得煤炭资源型区域生态风险不断升级，迫切需要科学技术为生态风险规避提供工具，以技术驱动实现区域生态风险控制。一方面，需要对技术驱动进行生态价值重构，以正确的价值观指导人类的技术研发及技术使用实践行为；另一方面，要摆脱传统技术创新的路径依赖，以生态导向打破基于生存竞争基础上的经济博弈，在技术生态位战略管理指导下，开展生态位技术驱动进化理论模式构造，开始绿色生态之旅。同时，在煤炭资源型区域生态风险规避技术驱动的物化实践过程中，还要实现制度规范和约束的协整动力，以法律为导航，辅之以经济制度鞭策，最终以政府推动和市场拉动共同实现煤炭资源型区域生态风险规避的技术驱动。

参 考 文 献

[1] 叶文虎. 论人类文明的演变与演替 [J]. 中国人口资源与环境. 2010, 20 (4): 106 – 109.

[2] 李琳等. 中国的生态足迹与绿色发展 [J]. 中国人口资源与环境. 2012, 22 (5): 63 – 65.

[3] 高吉喜等. 生态文明建设区域实践与探索 [M]. 北京: 中国环境科学出版社, 2010.

[4] 毛汉英, 余丹林. 区域承载力定量研究方法探讨 [J]. 地球科学进展. 2001, 16 (4): 549 – 555.

[5] 徐中民, 张志强, 程国栋等. 中国 1999 年生态足迹计算与发展能力分析 [J]. 应用生态学报. 2003, 14 (2): 280 – 285.

[6] 刘子刚, 郑瑜. 基于生态足迹法的区域水生态承载力研究 [J]. 资源科学. 2011, 33 (6): 1083 – 1088.

[7] 顾晓薇等. 矿区经济系统的生态可持续性动态分析 [J]. 东北大学学报 (自然科学版). 2010, 31 (12): 23 – 29.

[8] 王妍, 曾维华, 吴舜泽等. 基于弹性系数的大兴区环境——经济预警研究 [J]. 中国人口资源与环境. 2011, 21 (3): 562 – 565.

[9] 陈成忠, 林振山, 陈玲玲. 生态足迹与生态承载力非线性动力学分析 [J]. 生态学报. 2006, 26 (11): 3812 – 3816.

[10] 白玉刚, 黄寰. 论牧区生态补偿体系的科学构建与完善 [J]. 科学管理研究. 2012, 30 (2): 87 – 89.

[11] 傅鼎, 宋世杰. 基于相对资源承载力的青岛市主体功能区区划 [J]. 中国人口资源与环境. 2011, 21 (4): 148 – 152.

[12] 布鲁诺·雅科米著, 蔓君, 译. 技术史 [M]. 北京: 北京大学出版社, 2000.

[13] 毛荐其, 刘娜, 陈雷. 基于技术生态的技术自组织演化机理研究 [J]. 科学学研究. 2011, 29 (6): 819 – 824.

[14] 叶芬斌, 许为民. 技术生态位与技术范式变迁 [J]. 科学学研究. 2012, 30 (3): 321 – 327.

[15] [美] 魏伊丝著，汪劲，王方，王鑫海译．公平地对待未来人类：国际法、共同遗产与世代间衡平 [M]．北京：法律出版社，2000：23．

[16] 叶文虎．环境管理学 [M]．北京：高等教育出版社，2000．

[17] 汪劲．环境法学 [M]．北京：北京大学出版社，2006：22．

[18] 郑思齐，万广华，孙伟增，罗党论．公众诉求与城市环境治理 [J]．管理世界，2013，29（6）：72－84．

[19] 曹正汉．中国上下分治的治理体制及其稳定机制 [J]．社会学研究．2011，27（1）：1－40．

[20] 周黎安．中国地方官员的晋升锦标赛模式研究 [J]．经济研究．2007，42（7）：36－50．

[21] 吴瑞明，胡代平，沈惠璋．流域污染治理中的演化博弈稳定性分析 [J]．系统管理学报．2013，22（6）：797－801．

[22] 牛文娟，王慧敏，牛富．跨界水资源冲突中地方保护主义行为的演化博弈分析 [J]．管理工程学报．2014，28（2）：64－72．

[23] 张宝建，孙国强，张宇，薛婷．国际企业孵化研究的知识图谱分析——基于SSCI数据库1990年以来文献的科学计量 [J]．科技进步与对策．2014，31（19）：132－136．

[24] 卜祥记，何亚娟．经济哲学视域中的生态危机发生机制透析 [J]．马克思主义与现实．2013，24（3）：171－175．

[25] 韩文辉，曹利军，李晓明．可持续发展的生态伦理与生态理性 [J]．科学技术与辩证法．2002，19（3）：8－11．

[26] 阮晓莺，张焕明．生态文化建设的社会机制探析 [J]．中共福建省委党校学报．2013，29（5）：79－85．

[27] 张召，路日亮．塑造生态理性人的实现路径 [J]．山西大学学报（哲学社会科学版）．2012，35（1）：89－92．

[28] 毛明芳．生态技术本质的多维审视 [J]．武汉理工大学学报（社会科学版）．2009，22（5）：99－104．

[29] 郎廷建．论马克思的生态正义思想 [J]．马克思主义哲学研究．2012，（1）：38－45．

[30] 龚天平，何为芳．生态文明与经济伦理 [J]．北京大学学报（哲学社会科学版）．2011，48（4）：47－54．

[31] 张瑞，秦书生．我国生态文明的制度建构探析 [J]．自然辩证法研究．2010，26（8）：79－83．

[32] 李建勋．中国绿色消费的制度困境与路径选择 [J]．生态经济．2012，7（2）：131－133，144．

[33] 罗马俱乐部，李宝恒译．增长的极限——罗马俱乐部关于人类困境的研究报告 [M]．成都：四川人民出版社，1983：19-20．

[34] 中国环境报社．迈向 21 世纪——联合国环境与发展大会文献汇编 [M]．北京：中国环境科学出版社，1992：472-473．

[35] 世界环境与发展委员会．我们共同的未来 [M]．北京：世界知识出版社，1989：23．

[36] 杨芝．论可持续发展理论中的自然观 [J]．科技情报开发与经济．2001，11（1）：8-9．

[37] 叶民强．双赢策略与制度激励——区域可持续发展评价与博弈分析 [M]．北京：社会科学文献出版社．2002：22-27，32，35-52，81-102．

[38] 杨芝．论可持续发展理论中的自然观 [J]．科技情报开发与经济．2001，11（1）：8-9．

[39] 杨俊辉．区域可持续发展评价指标体系研究 [硕士学位论文] [D]．西安：西安科技学院，2002．

[40] 张涛．经济可持续发展的要素分析——理论模型与实践 [博士学位论文] [M]．北京：中国社会科学院，2001，4．

[41] 韩英．可持续发展的理论分析与测度方法研究 [博士学位论文] [D]．北京：北京交通大学，2005，8．

[42] 宋旭光．可持续发展指标的研究思路 [J]．统计与决策．2002，18（12）：17．

[43] 冯革群，陈芳．德国鲁尔区工业地域变迁的模式与启示 [J]．世界地理研究．2006，15（3）：93-98．

[44] 刘丽荣．鲁尔区如何实现华丽转身？[J]．中国环境报．2013.06.26 第 007 版．

[45] 李蕾蕾．逆工业化与工业遗产旅游开发：德国鲁尔区的实践过程与开发模式 [J]．世界地理研究．2002，11（3）：57-65．

[46] 付一清．德国鲁尔经验对我国中西部经济发展的启示 [J]．区域经济．1996，8（6）：63-64．

[47] 李晟辉．德国鲁尔区产业结构调整对我国矿业城市的启示 [J]．国土经济．2002，13（9）：44-46．

[48] 张俊，徐旸．非创新环境中的内部更新——德国鲁尔区转型发展及启示 [J]．同济大学学报（社会科学版）．2013，24（2）：53-59．

[49] 任保平．欧盟一体化进程中德国鲁尔区的产业转型绩效分析及其启示 [J]．西安财经学院学报．2006，19（6）：5-10．

[50] 李潇．德国鲁尔区"多中心的结构紧凑"空间发展思路及启示 [J]．

城市发展研究. 2015, 22 (6): 60 - 65.

[51] [德] 克劳兹·R. 昆斯曼. 鲁尔传统工业区的蜕变之路 [J]. 国际城市规划. 2007, 22 (3): 1 - 4.

[52] 李洁. 资源型地区转型的国际比较——基于比较历史制度分析的视角 [博士学位论文]. [M]. 太原: 山西财经大学, 2013.

[53] 傅晶晶. 新兴油气资源城市可持续发展的路径选择 [J]. 云南民族大学学报 (哲学社会科学版). 2013, 30 (5): 118 - 123.

[54] 孙国玉, 陈雷, 于怡鑫. 石油城市休斯敦的经济转型和可持续发展之路 [J]. 企业经济. 2010, 359 (7): 128 - 130.

[55] 何云, 徐慧娟, 刘娜, 王军. 关于我国资源型城市转型发展的思考——日本北九州的经济转型对我国的借鉴 [J]. 环境保护与循环经济. 2016, 29 (1): 9 - 12.

[56] 朱光明, 杨继龙. 日本北九州: "灰色城市" 到 "绿色城市" 的治理之路 [J]. 社会治理. 2015 (2): 135 - 145.

[57] [日] 岸本千佳司　彭. 日本北九州市的环境政策演变: 从克服公害到创建环境首都 [J]. 当代经济科学. 2010, 32 (6): 89 - 99.

[58] 李文华. 自然资源研究的理论和方法 [M]. 北京: 科学出版社, 1985: 12.

[59] 李培超. 自然的伦理尊严 [M]. 南昌: 江西人民出版社, 2001: 18.

[60] 刘胤汉. 自然资源学导论 [M]. 西安: 陕西人民教育出版社, 1988.

[61] 孙贤国. 中国自然资源利用与管理 [M]. 广州: 广东省地图出版社, 1998, 4: 2.

[62] 刘思华. 可持续发展经济学 [M]. 武汉: 湖北人民出版社, 1997.

[63] 徐嵩龄. 环境伦理学进展: 评论与阐释 [M]. 北京: 社会科学文献出版社, 1999.

[64] 钱易, 唐孝炎. 环境保护与可持续发展 [M]. 北京: 高等教育出版社, 2000.

[65] 朱迪·丽丝著, 蔡运龙等, 译. 自然资源: 分配、经济学与政策 [M]. 北京: 商务印书馆, 2002, 5: 21.

[66] 陈宜生, 刘书声. 谈谈熵 [M]. 长沙: 湖南教育出版社, 1993, 3: 80.

[67] 王安麟. 复杂系统的神经网络自适应分析与建模 [M]. 上海: 上海交通大学出版社, 2004, 2: 166.

[68] 施光燕, 董加礼. 最优化方法 [M]. 北京: 高等教育出版社, 1999: 79 - 81.

[69] 苗艳青, 严立冬. 论熵增最小化经济与资源的可持续利用 [J]. 中国

人口·资源与环境.2006, 16 (6): 40 - 43.

[70] 尹牧. 资源型城市经济转型问题研究 [博士学位论文] [D]. 长春: 吉林大学, 2012.

[71] 车晓翠. 石油城市经济转型机制与模式研究——以大庆市为例 [博士学位论文] [D]. 长春: 东北师范大学, 2012.

[72] 王舜增, 赵海. 东营市发展石油装备制造业分析 [J]. 中国石油大学学报 (社会科学版).2008, 24 (3): 35 - 39.

[73] 李志贤. 西部油气资源型城市 (镇) 可持续发展研究 [博士学位论文] [D]. 兰州: 兰州大学, 2014.

[74] 魏新. 克拉巧依石油企业中亚合作竞争战略研究 [博士学位论文] [D]. 成都: 西南石油大学, 2014.

[75] 刘焱, 杨冕. 基于生态文明视角的鄂尔多斯模式反思 [J]. 干旱区资源与环境.2011, 25 (7): 222 - 226.

[76] 王剑. 资源型城市鄂尔多斯产业转型研究 [博士学位论文] [D]. 北京: 中央民族大学, 2013.

[77] 周一童, 丁闪. 鄂尔多斯经济危机与煤炭、房地产、民间借贷关系研究 [J]. 经济论坛.2012, (11): 61 - 62.

[78] 赖智慧. 鄂尔多斯房地产崩盘: 一家银行的讨债路 [J]. 新经济.2012, (10): 26 - 27.

[79] 沈镭, 程静. 大同市煤炭型矿业城市可持续发展优化研究 [J]. 自然资源学报.1998, 13 (1): 52 - 57.

[80] 李士金. 同煤集团发展循环经济的运行模式研究 [博士学位论文] [D]. 沈阳: 辽宁工程技术大学, 2009.

[81] 吴永平. 循环经济: 煤企科学发展之路 [J]. 求是.2010, (17): 31 - 32.

[82] 皮光灿. 兖矿集团: 供给侧改革积极探索者 [J]. 清华管理评论.2016, (c1): 48 - 53.

[83] 黄霄龙. 兖州煤业收购菲利克斯公司的实践 [J]. 中国煤炭.2010, 36 (7): 41 - 44.

[84] 顾海兵, 陈璋. 中国工农业经济预警 [M]. 北京: 中国计划出版社, 1992: 86 - 180.

[85] 朱晔, 叶民强. 区域可持续发展预警系统研究 [J]. 华侨大学学报 (哲学社会科学版).2002 (1): 32 - 38.

[86] 尹昌斌, 陈基湘, 鲁明中. 自然资源开发利用度预警分析 [J]. 中国人口·资源与环境.1999, 9 (3): 34 - 39.

[87] 邵安兆. 区域可持续发展预警系统研究 [J]. 经济经纬. 2003 (3): 55 - 58.

[88] 尹豪, 方子节. 可持续发展预警的指标构建和预警方法 [J]. 农业现代化研究. 2000, 21 (6): 332 - 336.

[89] 张玲. 财务危机预警分析判别模型及其应用 [J]. 预测. 2000, 19 (6): 38 - 41.

[90] 王慧敏. ARCH 预警系统的研究 [J]. 预测. 1998, 17 (4): 56 - 57.

[91] 王建成, 王静, 胡上序. 基于概率模式分类的宏观经济预警系统设计 [J]. 系统工程理论与实践. 1998, 18 (8): 7 - 11.

[92] 李树根. 基于 BP 神经网络的财务预警方法探究 [J]. 中国管理信息化. 2007, 10 (11): 72 - 74.

[93] 阎平凡, 张长水. 人工神经网络与模拟进化计算 (第二版) [M]. 北京: 清华大学出版社, 2005, 9.

[94] 侯媛彬, 杜京义, 汪梅. 神经网络 [M]. 西安: 西安电子科技大学出版社, 2007, 8.

[95] 苑希民, 李鸿雁, 刘树坤, 崔广涛. 神经网络和遗传算法在水科学领域的应用 [M]. 北京: 中国水利水电出版社, 2002, 8.

[96] 黄继鸿, 雷战波, 凌超. 经济预警方法研究综述 [J]. 系统工程. 2003, 21 (2): 64 - 70.

[97] Shawe Taylor N, 李国正, 王猛, 曾华军, 译. 支持向量机导论 [M]. 北京: 电子工业出版社, 2004.

[98] 欧阳中, 王育齐, 俞梅洪. 基于不同核函数的支持向量机的分析与比较 [J]. 福建电脑. 2013 (10): 12 - 14.

[99] 帅勇, 宋太亮, 王建平. 考虑全过程优化的支持向量机预测方法 [J]. 系统工程与电子技术, 2016 (39) (预出版).

[100] 刘永锋, 李润祥, 李纯斌, 柳小妮. BP 神经网络和支持向量机在积温插值中的应用 [J]. 干旱区资源与环境. 2014, 28 (5): 158 - 165.

[101] 程晓民, 叶正波. 区域经济子系统可持续发展预警研究 [J]. 生态经济. 2004, 20 (11): 42 - 45.

[102] 田家华. 自然资源可持续利用预警系统的研究 [J]. 科技进步与对策. 2004, 21 (11): 4 - 6.

[103] 王聪. 山西煤炭资源型城市经济转型研究 [硕士学位论文] [D]. 太原: 太原理工大学, 2004.

[104] 马子清. 山西省可持续发展战略研究报告 [M]. 北京: 科学出版社, 2004.

[105] 山西省统计局，国家统计局山西调查总队. 山西统计年鉴 2006 [M]. 北京：中国统计出版社，2007：4.

[106] 张奎. 山西省经济开发——现在与未来 [M]. 北京：经济管理出版社，1999.

[107] 王茂林. 山西新型能源基地发展研究 [M]. 北京：科学普及出版社，2005：26 – 27.

[108] 中华人民共和国国家统计局. 中国统计年鉴 2006 [M]. 北京：中国统计出版社，2006.

[109] 王森，齐莲英. 广义生态论——山西社会经济发展实证研究 [M]. 北京：中国物资出版社，1993：204 – 208.

[110] 胡大伟. 基于系统动力学和神经网络模型的区域可持续发展的仿真研究：[博士学位论文] [D]. 南京：农业大学，2006.

[111] 吴育华，杜纲. 管理科学基础（修订版）[M]. 天津：天津大学出版社，2004：224.

[112] 叶正波. 基于人工神经网络的区域经济子系统可持续发展指标预测研究 [J]. 浙江大学学报（理学版）. 2003，30（1）：109 – 114.

[113] 刘家顺. 基于可持续发展的资源战略管理机制研究 [博士学位论文] [M]. 天津：天津大学，2003.

[114] 程萍. 科技创新与可持续发展关系研究 [博士学位论文] [D]. 南京：河海大学，2002.

[115] 赵玉林. 高技术产业化界面管理——理论及应用 [M]. 北京：中国经济出版社，2004，56 – 95.

[116] 蔡纯杰. 界面基本理论与界面管理组织结构设计研究 [硕士学位论文] [D]. 福州：福州大学，2005.

[117] 王德禄. 管理创造性——企业技术与创新管理 [M]. 济南：山东教育出版社，1999：43.

[118] 沈祖安，赵愚. 企业管理过程中的界面管理 [J]. 科技进步与对策. 2002，19（9）：98 – 99.

[119] 游达明，王美媛. 界面管理研究动向及未来展望. 2014，31（11）：152 – 156.

[120] K. 布鲁克霍夫，J. 豪斯特. 界面管理——无等级的协调（官建成）[J]. 中外科技政策与管理. 1997（1）：17 – 21.

[121] 长城企业战略研究所. 现代企业组织的界面管理 [J]. 中国环保产业. 1997（6）：21 – 24.

[122] 官建成，张华胜. R&D 界面协调机制研究 [J]. 研究与发展管理.

2000，12（6）：1－5.

［123］刁兆峰，余东方.论现代企业中的界面管理［J］.科技进步与对策.2001，18（5）：85－132.

［124］吴涛，海峰，李必强.界面和管理界面分析［J］.管理科学.2003，16（11）：6－10.

［125］蔡纯杰.界面管理研究述评［J］.财富与管理.2005（3）：4－46.

［126］亚当·斯密著，郭大力，译.国民财富的性质和原因的研究（上卷）［M］.北京：商务印书馆，2003，8.

［127］李凤莲，马锦生.企业技术创新与营销的界面管理［J］.哈尔滨商业大学学报（自然科学版）.2002，18（5）：593－596.

［128］赖宝全，邓贵社.基于纬度的系统边界面行为分析［J］.系统辩证学学报.2005，13（2）：40－43.

［129］官建成，张华胜.R&D/市场营销界面管理的实证研究［J］.中国管理科学.1999，7（2）：8－16.

［130］朱启超，陈英武，匡兴华.复杂项目界面风险管理模型研究［J］.科研管理.2005，26（6）：151－158.

［131］吴秋明.界面设计的"凹凸槽"原理［J］.经济管理.2004（6）：26－30.

［132］王其藩，李旭.从系统动力观点看社会经济系统的政策作用机制与优化［J］.科技导报.2004，22（5）：34－36.

［133］许光清，邹骥.可持续发展与系统动力学［J］.经济理论与经济管理.2005（1）：69－71.

［134］李文军.系统动力学在区域社会经济系统分析中的应用［J］.科技咨询导报.2007，4（14）：160－161.

［135］王振江.系统动力学［M］.上海：上海科技文献出版社，1996，2－28.

［136］章琰.组织间技术转移的界面分析［J］.科学学和科学技术管理.2006，27（1）：49－54.

［137］阎长骏，田宇.系统与城市化的界面分析［J］.沈阳建筑大学学报（社会科学版）.2006，8（4）：358－360.

［138］康芒斯.制度经济学［M］.北京：商务印书馆，1983，12.

［139］栾庆伟.企业科技进步［M］.北京：中国科学技术出版社，1993：36－90.

［140］西蒙·库兹涅茨.现代经济增长［M］.北京：北京经济学院出版社，1989.

[141] 杨多贵．周志田．国外典型科技发展计划案例分析及其启示［J］．科学对社会的影响．2004，53（3）：5－7．

[142] 殷醒民．工业发达国家科技政策实施效果的经验分析［J］．复旦大学学报（社会科学版）.2005，47（5）：111－120．

[143] 申皓．欧盟科技政策浅析［J］．科技进步与对策.2004，21（9）：26－28．

[144] 王桂兰．科技创新是自然资源可持续利用的动力之源［J］．辽宁师范大学学报（自然科学版）.2007，30（2）：229－232．

[145] 诺思．经济史中的结构与变迁［M］．上海：上海三联书店，1994：226．

[146] 张涛．经济可持续发展的要素分析——理论模型与实践［博士学位论文］［D］．北京：中国社会科学院，2001．

[147] 陆学艺．内发的村庄［M］．北京：社会科学文献出版社，2001：63．

[148] 秦晖，苏文．田园诗与猜想曲：关中模式与前近代社会的再认识［M］．北京：中央编译出版社，1996：82．

[149] 吴元果．社会系统论［M］．上海：上海人民出版社，1993：321．

[150] 王超．自然资源的可持续发展与社区管理的研究［硕士学位论文］［D］．哈尔滨；哈尔滨工程大学，2006．

[151] 孙荣，许洁．政府经济学（第一版）［M］．深圳：海天出版社，2003：30－35．

[152] 赵阳．规范政府行为提高政府效率［J］．辽宁行政学院学报.2003，5（2）：14－16．

[153] 李国蓉，王震声．借鉴国外经验加速资源型城市发展［J］．中国矿业.2004，13（7）：30－32．

[154] 李辰晖．矿业城市产业转型研究以德国尔区为例［J］．中国人口·资源与环境.2003，13（4）：94－97．

[155] 许嘉璐．什么是文化——一个不能不思考的问题［J］．学习与研究.2007，（9）：70－75．

[156] 宋洁，等．基于FCM的煤矿区生态系统环境风险分析研究［J］．中国人口资源与环境.2010，20（3）：142－145．

[157] 杨秋波．邻避设施决策中公众参与的作用机理与行为分析研究［博士学位论文］［D］．天津：天津大学，2012．

[158] 杭正芳．邻避设施的区位选择与社会影响研究——以西安市垃圾填埋场为例［D］．西安：西北大学，2013．

[159] 李小敏，胡象明．邻避现象原因新析：风险认知与公众信任的视角

[J]. 中国行政管理. 2015, (3): 132.

[160] 王立剑. 城市邻避冲突的理论解释及其治理策略 [J]. 城市发展研究. 2015, 22 (3): 44 – 50.

[161] 汪伟全. 风险放大、集体行动和政策博弈——环境类群体事件暴力抗争的演化路径研究 [J]. 公共管理学报. 2015, 12 (1): 127 – 136.

[162] 于达维. 垃圾焚烧大跃进 [J]. 新世纪周刊. 2012 (2): 83 – 85.

[163] 苏超, 等. 基于模糊认知图的生态风险管理探究 [J]. 生态学报. 2014, 34 (20): 5993 – 6001.

[164] 吕文学, 张磊, 毕星. 基于模糊认知图的工程项目争端处理决策研究 [J]. 中国软科学. 2014 (10): 165 – 173.

[165] 张向和, 彭绪亚, 刘峰. 重庆市垃圾处理厂的邻避效效应分析 [J]. 环境工程学报. 2011, 5 (6): 1363 – 1369.

[166] 杨拓. 环境污染类邻避设施行为主体间认知差异评估 [J]. 管理现代化. 2014, 34 (6): 64 – 66.

[167] 尼古拉斯·卢曼. 信任 [M]. 上海: 上海世纪出版集团, 2005: 3.

[168] 王锋, 胡象明, 刘鹏. 焦虑情绪、风险认知与邻避冲突的实证研究——以北京垃圾填埋场为例 [J]. 北京理工大学学报 (社会科学版). 2014, 16 (6): 61 – 67.

[169] 魏娜, 韩芳. 邻避冲突中的新公民参与: 基于框架建构的过程 [J]. 浙江大学学报 (人文社会科学版). 2015 (7): 1 – 17.

[170] 李艳霞. 何种信任与为何信任?——当代中国公众政治信任现状与来源的实证分析 [J]. 公共管理学报. 2014, 11 (2): 16 – 26 + 139 – 140.

[171] 彭皓玥. 公众参与区域生态风险防范模式的影响因素及政策干预路径研究——基于扎根理论的探索性研究 [J]. 软科学. 2015, 29 (2): 140 – 144.

[172] 杨仁忠. 社会公共领域的经济功能及社会治理价值 [J]. 天津师范大学学报 (社会科学版). 2014 (5): 16 – 21.

[173] 郄建荣. 环保部称三年卡住逾五千亿不合规投资 [J]. 法制日报, 2014 – 09 – 17.

[174] 谭柏平. 生态城镇建设中环境邻避冲突的源头控制——兼论环境影响评价法律制度的完善 [J]. 北京师范大学学报 (社会科学版). 2015 (2): 14 – 20.

[175] 张召, 路日亮. 规避技术生态风险的伦理抉择 [J]. 科学技术哲学研究. 2012, 29 (3): 61 – 63.

[176] 衡孝庆, 章进. 技术创新的生态驱动力及其生态位构建 [J]. 科学技术哲学研究. 2013, 30 (3): 95 – 98.

[177] 张丽萍. 从生态位到技术生态位 [J]. 科学学与科学技术管理. 2002，23 (3)，23 - 26.

[178] 叶芬斌，许为民. 技术生态位与技术范式变迁 [J]. 科学学研究. 2012，30 (3)：321 - 327.

[179] 王曦，赵绘宇. 论技术创新生态化的法律制度安排 [J]. 当代法学. 2004，18 (5)：3 - 11.

[180] 吴满昌. 公众参与环境影响评价机制研究——对典型环境群体性事件的反思 [J]. 昆明理工大学学报 (社会科学版). 2013，13 (4)：18 - 29.

[181] 范轶琳，吴俊杰，吴晓波. 基于扎根理论的集群共享性资源研究 [J]. 软科学. 2012，26 (7)：43 - 47.

[182] 王璐，高鹏. 扎根理论及其在管理学研究中的应用问题探讨 [J]. 外国经济与管理. 2010，32 (12)：10 - 18.

[183] 王建明，王俊豪. 公众低碳消费模式的影响因素模型与政府管制政策 [J]. 管理世界. 2011 (4)：58 - 68.

[184] 王锡锌. 公众参与和行政过程——一个理念和制度分析的框架 [M]. 北京：中国民主法制出版社，2007：69.

[185] 陈家刚. 协商民主 [M]. 上海：上海三联书店，2004：172 - 173.

[186] 勒庞. 冯克利，译. 乌合之众——大众心理研究 [M]. 北京：中央编译出版社，2005：16 - 20.

[187] 曹兴，张琰飞. "两型"技术研发主体演化博弈及其稳定性分析 [J]. 系统工程. 2014，32 (2)：64 - 70.

[188] 潘峰，西宝，王琳. 地方政府间环境规制策略的演化博弈分析 [J]. 中国人口·资源与环境. 2014，24 (6)：97 - 102.

[189] 王旭东. 中国实施可持续发展战略的产业选择 [博士学位论文] [D]. 广州：暨南大学，2001.

[190] 国际21世纪委员会. 教育——财富蕴藏其中 [M]. 北京：教育科学出版社，1996：68.

[191] G. M. 霍奇逊. 现代制度主义经济学宣言 [M]. 北京：北京大学出版社，1993：158.

[192] Marsh B. , Continuity and decline in the anthracite towns of Pennsylvania, Annals of the Association of American Geographers, 1987, 77：337 - 352.

[193] Gill M. , Enhancing social interaction in new resource towns: planning perspectives, Journal of Economic and Social Geography (TESG), 1990, 81: 348 - 363.

[194] Warren R. L. , The Community in America, Chicago: Rand Menally Col-

lege Publishing, 1963.

[195] C. O'faircheallaigh, Economic base and employment structure in northern territory mining towns, Resource Communities: Settlement and Workforces Issues, 1988: 221 – 236.

[196] Bradbury J. H. , Living with boom and cycles: new towns on the resource frontier in Canada, Resource Communities: Settlement and Workforce Issues, 1988: 3 – 19.

[197] Bradbury J. H. , The impact of industrial cycles in the mining secter, International Journal of Urban and Regional Research, 1984, 8: 311 – 331.

[198] Spooner D. , Mining and Regional Development, Oxford: Oxford University Press, 1981: 8 – 9.

[199] Parker P. , The cost of remote locations: Gueensland coal towns, Resource Communities: Settlement and Workforces Issues, 1988: 20 – 32.

[200] Lucas R. A. , Milltown, Roaltown, Life in Canadian Communities of single Industry, Toronto: University of Toronto Press, 1971.

[201] Bradbury J. H. , Martin I. , Winding down in a Qubic town: a case study of Schefferville, The Canadian Geographer, 1983, 27: 128 – 144.

[202] Millward H. A. , Model of coalfield development: six stages exemplified by the Sydney field, The Canadian Geographer, 1985, 29: 234 – 248.

[203] Aschmann H. , The natural history of a mine, Economic Geography, 1970, 46: 172 – 189.

[204] Bradbury J. H. , Towards an alternative theory of resource—based town development, Economic Geography, 1979, 55: 147 – 166.

[205] Hayter R. , Barnes T. J. , Labour market segmentation, flexibility and recession: A British Colombian case study, Environment and Planning, 1992, 10: 333 – 353.

[206] Houghton D. S. , Long-distance commuting: a new approach to mining in Australia, Geographical Journal, 1993, 159: 281 – 290.

[207] Jackson R. T. , Commuter mining and the Kidston gold mine: goodbye to mining town, Geography, 1987, 72: 162 – 165.

[208] Randll J. E. , Ironside R. G. , Communities on the edge: an economic geography of resource-dependent communities in Canada, The Candian Geographer, 1996, 40: 17 – 35.

[209] Grabher G. , The Weakness of Strong Ties: The Lock-in of Regional Development in the Ruhr Area. London: Routledge, 1993: 253 – 277.

[210] Tödtling F. , Michaela Trippl M. , Like Phoenix from the Ashes?, The Renewal of Clusters in Old Industrial Areas, Urban Studies, 2004, 41: 1175 – 1195.

[211] Keana J. H. , The Towns that Coal Built: The Evolution of Landscapes and Communities in Southern Colorado, Hawaii: University of Press, 2000: 70 – 94.

[212] Johnson G. T. , Kraybill DS, Improvements in Well – Being in Virginia's Coalfields Hampered by Low and Unstable Income, Rural Development Perspectives, 1989, 6: 37 – 41.

[213] Burkart O VC, Leading indicators of currency crises for emerging countries, Emerging Markets Review, 2009, 2 (3): 107 – 133.

[214] Haberl H EKH, Krausmann F, How to calculate and interpret ecological footprints for long periods of time: The case of Austria 1926 – 1995, Ecological Economics, 2001, 38 (1): 25 – 45.

[215] Buckley R. , An ecological perspective on carrying capacity, Annals of Tourism Research, 2009, 26 (3): 705 – 708.

[216] Thomas P. S. , The use of Biological Criteria as a Tool for Water Resource Management, Environmental Science Policy, 2010, 3 (1): 43 – 49.

[217] Kenneth Arrow B. B. , Robert Costanza, Economic Growth, Carrying Capacity and the Environment, Science, 1995, 268 (28): 520 – 521.

[218] Odum H. T. , Brown M. T. , Williams S. B. , Handbook of Energy Evaluations Folios1 – 4 Center for Environmental Policy, Gainesville: University of Florida, 2000.

[219] Paprika G. R. , Resource abundance and economic growth in the United States, European Economic Review, 2007, 51 (4): 1011 – 1039.

[220] Siche. J. R. , AgostinhoE. O. , E. Romeir, Sustainability of nations by indices: comparative study of environmental sustainability index, ecological footprint and environmental energy sustainability, Ecological Economics, 2008, 66 (4): 628 – 637.

[221] Elena L. Zvereva M. R. , Mikhail V. Kozlov, Growth and reproduction of vascular plants in polluted environments: a synthesis of existing knowledge, Environmental Reviews, 2010, 18 (11): 355 – 367.

[222] Robert Costanza R. , Rudolf De Groot, The value of the world's ecosystem services and natural capital, Nature, 1997 (6630): 253 – 260.

[223] P. C. Kotwal, Ecological indicators: imperative to sustainable forest management, Ecological Indicators, 2008, 8 (1): 104 – 107.

[224] Fernandez A. , Fort H. , Catastrophic phase transitions and early warnings

in a spatial ecological model, Journal of Statistical Mechanics-theory and Experiment, 2009, 9 (9): 1088 – 1099.

[225] Geels J. , Strategic niche management and sustainable innovation jour-neys: theory, findings, research agenda, and policy, Technology Analysis & Strate-gic Management, 2008, 20 (5).

[226] S. Steel, Thinking globally and acting locally environmental attitudes, be-havior and activism, Journal of Environmental Management, 1996 (47): 27 – 36.

[227] John W. Delicath M. , Stephen P. , Communication and public participa-tion in environmental decision making, New York: Albany. N. Y. State of University of New York Press, 2004.

[228] B. Hrsman, Political and public acceptability of congestion pricing: ideol-ogy and self-Interest, Journal of Policy Analysis and Management, 2010, 29 (4): 854 – 874.

[229] Gentzkow M. , Jesse Shapir, What drives media slant?, evidence from U. S. daily newspapers, Econometrica, 2010, 78 (1): 35 – 71.

[230] C. Ferraz F. , Exposing corrupt politicians: the effects of Brazil's publicly released audits on electoral outcomes, The Quarterly Journal of Economics, 2008, 123 (2): 703 – 745.

[231] Battett S. , Strategic environmental policy and international trade [J]. Journal of Public Economics, 54 (3): 325 – 338.

[232] Yeung D. , Dynamically consistent cooperative solution in a differential game of transboundary industrial pollution [J], Journal Optimization Theory Applica-tions, 134: 143 – 16.

[233] Vamosi J. C. , Vamosi, Steven M. , Factors influencing diversification in anliosoerms: at the crossroads of intrinsic and extrinsic and extrinsic traits, American Journal of Botany, 2011, 98 (3): 460 – 471.

[234] Lele S. M. , Sustainable Development: A critical Review, World Devel-opment, 1991, 19: 127 – 135.

[235] Alonso J. A. , Methodological approach to estimate the influence of protec-ted natural areas on sustainable development of their landscapes, Psicothema, 2000, 12: 18 – 21.

[236] Annan K. A, Sustaining the earth in the new millennium: The UN secre-tary-general speaks out, Environment, 2000, 42: 20 – 30.

[237] Belousova A. P, A concept of forming a structure of ecological indicators and indexes for regions sustainable development, Environmental Geology, 2000, 39:

1227 – 1236.

[238] Griffiths A. , Petrick JA, Corporate architectures for sustainability, Int J Oper Prod Manage, 2001, 21: 1573 – 1585.

[239] Berke P. R. , Conroy MM, Are we planning for sustainable development?, An evaluation of 30 comprehensive plans, Journal of the American Planning Association, 2000, 66: 21 – 33.

[240] Binswanger M. , Technological progress and sustainable development: what about the rebound effect?, Ecol Econ, 2001, 36: 119 – 132.

[241] Boer B. , Sustainability law for the new millennium and the role of environmental legal education, Water Air and Soil Pollution, 2000, 123: 447 – 465.

[242] Sadownik B. , Jaccard M. , Sustainable energy and urban form in China: the relevance of community energy management, Energy Policy, 2001, 29: 55 – 65.

[243] Nakamura M. , Takahashi T. , Why Japanese firms choose to certify: A study of managerial responses to environmental issues, Journal of Environmental Economics and Management, 2001, 42: 23 – 52.

[244] MacNeill J. , Strategies for Sustainable Economic Development, Scientific American, 1989, 261: 155 – 165.

[245] Toman, Michael, Economics and "sustainability": balancing trade-offs and imperatives, Land Economics, 1994, 70: 399 – 413.

[246] Kooten G. , Bulte E. H. , The ecological footprint: useful science or politics?, Ecological Economics, 2000, 32, 385 – 389.

[247] Hard P. , Barg S. , Hodge. Tet, Measuring sustainable development: Review of current practices, International Institute of sustainable development Occasional paper number 17, 1997, 11: 1 – 2, 49 – 51.

[248] Dijk H. V. , The decline of Industry the Ruhr Area in Germany, paper presented to the Urban History Conference, 2002.

[249] Pablos P. O. , Lee W. B. , Zhao J. , Regional innovation systems and sustainable development: emerging technologies, Hershey PA: Information Science Reference, 2011: 46 – 47.

[250] http: //baike. baidu. com/link? url = den0JTFRoQZSaZS8ylOZwWQ6_dZ d0u6g2g3K3G4FkSk31I5U33sCfDA – LhwDD5vONsjLsjEQ8clJzXBH2yuC6WtAJV – TgE1 kzYZ1BfdmXS_kcl6qrdp2M6pEaerCifxs.

[251] http: //www. aboluowang. com/2015/0915/613482. html.

[252] Ortiz – Moya F. M. , Nieves, Add to e – Shelf filming industrial Japan: Kitakyushu, rise and decline of the iron town, Regional Science, 2015, 2 (1): 480 –

488.

[253] Zimmermann, Erich W. , World resources and industries. New York: Harper and Row, 1951.

[254] Shannon C. E. , Weaver W. , The mathematical theory of communications, Urbana: University of Illinois Press, 1949.

[255] http: //baike. baidu. com/item/% E5% A4% A7% E5% BA% 86/138196.

[256] https: //zh. wikipedia. org/wiki/% E5% A4% A7% E5% BA% 86% E5% B8% 82.

[257] https: /zh. wikipedia. org/wiki/% E4% B8% 9C% E8% 90% A5% E5% B8% 82.

[258] http//baike. baidu. com/view/7212. htm? fromtitle = % E9% 84% 82% E5% B0% 94% E5% A4% 9A% E6% 96% AF% E5% B8% 82&fromid = 8619677&type = syn.

[259] http: //www. ykjt. cn/qygk/text/2009 − 11/27/content_237887. htm.

[260] http: //baike. baidu. com/item/% E9% A2% 84% E8% AD% A6/75122? fr = aladdin.

[261] Bustelo P. , Novelties of financial crises in the 1990s and the search for new indicators, Emerging Markets Review, 2000, 1: 229 − 251.

[262] Burkart O. , Coudert V. , Leading indicators of currency crises for emerging countries, Emerging Markets Review, 2002, 3: 107 − 133.

[263] Fanning K. , Cogger K. , Neural network detection of management fraud using published financial, Internation Jounal of Intelligent Systems in Accounting, Finance and Management, 1998, 7: 21 − 24.

[264] Hebb. D. 0. , Theorganization of Behavior, London: Wiley, 1949.

[265] Rosenblatt F. , The perceptron: A probabilistic model for information storage and organization in the brain, Psychological Review, 1958, 65: 386 − 408.

[266] L. Y. Ding, C. Zhou, Development of web-based system for safety risk early warning in urban metro construction, Automation in Construction, 2013, 34: 45 − 55.

[267] Hopfield J. , Neural networks and physical systems with emergent collective computational abilities, Proceedings of the National Academy of the United States of America, 1982, 79: 2554 − 2558.

[268] Battiti R. , First and second order methods for learning: Between steepest descent and Newton's method, Neural Computation, 1992, 4: 141 − 166.

[269] Ackley D. H. , Hinton G. F. , Sejnowski T. J. , A learning algorithm for Boltzman machines, Cognitive Science, 1985, 9: 147 − 169.

[270] Foresee F. D. , Hagan M. T. , Gauss − Newton approximation to Bayesian

regularization, Proceedings of the International Joint Conference on Neural Networks, 1997, 3: 1930 - 1935.

[271] Rumelhart D. E., Learninginternal representations by errorrpropagation. Pazallel Distributed Proccessing: Exploration in Microstructure of Cognition. MA: MIT Press, 1986, 318 - 362.

[272] Minns A. W., Hall M. J., Artificial neural networks as rainfall-runoff models, Hydrological Sciences, 1996, 41: 399 - 417.

[273] Yaon Y., Swles C. T., A comparison of discriminant analysis versus artificial neural networks, Journal of Peratia Research Society, 1993, 44: 51 - 60.

[274] Ahmar E., Marco G., Corporate distress diagnosis: comparisons using linear discriminant analysis and neural networks, Journal of Banking and Finance, 1994, 18: 505 - 529.

[275] Han l., Bankruptcy prediction using case-based reasoning, neural networks and discriminant analysis, Expert Systems with Application, 1997, 13: 97 - 108.

[276] Shazly M., Shazly H., Forecasting currency prices using a genetically evoled neural network architecture, International Review of Financial Analysis, 1999, 8: 67 - 82.

[277] Han L., Intergration of case - Bled forecasting, neural Network, and discrimnant analysis for bankruptcy pridition, Expert Systems with Applition, 1996, 11: 415 - 422.

[278] R. J. Kuo, P. Wu, C. P. Wang, An inteligent sales forcasting system through integrationd of artificial neural networks with fuzzy weight elimination, Neural Networks, 2000, 15: 905 - 925.

[279] S. Dutta, Decision support in non-conservaitve domains: generalization with neural networks, Decision Support Systerms, 1994, 11: 527 - 544.

[280] Nielson R., Neurecomputing, Addsion: Wesley, 1990: 124 - 133.

[281] Chiesa V., Organizing for technological colaborations: a managerial perspective, R&D Management, 1998, 3: 199 - 211.

[282] Powell W., DiMaggio P. J., The new institutionalism in organizational analysis, Chicago: The University Press of Chicago, 1991.

[283] Hardin G., Carrying capacity as an ethical concept, Soundings, 1976, 59: 120 - 137.

[284] Http: //dlc. dlib. indiana. edu/archive/00002670/01/Ethical _ Implications_of_Carrying_Capacity. pdf.

[285] Harbin G. , Cultural capacity: a biological approach to human problems, Bioscience, 1986, 36: 599 – 604.

[286] Thomas P. , Simon, The use of biological criteria as a tool for water resource management, Environmental Science Policy, 2000, 3: 43 – 49.

[287] H. J. Barnett, C. Morse, Scarcity and growth: the economics of natural resource availability, Baltimore: Johns Hopkins University Press, 1963: 32.

[288] International Union for Conservation of Nature and Natural Resources. Caring for the earth: A strategy for sustainable living, Gland: Lovelock, 1979.

[289] Harsanyi. J. s, Rational choice models of behavior versus functionalist and conformist theories, World Politics, 1995 (4): 23 – 26.

[290] Sauvy A. , General theory of population, London: Methuen & Co. Ltd, 1974: 550.

[291] Douglas N. , Institutions, Institutional change and economic performance, Cambridge: Cambridge University Press, 1990, 3.

[292] Berman, Joseph H. , Law and revolution: the formation of the western legal tradition, Cambridge: Harvard University Press, 1983: 152 – 154.

[293] Edwin G. , Adam Smith and modern economics: from market behavior to public choice, Gower House: Edward Elgar Publishing Limited, 1990: 28.

[294] Tripsas M. , Gavetti G. , Capabilities, cognitions, and inertia: evidence from digital imaging, The SMS Blackwell Handbook of Organizational Capabilities, 2003: 393 – 412.

[295] Raghu Garud, Path creation as a process of mindful deviation, path dependence and creation, New Jersey Lawrence Erlbaum Associates, 2001 (1): 1 – 38.

[296] Olson M. , Big bills left on the sidewalk: Why some nations are rich and others poor, Journal of Economic Perspectives, 1996 (10): 3 – 24.

[297] M. G. J. den Elzen, Moor A. P. G . , Bonn agreement and market under the Marrakesh accords: an updated analysis, RIVM Report, 2001 (9): 31 – 32.

[298] Pet R. , People and professional-putting participation into protected area management, United Nations Research Institute for Social Development, 1995, 7: 9 – 11.

[299] Lawrence Grossberg, Nelson Cary, Treichler Paula, Cultural studies, New York: Routledge, 1992, 4.

[300] Patrick D. , Explaining "NIMBY" objections to a power line the role of personal, place attachment and project-related factors, Environment and Behavior, 2013 (6): 761 – 781.

[301] Rachel M. Krause, Not in (or under) my backyard': geographic proximity and public acceptance of carbon capture and storage acilities, Risk Analysis, 2014, 34 (3): 189 – 209.

[302] Bellettini G. , Why not in your backyard? On the location and size of a public facility, Regional Science and Urban Economics, 2013 (1): 22 – 30.

[303] Kempton W. , Firestone J. , Lilley J. , The offshore wind power debate: views from cape cod, Coastal Management, 2005, 33: 119 – 149.

[304] Kang M. , NIMAB or NIABY? Who defines a policy problem and why: analysis of framing in radioactive waste disposal facility placement in South Korea, Asia Pacific Viewpoint, 2013 (1): 53.

[305] Sakai T. , Fair waste pricing: an axiomatic analysis to the NIMBY problem, Economic Theory, 2012 (2): 512.

[306] Mckay R. , Consequential utilitarianism: addressing ethical deficiencies in the municipal landfill sitting process, Journal of Business Ethics, 2000 (4): 123.

[307] Slovic P, The feeling of risk: new perspectives on risk perception, London: Earthscan Publications, 2010.

[308] Vamosi J. C. , Vamosi, Steven M. , Factors influencing diversification in anliosoerms: at the crossroads of intrinsic and extrinsic and extrinsic traits, American Journal of Botany, 2011 (3): 460.

[309] MacNeill J. , Strategic niche management and sustainable innovation journeys: theory, findings, research agenda, and policy, Technology Analysis & Strategic Management, 2008, (20): 539 – 554.

[310] Glaser B. G. , Strauss A. L. , The discovery of grounded theory: Strategies for qualitative research [M]. New York: Aldine, 1967: 12.

[311] Hill C. J. , Lynn J. , Is hierarchical governance in decline? evidence from empirical research, Journal of Public Administration Research and Theory, 2005, 2: 173 – 195.

[312] John W. Delicath, Stephen P. Depoe, Communication and public participation in environmental decision making, New York: Albany. N. Y. State of University of New York Press, 2004: 5.

[313] World Commission on Environment and Development, Our common future. Oxford and New York: Oxford University Press, 1987.

后　记

随着经济不断发展及资源短缺状况进一步加剧，生态约束对于煤炭依赖型区域的可持续发展抑制作用明显。特别是雾霾等生态事件恶性程度升级，区域生态风险治理不但是其经济发展的现实需要，更是民众对生态安全的最强烈需求，也是我国和谐社会构建的关键所在，其现实意义、历史意义及理论意义明显。本书运用复杂系统理论、经济预警理论、界面管理理论、扎根理论等，从煤炭依赖型区域的经济发展规律和特征入手，在借鉴国际生态治理态势分析基础上，结合 BP 神经网络及支持向量机构建相关监控模型，揭示了煤炭依赖型区域生态风险治理过程中的复杂性机理，并探讨了合理的规避路径。

本书的作者一直从事区域生态风险治理、自然资源管理、能源经济等的教学和理论研究，多次参与国家及省部级资源管理方面的研究课题。通过多年的努力，在煤炭依赖型区域可持续发展领域的理论与实践方面，积累了一定的研究资料，并取得了一些研究成果。本书的写作思路，所感于我国生态治理现状，来源于近年来在科研中的启发，所采用的素材很多也源于作者这些年的研究成果。

随着研究的进展，本书写作过程中，笔者发现需要研究的问题越来越多，不免感到责任与压力。特别是书稿后期整理过程，恰遇我国北方冬季取暖季的到来。雾霾依旧不期而遇，甚至让人措手不及。长江以北大部分地区，甚至广州都难逃雾霾的洗礼，北京、天津、河北、山西更是多次启动空气重污染红色预警。寻常百姓每日关心的主题从"今儿吃什么？"，已经变成"今天 PM2.5 指数多少？"。无数的妈妈们为孩子健康深深忧虑着，各级医院充斥着受呼吸道疾病困扰的孩子们、老人们。笔者在焦虑的同时，更深深自责。面对雾霾、面对生态风险不断升级，如何治理生态风险成为每一个人必须面对的现实。上至政府官员，下至黎民百姓，更不用说各级各岗的科技工作者、学者、企业家，我们必须拿出所有的真诚和努力，才能让我们的孩子生活在蓝天下。

本书作为教育部人文社会科学研究青年基金项目（"煤炭依赖型区域生态风险监控机制及规避路径研究"编号：13YJCZH137）研究的总结性成果，出版过程得到了出版社、山西财经大学管理科学与工程学院、美国威斯康星大学白水分校的大力支持。从策划到最终定稿，出版社、学院领导，以及赵玉山教授团队给了我很多合理建议，在此向你们表示真诚的谢意！此外，我的家人、学生和许多朋友对本书的写作和出版给予了很多关心和帮助，在此一并致以最真心的祝福！

彭皓玥

2017 年 3 月